KB141012

과학기술의 일상사

과학기술의 일상사

맹신과 무관심 사이, 과학기술의 사회생활에 관한 기록

과학기술정책 읽어주는 남자들 (박대인, 정한별) 지음

에디토리얼

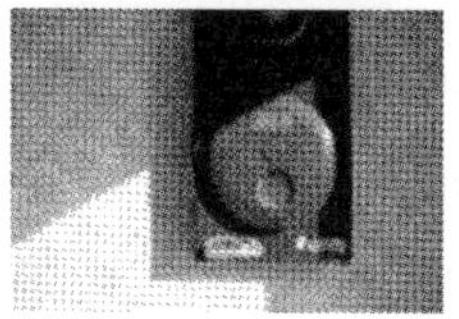

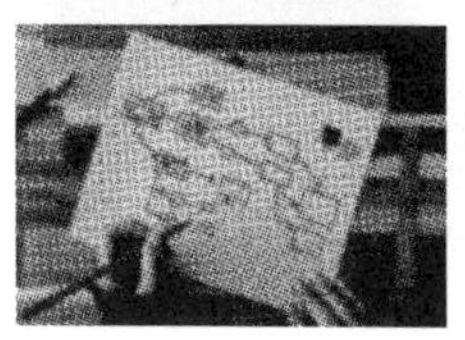

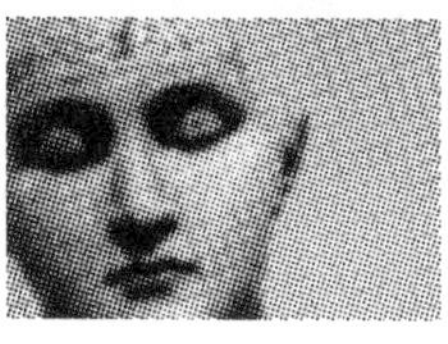

개정판에 부쳐

『과학기술의 일상사』가 출판된 지 벌써 4년이 되었다. 4년이라는 시간은 사람에게는 꽤나 길지만 책에게는 굉장히 애매한 시간이라고 생각한다. 책을 다시 살펴보니 아직은 '그때는 맞고 지금은 틀린' 서술은 거의 없는 듯하다. 어떤 부분은 굉장히 거대한 구조에 대한 이야기라 4년간 무언가 바뀔 수 있는 일이 아니었고, 어떤 부분은 반대로 너무 작은 이야기라 앞으로도 딱히 바뀔 것 같지 않은 일이었다. 물론 엄밀하게 따져보자면 조금씩 바뀌거나 상황이 변했다고 볼 수 있는 부분들이 있었지만, 지금 당장 언급해야 하는 변화인지 생각해보면 결국 그렇지는 않다는 결론을 내리게 되었다.

개정판의 가장 큰 변화는 챕터가 하나 추가된 것이다. 4년 사이에 우리는 사회 전반에 영향을 미치는 변화를 겪었다. 사실 아직도 낯설게 느껴질 때가 있다. 만약 누군가가 2000년쯤에 '2019년 말, 전 지구를 휩쓰는 감염병이 발발한다'고 주장했다면 말도 안 되는 소리 하지 말라며 핍박을 줬을 것이다. 그러나 현실에서는 그 말도 안 되는 일이 일어났고, 지금 이 순간에도 문제는 현재진행형이다. 추가된 챕터는 '과학기술과 감염병'이다. 이 챕터는 감염병이 매우 낯선 사건임을 강조하며 시작한다. 그리고 감염병을 상징하는 과학기술인 백신과 마스크를 서사의 중심에 놓고 우리의 이해가 어떻게 변했는지, 방역정책을 어떻게 비판적으로 독해할 수 있는지 서술한다.

'과학기술과 감염병' 챕터는 지금도 실시간으로 일어나고 있는 변화의 한중간에서 주변을 둘러보며 그 변화의 성질을 서술하게 된 글이다. 다른 대부분의 챕터가 특정 시점을 기준으로 의도적으로 서술장으로부터 약간의 거리를 둔 채 상황을 분석하고 전달하고자 했다면, '과학기술과 감염병' 챕터는 그런 글쓰기가 불가능한 상황이었다. 약간의 정신 없음이 느껴진다면, 정답이다. 그렇기에 이 서술을 마지막으로 더 이상의 큰 변화가 없기를 바라는 개인적인 소망을 조금 담았다. 가능하다면 몇 년 뒤에 해당 챕터를 읽으며 '그래, 딱 이 정도까지 하고 팬데믹 관련 문제들은 발산을 멈추고 수렴하는 단계에 진입했었지'라고 회상할 수 있기를 바란다.

마지막으로, 본편 서문에 적혀 있듯이 "이 책은 〈과정남〉의 기록"이며, "많은 연구자의 이야기를 간추려 무언가 '시간을 들여 읽어볼 만한 것'으로 만들고자" 한 책이다. 책의 취지는 여전히 변함이 없으며, 새로 추가된 챕터 또한 필자들이 과학기술계 연구자들과 교류하고 대화를 나누며 발전시킨 생각이 포함되어 있음을 밝히는 바다.

추천사

현재 한국사회에서 과학기술은 대중들에게 어떤 방식으로 받아들여지고 소모되고 있나? 언론에 등장하는 과학기술은 4차 산업혁명의 도구로써 우리에게 풍요로운 미래를 안겨줄 '흑마술'과 별반 다르지 않게 인식되고 있다. 또 다른 면은 교양과학의 이름으로서, 주로 수십 년에서 수백 년 전 과학 발견에 관여된 위인들의 일화와 업적이 현대사회의 필수교양처럼 소모되고 있다. 그러나 오늘날 현실의 과학기술 연구가 어떤 과정을 통해서 진행되는지, 주요 '물주'인 정부는 과학기술 연구에 어떻게 투자하는지, 그리고 이렇게 생산되는 과학기술이 사회에 어떤 영향을 미치는지와 같은 사안은 현대사회의 시민들에게 지극히 중요한 문제임에도 불구하고 제대로 전달되고 있지 않다. 한국사회의 과학에 대한 인식이 그 정도에 머물러 있는 안타까운 상황에서 그동안 〈과학기술정책 읽어주는 남자들〉이라는 팟캐스트를 운영하면서 과학기술정책 관련자뿐만 아니라 많은 현장 과학자들의 목소리를 전달해온 듀오 〈과정남〉의 책은 시민들의 인식에 시원한 일격을 날려줄 쾌작이다. 흑마술도, 케케묵은 박제도 아닌 살아 있는 오늘날의 과학기술과 이것이 사회에 미치는 영향에 대해서 알고 싶은가? 지금 당장 이 책을 펼쳐라!

— 남궁석 Secret Lab of Mad Scientist(SLMS)

한국에서 과학기술이란 무엇인가? 『과학기술의 일상사』는 한국 과학기술정책의 지배적 담론 속에 가려졌던 해묵은 질문들을 끄집어낸다. '과학기술=만능해결사'라는 지배적 담론은 압축성장, 지식경제, 창조경제, 혁신성장으로 이어지는 한국의 정책 계보사에서 지난 50여 년 동안 가장 강력한 과학기술정책의 수사였다. 이 강력한 담론을 삭제한 『과학기술의 일상사』는 우리에게 다소 불편하고 머리 아픈 과학기술정책 질문들을 던진다. 질문들을 따라가다 보면, 기초과학부터 과학관, 재난 문제, 연구개발 전략에 이르기까지 한국 과학기술정책이 안고 있는 철학적 고민의 부실함, 개념 정의에서의 혼선, 뒤집힌 선후관계와 같은 민낯을 발견하게 된다. 이 책이 던지는 메시지는 분명하다. 한국의 과학기술은 빠른 성장 과정에서 많은 정책적 질문들을 생략해왔고 그로 인해 헤매고 있다. 청년의 시선으로 과학에서의 노동과 과학기술계의 불평등 문제를 다룬 점은 이 책에 참신성을 더한다. 저자들이 인용한 과학사와 과학사회학의 지식과 통찰은 책을 읽는 또 다른 흥미 요소다. 삶으로서의 과학기술에 대해 질문을 가진 독자들에게 이 책을 권한다.

— 홍성주 과학기술정책연구원(STEPI) R&D전략연구본부장

〈과정남〉이 읽어주는 과학은 아름답고 화려하지 않다. 〈과정남〉은 자연의 신비에 감탄하거나 혁신의 속도를 칭송하지 않는다. 노벨상 수상 가능성을 점치거나 경제적 효과

를 추정하지도 않는다. 대신 다양한 동기를 가진 사람들이 과학이라는 이름 아래 모여 어떻게든 돈을 조달하고, 실험실을 꾸리고, 거기에 출근해서 일하는 모습에 주목한다. 또 국가가 어떤 논리를 개발하여 과학에 예산을 투입하고 과학을 사용하려 시도하는지 설명한다. 즉 〈과정남〉이 읽어주는 것은 직업으로서의 과학, 제도로서의 과학, 관계로서의 과학이다. 이 책이 들려주는 '과학기술의 일상사'란 매일매일 고생스럽게 연구개발이라는 일에 종사하는 사람들의 이야기이고, 일상에서 과학을 접할 일이 없는 시민들도 한 번씩은 들어두면 좋을 무대 뒤의 과학 이야기이다. 이 책을 읽은 모든 독자가 과학을 더 쉽고 친근하게 느끼게 되지는 않을 것이다. 과학은 언제나 어렵다. 하지만 〈과정남〉의 성실한 과학 이야기를 따라가다 보면 과학을 보고 듣는 남다른 감각 하나를 얻을 수 있을 것이다.

— 전치형 카이스트 과학기술정책대학원 교수

머리글

집필을 처음 제안받았을 때는 현재 하고 있는 스타트업이 그렇게까지 바쁘지는 않았다.(물론 지금에 와서 생각해보니까 그런 것이지, 아마 제안을 받았던 당시에는 분명 혼자 엄청 바쁘다고 생각하고 있었을 것이다.) 회사일은 줄어들지 않고 점점 많아졌으며, 회사에서 하는 업무에 대한 책임감과 스트레스 또한 계속 늘기만 했다. 여차하여 미루고, 왜 쓴다고 했을까 자책하고, 그냥 다 때려치워버릴까 도망가버릴까 수없이 생각하다 보니 원고가 쓰여 있었다. 써놓고 나니 한국에서 유통되는 대중서보다는 다소 어렵되, 학술서나 논문보다는 쉬운 이상한 종류의 책이 탄생하고 말았다. 상대적으로 한국어로 된 입문서는 풍부하나 전문가 수준의 서적이나 입문자 수준 이상의 책이 잘 없는 한국의 출판시장을 의도적으로 노렸다고 정신승리(?) 해본다. 이 책이 의미가 있고 좋다고 느낀 부분이 있다면 이는 전부 정한별의 덕이며, 조금이라도 미흡한 부분이 있다면 이는 어설프게 연구의 물을 맛봐서 괜히 본인의 눈높이만 높아져 가뜩이나 못 쓰던 글을 더욱 못 쓰게 된 나의 탓이 크다. 살면서, 그리고 이 책의 일부분을 쓰면서 수없이 많은 주변 사람들의 도움을 받았다. 그들이 없었다면 어찌 됐건 사람 대하는 게 서툴고, 괜히 쓸데없이 공격적이거나 부정적이어서 설화(舌禍)를 입기 십상인 내가 이 나이까지 무사히 살아오지 못했을 것이다. 그 모두에게 다

감사를 전하기에는 지면도 부족하거니와 내 말주변이 부족하여 오히려 그 마음이 전달되지 않을 것 같아 따로 적지 않는다. 이 글을 읽고 있는 독자분들 및 주변 모두에게 정말정말 감사드린다.

— 박대인(a.k.a. 과ㅈ)

팟캐스트 〈과학기술정책 읽어주는 남자들〉의 주요 에피소드 내용을 정리해 책으로 만들면 좋겠다는 제안은 꽤나 혹할 만한 이야기였다. 한편으로는 우리가 뭐라고 책을 쓰나 싶다가도, 어차피 팟캐스트도 진행해온 마당에 글도 쓸 수 있지 뭐 하는 생각도 반쯤은 있었던 것 같다. 얼추 원고가 책 비슷한 형태가 되고 나서 보니 역시나 전문서적이라기엔 너무 얕고 교양서적이라기에는 괜히 어려워 뵈는 미묘한 글이 된 것은 아닌가 하는 걱정이 든다. 부디 이 책을 읽으실 여러분들께서 너그러이 넘어가주셨으면 한다. 개인적으로는 지극히 개인 만족을 얻는 과정이었다. 어쩌면, 학술서가 아니라는 핑계로 큰 이야기들을 적당히 지르면서 대학원 스트레스를 풀었던 것이었는지도 모르겠다.(물론, 이 책이 아무말 대잔치라는 뜻은 아니다.) 〈과정남〉을 시작할 때도, 이 책을 시작할 때도, 그리고 지금도 나는 한낱 대학원생에 불과하지만 〈과정남〉이라는 또 하나의 정체성 덕에 세상 다시없을 경험을 했다는 생각이 든다. 만 4년 반이 넘게 〈과정남〉을 함께하고 있는 박대인에게 매사 걱정 많고 소심한 인간과 유닛을 하느라 항상 고생이 많고 감사하다고 전하고 싶다. 〈과정남〉이 벌이는 여느 일과 마찬가지로, 이 책 또한 나의 걱정을 뒤로 한 박대인의 과감한 결단 덕에 시작되었다. 더불어 책 집필을 처음 제안해주신 대표님께도 큰 감사를 드린다. 책을 쓰게 되었다고 했을 때 응원해주신 지도교수님께도 감사드린다. 세상 모든 일이 그렇듯 직간접적으로 주변 분들에게 도움을 많이 받았는데, 모든 분들에게 감사드리며 일일이 언급하지 못하는 것에 양해를 구한다. 마지막으로, 나의 친애하는 친구 오리에게도 고마움을 전한다.

— 정한별(a.k.a. 정남)

차례

3장 과학관

4장 떠돌이 계약 노동자

5장 연구지원정책

6장 과학기술과 여성

11장 과학기술정책의 전략

12장 과학기술과 감염병

나가며

들어가며

세상을 읽는 또 하나의 렌즈, 과학기술정책(STP)

과학기술은 우리의 생활 전면에 스며 있다고 여겨진다. 한편 이런 인식에 비해 우리가 과학기술을 '나의 일'로 여기면서 직접 참여하고 다루는 데는 한계가 있는 것이 사실이다. 자녀의 대학입시를 준비하며 수시 지원의 다양한 사례를 알고 경험하다 보면 입시정책의 문제점으로부터 시작해 교육제도 전반의 구조에 눈을 뜨게 된다. 이런 것처럼 상대성이론과 양자역학을 섭렵한다면 한국의 과학 관련 정책이 나아갈 방향을 파악할 수 있을까? 안타깝게도 그렇지 않다. 어떤 이들은 4차 산업혁명에 대비한 정책 마련이 시급하다고 한다. 일반인들은 그 혁명을 이루는 과학과 기술의 실체를 투철하게 알기가 어렵다. 정책이 발표된 후에는 정책의 문구를 문자적으로 이해하는 정도에 지나지 않을 것이다.

과학기술이 국가경제의 발전에 이바지한다고 하니까 당연히 지원을 많이 하면 좋을 것 같다. 과학기술인들이 정확히 무얼 연구하는지 모르지만, 우리가 일상에서 먹고살기 위해 하는 대다수의 일과 거리가 멀어 보이는 어려운 연구를 하는 것 같으니 대단해 보이기도 해서 아무튼 지원이 필요하다고 생각한다. 한편으로는 해마다 연말 즈음이면 옆 나라들에서 노벨과학상 수상자가 나왔다는 뉴스가 들려오는데, 우리는 왜 아직 한 명의 수상자도 갖지 못하는가 하는 자괴감 탓에도 지원을 더 늘려서 수상이 앞당겨지기를 바란다. 이 정도가 아주 평범한 우리가 갖고 있는 과학기술에 대한 관심이자 인상일 것으로 짐작한다.

과학기술은 그렇다 치고, 필자들은 과학기술정책을 살펴보는 사람들인데, 그럼 과학기술정책에 대해서는 대중적 관심의 차원에서 어떤 이야기를 할 수 있을까? 무엇에 관한 정책을 연구한다는 것을 설명하려고 할 때 '과학기술' 정책만큼 곤란한 분야도 없다. 첫째는 과학기술이라는 영역에서 연구하는 방법을 연구자가 아닌 이들이 잘 이해하도록 설명하기가 어려운 탓이고, 둘째는 과학기술도 어려운데 그것을 포함하고 다루는 학술적이고 정치적 영역인 정책을 '잘' 설명하는 데는 상당한 경험과 지식이 요구되기 때문이다.

그래도 시도해보자면, 과학기술정책은 말 그대로 과학기술을 둘러싼 여러 문제를 다루는 정책을 말한다. 기본적으로 정책을 연구한다는 것은 어떤 자원을 어떻게, 누구에게 분배할 것인지 설계하는 일만을 뜻하지는 않는다. '자원'의 영역에는 무엇이 들어가고, '누구'들이 어떤 사람들이며, '분배'의 기준은 어떤 절차와 합의에 의해 만들어지고, 이 모든 일과 현실이 어디서 어떤 마찰음을 내는지 뜯어보는 것 또한 정책을 연구하는 일이다. 문제는, 과학기술을 다룬다고 하는 것이 대체 무엇인지 명확하게 정의하기 어렵다는 점이다. 명확하지 않은 영역에 대한 정책은 집행하기 어렵거니와 연구하기도 까다롭다. 과학기술정책에서 말하는 '과학기술'은 과학이나 공학의 영역에서 말하는 일반적 지식에만 의존하지 않는다. 시대별로 다르고, 문화권별로 다르고, 국가별로도 다르다. 결국 한국의 과학기술정책을 연구한다는 일은 한국의 '과학기술'의 지식 발전뿐만 아니라 사회·문화·경제적 맥락을 연구한다는 것과 일맥상통한다.

논의는 돌고 돌아 이 책이 무엇을 이야기하고 싶은가 하는 골자로 돌아온다. 과학기술정책은 이 모든 이야기와 얽혀 있다. 지금 감사하게도 이 책의 독자가 되어주신 여러분이 읽고 있는 글자 덩어리는 두 가지의 극단적인 인식 사이 어딘가에서 탄생했다. 한편에는 "과학기술정책은 아무래도 일반인과 거리가 있지 않나? 너무 어려운 거 같아. 과학도, 과학기술도, 정책도 어려운데 이거 세 개를 같이 말한다니, 세상에!"라는 생각이 있다. 다른 한편에는 "21세기는 과학기술의 시대이고, 일본·중국·미국·유럽은 적극적으로 투자해서 저만치 앞서가고 있기 때문에 우리나라도 과학기술의 발전에 사활을 걸어야 한다! 당장 과학기술자들을 더 대우하고, 과학기술 분야에 대한 지원을 늘려야 한다!"라는 인식이 존재한다.

필자들이 이 책을 쓰는 이유는 우리가 감히 이 커다란 간극을 좁힐 수 있다고 용기를 냈기 때문은 아니다. 우리는 〈과학기술정책 읽어주는 남자들〉(이하 〈과정남〉)이라는 유닛으로 다양한 활동을 해온 개인이다. 동명의 팟캐스트 채널을 공부 반 취미 반 삼아 운영해왔고, 덕분에 많은 개념과 자료를 접하고, 현장 연구자들을 만날 기회를 얻었다. 과학기술정책이라는 분야에 있어서는 연구자로서 훈련을 받았다는 점에서 남들보다 조금 가까울지도 모르지만, 직접 정책 설계에 개입하지 않는다(못한다)는 점에서는 지금 이 책을 읽는 여러분과 별반 다르지 않다.

이 책은 〈과정남〉의 기록이기도 하다. 지금까지 팟캐스트 〈과정남〉을 진행하며 다루었던 이야기, 접했던 자료, 우리에게 목소리를 빌려주었던 많은 연구자의 이야기를 간추려 무언가 '시간을 들여 읽어볼 만한 것'으로 만들고자 했다. 필자들의 역할은, 이 책의 역할은 커다란 주제들—과학, 기술, 사회, 문화, 정치 등등—이 과학기술정책과 만나는 지점에서 발생하는 사건을 드러내는 것이다. 그 경계들이 우리의 일상과 얼마나 밀접한지를 내보이는 것만으로도 충분할 것이다. 나름 연구자로서 훈련을 받았다는 핑계로 일종의 통역자를 자처하는 것이며, 오늘을 함께 살아가는 우리 동료 시민들에게, 중요하다는데 왜 중요한지 공감하기 어려웠던 이야기들을 나누는 계기가 되기를 바라는 마음이다.

과학자의 과학과 교양으로서의 과학

요즘 기류를 보면 과학을 필수교양으로 향유하는 사람들의 증가세가 대단히 뚜렷하다. 성인 대상의 과학 프로그램이나 행사도 많아졌다. 서점의 과학 섹션에 가면 과학책들이 제법 많이 나와 있는 것 또한 볼 수 있다. 필자들도 한때 과학도를 꿈꿨던 입장에서 많은 사람들이 과학을 재미있게 생각하고, 인간이 세계와 자연을 이해하기 위해 발전시켜 온 엄밀한 세계관을 공부하려는 이들이 늘어나는 것을 보면 기쁘다. 모르는 것을 알아 가고, 고민하던 부분이 명쾌하게 풀려나가는 기쁨이라는 건 분명 인간이 느낄 수 있는 큰 즐거움이다. 모든 종류의 공부에는 그런 즐거움이 분명히 있고, 과학 공부에는 과학만의 재미가 분명히 있다.

하지만 가끔씩 전혀 다른 생각이 들 때가 있다. 시민들이 접하는 형태의 교양과학은 과연 무엇일까? 혹은 이 시대를 살아가는 시민이 꼭 알면 좋을 교양과학은 무엇일까? 필자들이 과학기술 중점 대학교를 나오고 대학원에 진학하여 공부하면서 여러 동료와 선후배 과학기술인들을 만나고, 과학기술정책을 콘텐츠 삼아 팟캐스트에서 이런저런 이야기를 해오면서 (알고는 있었지만) 새삼스럽게 상기하는 사실은, 과학의 각 분야가 모두 너무나도 고도로 전문화되어 있다는 점이다. 때문에 자신의 분야가 아닌 한, 과학기술인들이 알고 있는 지식조차도 많은 경우 학계의 트렌드로부터 뒤떨어져 있기도 하고, 아예 틀린 경우도 빈번하다.

더욱 중요하지만 대다수 시민들이 놓치는 사실도 있다. 현장에서 치열하게 연구하는 과학기술인들 거의 대부분은 대중서를 쓰지 않는다는 점이다. 다시 말해, 대중서를 활발하게 집필하는 현업 과학기술인의 수가 우리의 상상 이상으로 상당히 제한적이라는 것이다. 현업 그리고 전업으로 고도로 전문화된 분야에 종사하는 사람들은 자신의 분야에 속해 있는 사람들을 대상으로 하는 글쓰기가 최우선 임무이고, 지식의 최전선에서 남들이 발견하지 못했던 새로운 지식을 생산하는 데 전력투구하고 있다. 그들은 논문을 쓰고, 그 논문을 전문 학술지에 기고한다. 물론 학술지들 중에 대중적인 이야기를 실어주는 지면이 있는 학술지도 있지만, 대다수의 전문 학술지는 순수하게 전문적이다.

보통 연구자는 연구를 하고, 그 연구를 잘 정리해서 논문을 낸다. 논문에는 어떻게 가설을 세웠고, 어떤 연구들을 참고하여 어떻게 계획을 세워 연구를 수행했으며, 그 결과는 어떠했는지, 연구의 미흡한 점까지 담긴다.[01] 물론 굉장히 힘들었겠지만 연구를 하느라 힘들었던 연구자의 눈물겨운 개인사를 쓰지는 않는다. 그렇다고 해서 모든 논문이 전문 학술지에 바로 통과되는가 하면 당연히 그렇지 않다. 학

[01] 그렇다. 연구자들은 '내 연구 내가 비판하기'도 한다. 또 무책임하게 보일지 모르지만, '이 연구를 더 좋게 만들려면 이렇게 저렇게 해보면 좋겠다'라는 식으로 첨언하기까지 한다. 애초에 이렇게 저렇게 다 해봤더라면 좋았겠지만, 그러면 논문을 쓰지 못했을지도 모른다.

술지 편집인들은 논문을 낱낱이 분석하여 1차 통과 판단을 내린 뒤, 해당 내용과 논리를 원자 단위로 분해할 수 있는 학계의 현업 연구자들에게 보낸다. 이들은 익명이 보장되므로 '리뷰어'(reviewer)라고만 불리며, 아주아주(×100) 비판적으로 투고 논문을 해석하고 전문 연구자만이 가능한 날카로운 지적을 던지는 중요한 역할을 맡는다.

논문 비판을 맡은 연구자들은 분명히 이 논문이 동종업계 종사자가 낸 걸 알면서도 동업자 의식이라곤 없는 것처럼 상대방의 마음에 마구 생채기를 낸다. "당신이 쓴 A라는 실험 방법론은 B와 C의 논문을 통해서 효과가 없음이 증명된 지가 한참 지났는데 왜 이런 실험 방법론을 썼는가?"에서 시작하여 "당신의 가설을 이 정도의 실험 결과로 증명하기에는 증거가 부족하다. 실험을 10번밖에 안 했다고? 적어도 100번은 하고 다시 본 학술지에 투고하길 바란다." 같은 날선 의견들이 거침없이 날아온다. 유명한 학술지일수록 반려(reject, 리젝트, 통칭 짧게 '리젝': 당신의 연구는 애석하게도 우리가 요구하는 수준에 미치지 못하니 다른 학술지를 알아보라는 친절하고도 직설적인 안내) 비율도 높다. 메이저 리비전(Major Revision: 아주 많이 수정하라는 뜻)이라도 받으면 다행이다. 연구가 좋으면 마이너 리비전(Minor Revision: 약간만 수정하면 받아준다는 뜻)에서 끝나기도 한다.

'리젝'을 받으면 연구자는 눈물을 머금고 수정해서 덜 유명하고, 덜 권위 있는 학술지에 다시 투고하거나, 실험을 더 많이 해서 연구를 보완하거나, 심할 경우에는 연구 결과를 폐기(!)하기도 한다. 메이저 리비전이나 마이너 리비전을 받으면 다양한 선택지가 열린다. 때로는 '리뷰어 #1이 말한 부분은 인정하지만, 리뷰어 #2의 코멘트는 인정하지 못하겠다'는 반박을 보내기도 하고, 요구받은 부분을 고분고분 수정해서 다시 투고하기도 한다. 운이 좋으면 이 모든 과정 자체가 빨리 끝나기도 하지만, 심한 경우는 1년 반, 2년, 혹은 분야에 따라 그 이상[02]까지도 리뷰어와의 지리한 줄다리기가 이어진다.

왜 지금 이렇게 연구자의 논문 투고 과정을 상세하게 설명하는가? 많은 경우 과학자들의 연구는 아직 완벽하게 증명된 연구가 아닐뿐더러, 애초에 우리 같은 비전문가가 보라고 하는 일도 아니라는 이야기를 하기 위해서다. 그들이 하는 연구를 온전히 이해해줄 사람은 사실 전 세계 인구의 한 줌 정도 되는 동종업계 전문 연구자들뿐이다. 그렇기 때문에 시민들이 교양을 쌓기 위해 대중 과학서를 읽는다거나, 학교에서 교과서를 통해 접하는 과학지식들은 이미 학계에서 어느 정도 논쟁이 끝나서 획기적으로 이 지식체계를 뒤흔들 수 있는 새로운 발견이 나오기 전까지는 정설로 인정되는 것이 대부분이다.[03] 다시 말하자면 현업 과학자들이 생산하는 현장의 과학지식들은 아직 완성되지 않았다는

[02] 물론 이쯤 가면 아예 논문을 갈아엎고 다른 논문과 합치거나, 실험을 더 하거나, 다른 방식을 시도해 이전과는 180도 다른 논문을 새롭게 내기도 한다.

[03] 예를 들자면 진화론이나 상대성이론 같은 것들 말이다.

것이고, 비록 미완성이더라도 충분한 논리적 검증 과정을 거쳐 동료 연구자들에게 평가를 받은 것들이다. 현대사회는 이렇게 아직 완성된 지식은 아니지만 전문가 사회에서 합의한 절차와 논리를 통해 검증받은 지식들을 기반으로 움직여 나가는 사회라고 할 수 있다.

'A연구팀, 암 치료를 위한 획기적인 방법 고안해내… 20○○년까지 암 완전 정복' 같은 헤드라인의 기사나 글을 읽어본 적이 있을 것이다. 기사를 읽고 난 후 주변인들이 함께 있는 온라인 대화방, 혹은 가족 대화방에 기사를 공유하며 "조금만 더 기다리면 암이 치료될 건가 봐요!" 하고 기대에 차올랐던 기억 또한 있을지 모른다. 헌데, 이런 기사들이 왠지 너무 자주 보이는 것 같기도 하다. 전부 다 실현되었다면 지구상에 남아 있는 질병들이 진작 다 사라졌어야 맞는 것 같기도 하다. 하지만 우리는 그런 신비롭고 아름다운 세계에 살고 있지 않다. 과학자들이 무언가 심각하게 잘못하고 있는 것일까? 그것도 아니다. 그들은 그저 과학이라는 전문성이 인정되는 전문가들의 세계 안에서 통용되는 지식을 만들기 위해 노력했을 뿐이다. 보통 해당 연구를 한 연구자들의 논문을 읽어보면 저런 단정적 결론에 다다르기 전까지 수많은 '밑밥'(?)을 깔아놓은 것을 볼 수 있다.[04] 현장 연

[04] 가령 이런 식이다. '내 연구는 A라는 샘플 사이즈를 기반으로 B번의 실험을 했고 C와 D의 논문으로부터 검증받은 E라는 실험 방법론으로 한 것인데, 물론 이 또한 완벽하지는 않은 점을 인정하나, F와 G라는 조건상 H나 I 같은 실험 방법보다는 E라는 방법론이 옳은

구자들에게 저런 기사를 보여준다면 아마 자신의 연구가 저렇게 자극적인 헤드라인으로 변신해 유통된다는 사실을 알고 화들짝 놀라거나 분노할지도 모른다.

이런 현대과학의 내부 사정들을 이해하고 나서야 우리는 다시 교양이라는 영역, 그 안에서도 최근 한국에서 통용되는 교양으로서의 과학은 무엇인가라는 물음으로 돌아올 수 있다. 교양이라 함은 사회마다, 시대마다 고유한 차이를 갖게 마련이지만, 대체로 인격, 도덕, 지식 따위를 총망라하는 인간의 조건을 의미한다. 인간이라면 이 정도의 예의는 갖춰야지, 시민이라면 이 정도의 규범은 지켜야지, 대학생이라면 전공 외에 이 정도 지식은 습득해야지 등등 말이다. 그렇다면 교양으로서의 과학에 대한 사회적 통념은 어떨까? 역시 사회마다의 특질을 인정하는 한에서 대체적으로 교양과학은 사회가 비전문가들에게 어느 수준 이상의 과학을 아는 것이 '좋은 것, 올바른 것'이라고 요구하는지를 반영하는 척도라고 할 수 있다. 이처럼 흔히 사용되는 교양이라는 말에는 규범적 성격이 내포되어 있다.

다양한 주제의 과학지식을 알기 쉽게 가공해서 전달하는 기획은 이른바 교양과학의 대표적인 유통 형태다. 책이든 강연이든 영상매체이든 대개 이 틀에서 벗어나지 않

것으로 판단했다. 이런 조건들하에서 약 J 정도의 오차로 가설을 검증할 수 있었으며 향후 이 연구는 K라는 분야와 L이라는 분야와 함께하면 더 좋은 연구가 될 수 있으리라 판단한다.'

는다. 교양과학을 부정하는 것은 아니지만, 문제의식은 필요하다. 교양과학은 분명 과학지식의 학습과 전파를 규범적 잣대의 힘을 빌려 강요하는 구조, 그리고 이 과정에서 발생하는 지식의 오류와 왜곡—복잡한 과학적 지식의 쉬운 전달을 위한 논리적 비약과 맥락의 단순화—이라는 위험을 내포하고 있다.[05]

시민 소양으로서의 과학기술정책

이러한 위험성을 알고 있다는 전제하에 필자들은 이 책에서 지금까지 우리 사회가 과학의 어떤 면모를 부각시키고, 어떤 일면들은 (의도적으로) 무시해왔는지 살펴보고 나름대로 대안을 모색해보고자 한다. 우리 사회에서 전문가를 제외한 시민들에게 과학은 어떻게 전달되고, 또 소비되어 왔을까? 과학자가 아닌 시민으로서 알아야 하는 과학은 어떤 모습일까?

과학자나 공학자가 아닌 시민들에게 과학이 왜 필요한지 진지하게 되물어야 할 때가 되었다. 전문가가 아니라면, 그리고 지식 생산과정에 직접 관여하는 입장이 아니라면 굳이 시민들이 과학지식을 알아야 할 필요는 없고, 누구도 어

[05] 앞서 말한 '과학자의 밑밥'을 생각해보라. 장담컨대 현업 과학자들의 논문 수준으로 조심스럽게, 그리고 까다롭게 논의들을 소개하는 과학대중서는 존재하지 않는다. 만약 그런 책이 있다면 그 책을 과연 대중서라고 일러도 될지 다시 고민해봐야 하지 않을까?

떤 기준을 강요할 수 없다. 그저 흔히 교양이라고들 하기 때문에, 또는 이 정도는 알고 지내라는 말을 자주 듣기 때문에 과학을 교양으로써 소비하는 행위는 개인에게도, 사회에도 도움이 되지 않는다. 적어도 지금 한국에서 교양과학은 시민들이 일상적으로 활용할 수 있는 종류의 지식을 제공하지 않으며, 시민들이 그것을 활용할 만한 환경은 척박하다. 교양이라는 껍데기를 씌워 압박하는 것은 책임지지 않을 일을 벌이는 격이다. 거듭 말하지만 시민들은 직접 연구를 하고 지식을 생산하는 의무를 부여받지 않았으며, 그 결과물을 완벽히 이해할 의무 또한 없다. 그것은 과학자의 일이다. 그렇다면 과학, 과학기술, 혹은 공학에 대해 시민으로서 알아야 할 무언가가 따로 있을까? 우리는 지금부터, '반드시'까지는 아니지만, 시민으로서의 권리와 의무를 지켜나갈 때 알면 좋을 과학기술을 '과학기술정책'(Science Technology Policy)이라는 렌즈를 통해 소개하고자 한다.

현대사회에서 과학지식 생산의 역할은 각 분야의 과학자들이 충실히 해내고 있다. 하지만 시민들이 과정에 전혀 기여(혹은 관여)하지 않는 것은 아니다. 생각보다 사소한 행동 하나하나가 결과적으로 영향을 준다. 그 근간은 우리가 민주사회를 살아간다는 사실에 있다. 시민들은 다양한 방식으로 정부에 의사 표시를 할 수 있고, 이는 결과적으로 정부가 어떤 연구를 지원하고 규제하는지에 큰 영향을 준다. 시민들의 의사 표시는 얼핏 보기에 과학 연구와 전혀 관련이 없을 수도 있다. 가령 당신이 고용시장 구조 개편[06]을 위해 던진 한 표가 특정 분야 연구자들의 고용구조에 영향을 주어 연구 생산성에 큰 변수가 될 수도 있다. 유전자가위의 작동 원리를 몰라도, 중력파가 무엇인지 알지 못해도, 딥러닝의 기술적 근원을 몰라도 시민들은 현재 생산되고 있는 과학적 지식과 그 연구 과정에 영향을 주고 있는 셈이다. 과학기술과 시민은 분명한 상호 영향 관계에 있다.

21세기를 살아가는 우리에게 모르는 사이에 커다란 영향을 끼치기도 하는 과학기술이라는 존재를 어떻게 받아들여야 할까? 솔직히 말하자면 우리도 명쾌한 답은 모르지만, 연구의 결과물인 지식을 빠른 시일 안에 전문가 집단과 시간차가 나지 않게 받아들이는 것이 전부가 아니라는 것만은 확실하다. 여기서 한 가지 제안을 하고자 한다. 어차피 본업이 과학자가 아닌 바에야 논의를 따라가는 것이 사실상 불가능한 과학지식의 생산과정에 뛰어들기보다는, 한 발자국 떨어져 현재 우리가 발 딛고 살아가는 사회와 과학이 어떤 관계를 맺고, 사회는 과학기술에, 과학기술은 사회에 어떤 영향을 주고받는지 살펴보자는 것이다.

단언컨대 이 책은 여러분의 교양과학 지식 증진에는 조금도 기여할 수 없다. 필자들은 주로 우리가 살고 있는 한국이라는 제한적 맥락에서 다뤄지는 과학과 기술과 공학의

[06] 이를테면, 노동시장 구조가 지나치게 경직되어 있어 이 사회에는 더 많은 비정규직 노동자가 필요하다는 생각에 찬성하여 던진 한 표.

모습은 무엇인지에 관심을 기울여왔고, 이 책을 통해 우리가 지금까지 듣고 보고 공부한 '한국'의 과학기술정책과 관련된 이야기를 풀어 나갈 예정이다. 한국의 상황에 집중하는 만큼 과학과 공학이 아니라 '과학기술'이라는, 사실 굉장히 어색한 용어를 계속해서 사용할 예정이기도 하다. 최대한 실생활에서, 그리고 한국사회에서 벗어나지 않으면서 동료 시민들이 알면 좋을, 알아야만 하는 과학기술과 사회와 정치와 역사의 만남과 헤어짐을 이야기하려 한다. 일단, 아래 네 개의 문장을 기억하고 출발하면 좋겠다. 지금부터 전개될 이야기의 시작이자 끝이 되는 주장들이다.

1. 과학은 완성된 지식이 아니라 계속해서 만들어지고 있는 현재의 지식이다.

2. 과학자, 공학자, 전문가 들도 서로 다투고, 합의하지 못하기도 한다.

3. 우리가 과학을 접하고 전달받는 구조에는 분명한 한계가 있다.[07]

4. 지식체계는 그것이 속한 사회와, 사회는 지식체계와 서로 영향을 주고받는다.

[07] 헷갈릴 때마다 과학자들이 자신의 논리를 다른 전문가들에게 설득하기 위해 쓰는 그 수많은 밑밥들을 기억하도록 하자.

지금부터 열두 개의 소주제를 원하는 순서로 읽어 나가면 된다. 책의 양 끝단은 조금 무거운 주제들이 차지하고 있다. 1장, 2장, 그리고 10장과 11장에서는 일반적으로 과학기술정책이라 받아들여질 법한 이야기를 다룬다. 기초과학(1장)에 대한 이야기는 한국 과학기술정책 발전 전반의 서사와 깊은 관련이 있고, 과학기술과 법(2장)에 대해서는 두 지식체계의 복잡 미묘한 관계에 대해 몇 가지 사례를 통해 이야기해보고자 했다. 과학 경찰(10장)은 그 존재가 왜 어려운 것인지에 대해서, 과학기술정책의 전략(11장)은 그래서 대체 전략이라는 게 무엇이고 왜 반복되는 것만 같은지에 대해 필자들 나름의 방법으로 정리해보았다.

3장부터 9장까지의 내용은 우리가 흔히 '과학문화'로 통칭하는 범주의 주제, 혹은 '과학기술인'이라는 존재 개개인의 정체성과 생활에 대한 이야기다. 대체 연구자란 어떤 사람이고, 어떤 사회경제적 환경에서 일을 하고, 물리적으로는 어떤 생활을 하고, 어떤 문화적·제도적 어려움을 겪는지 궁금하다면 4장, 5장, 6장, 8장을 먼저 읽어볼 것을 권한다. 3장, 7장, 그리고 9장은 흔히 과학기술의 문화적 측면에 대한 이야기가 나올 때 등장하는 주제들이다. 3장에서는 과학관이라는 기관이 어떤 곳인지 알아본다. 한국의 과학관들에 대한 필자들 나름의 해석과 제언이 덧붙여져 있다. 7장에서는 과학기술과 재난의 관계를 다루는데, 언론에서 자주 보이는 '안전 불감증'이라는 말이나 '재난 대비 기술'이라는 표현에 대해 다시 생각하는 기회가 되었으면 한다. 12장의 '감염병'에 대한 논의와 함께 이어서 읽어보는 것을 추천한다. 9장에서는 과학소설(SF)을 다룬다. 필자들이 SF 팬이기는 하나 이 장르를 아주 전문적으로 리뷰할 역량은 되지 않기에, 일반적인 맥락에서 대중적으로 유명한 작품들 위주로 SF라는 장르의 사회적 함의에 대해 논의해보았다.

굳이 순서를 지킬 필요까지는 없으니 관심이 동하는 것부터 읽어보면 좋겠다. 비교적 친숙한 주제들에 대해서는 조금 무겁게, 비교적 낯선 주제들에 대해서는 최대한 가볍게 쓰려고 했다. 읽으면서 적당한 거리감이 느껴진다면 성공이요, 그렇지 못하다면 필자들의 능력 부족이다. 마지막 책장을 덮은 후에도 과학-기술-정책-일상의 연쇄를 잊지 않기를 당부한다.

1장

기초과학은 중요하다 (?)

'기초과학은 중요하다'라는 명제는 어디서 왔을까? 거대한 두 단어가 결합되어 있어 매우 중요해 보인다. 기초가 중요하다는 인식은 사회 각 분야에서 각자의 방식으로 장려되는 미덕과 같다. 건축에서는 기초공사가 건물 전체의 안정성에 영향을 준다고 하고, 건강을 위해서는 기초체력을 먼저 기르라고 한다. 한국에서 학창시절을 보냈다면 교사, 부모, 친척으로부터 공부는 기초가 중요하다는 말을 지겹도록 들으며 자랐을 테다. 한편, 과학이 중요하다는 인식은 그 성격이 조금 다르다. 과학이 중요하다고 할 때는 다른 여타 분야와 경제적 가치 등을 비교한다거나, 과학을 '하는' 이들의 이미지를 활용하는 방식으로 현실에서 비교우위를 주장한다. 한국의 공교육 체제하에서 과학자라는 존재는 대개 실험실에서 일하며, 아주 긍정적이고 도덕적이며 존경받는 똑똑하고 멋진 존재로 묘사된다. 학교 밖의 다양한 교육 콘텐츠가 그려내는 과학자의 모습도 크게 다르지 않다. 무릇 과학자는 지금까지 세상에 존재하지 않은 새로운 지식을 생산하는 탐험가이자 선구자이며, 이를 모르는 사람에게 아주 친절하게 설명해주는 교사의 역할을 겸한다.[01] 현실에 대비해보면,

[01] 안미정·유미현, 초등 영재학생과 일반학생의 진로인식, 과학 선호도 및 과학자의 정형화된 이미지 비교, 영재교육연구 22(3), 2012, 527~550. 논지에 따르면, 초등 영재학생과 일반학생 사이의 과학자에 대한 인식을 비교해보면 유의미한 차이가 나타난다. 특히 실험복을 착용하고 실내에서 작업하는, 중년 이상의, 대머리에 수염 난 얼굴의 과학자라는 정형화된 이미지가 일반학생들에게 더욱 두드러지는데,

이 가상의 과학자는 우리가 흔히 기초과학이라 부르는 영역에 종사하는데, 정작 현실의 기초과학자들은 한국 기초과학의 장래가 걱정되며 한국에서 기초과학자로서 살아가는 것이 너무나 힘들다고 호소한다.

지금부터 한국에서 말하는 '기초과학'의 뿌리를 추적해보려 한다. 기초과학이라는 말이 언제부터 쓰였는지, 당시의 기초와 지금의 기초는 같은지 혹은 다른지, 한국이 제도적으로 기초과학에 어떤 태도를 보여왔는지, 현재 과학자들이 말하는 기초과학과 제도가 말하는 기초과학은 어떤 간극을 보이는지, 시민들이 생각하는 기초과학과는 또 어떻게 다른지 살펴본다.

과학의 출현

오늘날 상식처럼 되어버린 기초과학이라는 개념이 대중적으로 파급되는 과정은 현대 과학기술정책의 역사와 궤를 같이한다. 지금 우리가 사용하는 과학이라는 개념이 등장한 것은 과학혁명이 시작된 17세기 무렵이었다는 주장이 지배적이다. '과학', '혁명', '17세기'라는 단어들은 공식구처럼 자

연구는 이런 현상을 최근 과학영재 프로그램에 적용되기 시작한 과학자 관련 프로그램의 영향으로 해석한다. 뒤집어 말하면, 일반학생 집단의 경험 속 과학자 상은 여전히 제한된 모습임을 암시한다.

연스럽게 연결되어 쓰이지만, 과거에는 세 가지 모두 치열한 논쟁거리였다.

과학사학자 스티븐 셰이핀(Steven Shapin)은 과학혁명, 특히 '혁명'이라는 사건의 개념적 정의를 두고 벌어졌던 논쟁에 가담하여 혁명에 씌워진 이미지, 즉 '돌이킬 수 없는 커다란 변화'라는 개념에 반기를 들었다. 셰이핀은 변화가 한순간에, 급격하게, 지엽적으로 일어나지는 않는다고 보았다. 그가 보기에 '자연에 대한 지식을 얻는 방식에서 근본적인 변화'가 일어났다는 주장의 논거는 수리물리학이나 천문학의 변화에 국한되어 있었다. 혁명을 통해 비로소 '과학이 탄생'했다면, 이전에는 과학이 없었는지, 그리고 도저히 듣도 보도 못한 과학의 '정수'가 혁명의 시기에는 정말로 존재했는지, 또한 그 시기라는 것이 정말로 17세기인지에 대한 고찰이 필요하다는 것이 셰이핀의 논지였다.[02] 과학지식 내부의 논리뿐만 아니라 과학을 하는 사람들, 그 사람들에 영향을 준 사회상, 정치, 제도를 함께 고려한다면 혁명 이전과 이후 사이에 명확한 선을 긋는 것이 그리 쉬운 일은 아니다. 그럼에도 불구하고, 17세기가 현대과학의 방법론적 뿌리가 자라난 시기이며, 격변의 시기였고, 변화의 중심에는 과학이라고 지칭할 만한 것이 있었다는 데는 학계의 느슨한 합의가 있다.

[02] Steven Shapin, *The Scientific Revolution*, Chicago Press, 1996.

프랑스 철학자이자 수학자인 르네 데카르트(René Descartes, 1596~1650)는 그 느슨한 합의 속에 포함된 인물로 17세기를 설명할 때 단골로 등장한다. "나는 생각한다, 고로 나는 존재한다."는 명제는 절대적 지식을 탐구하고자 했던 데카르트가 전략으로서 사용했던 방법적 회의로부터 도출된다. 그는 이에 기반해 기존에 지배적이었던 아리스토텔레스적 자연관[03]을 비판하며 기계적 철학(Mechanical Philosophy)을 통해 자연현상을 설명하는 세계관을 제안했다. 그는 자연을 눈에 보이지 않는 미세한 부품들로 이루어진 거대하고 복잡한 기계장치로 가정하고 이것들의 연쇄작용을 통해 다양한 자연현상을 설명하고자 했다. 가장 대표적인 비교는 자기력에 대한 설명이다. 아리스토텔레스의 세계에서 자기력에 의해 물체가 서로 끌어당기거나 밀어내는 이유는 그것들이 그렇게 태어났기 때문이다. 반면, 데카르트의 세계에서 자기력은 아주 작은 나사들이 서로 연속적으로 맞물려 돌아가는 과정에서 발생하는 끌어당김 혹은 밀어냄 (현상)이다. 이는 세계를 설명하는 지식이란 무엇인가라는 질문에 대한 시각 차이였다. 비유하자면, 과학혁명은 주

[03] 아리스토텔레스적 세계관은 목적론이라 불린다. 아주 거칠게 설명하면, 'A가 B를 하는 이유는 내재된 특성으로서 B를 하도록 만들어졌기 때문이다'라는 사유방식이다. 과학적 사고의 관점에서 바라보면 원인과 결과를 분리하지 않는 논증으로 읽힌다. 더 자세한 이야기는 박민아, 뉴턴&데카르트: 거인의 어깨에 올라선 거인, 김영사, 2006을 참고할 것을 추천한다.

행 중인 자동차를 급가속하거나 급커브하는 식의 변화가 아니었다. 그보다는 자동차의 사양 변화와 더불어 신호체계와 도로가 함께 바뀌는 과정이라고 보는 것이 더욱 적확하다.

과학혁명은 자연에 대한 과거의 탐구 방식과 완전히 결별한 것도 아니고, 지식체계에만 독립적으로 영향을 준 것도 아니다. 과학사학자들은 이 점을 지적하며 과학의 역사를 말할 때는 정치·사회적 변화를 함께 해석해야 한다고 주장해왔다. 일상, 자연, 우주 그리고 신을 설명하는 방식의 변화는 그 지식을 생산하고 활용하는 사회 전체에도 영향을 주었다. 그렇게 변화한 사회상은 지식의 생산과 활용에 다시 영향을 주었다. 과학지식 외적인 변화가 가장 두드러진 영역은 바로 과학을 하는 사람들, 지금은 과학자라고 불리는 존재들의 생존과 연구방식에서였다.

기존에 자연현상을 연구하던 학자들, 넓은 의미에서 자연철학자라 할 법한 이들의 생존은 지극히 개인적인 역량 혹은 거래에 의존하고 있었다. 즉 재력이 풍부하고 시간이 남아도는 귀족들이 취미활동으로 과학을 연구했다. 흥미와 재능은 있으나 사회경제적 여력이 되지 않는 이들은 귀족 가문의 전속 학자로 취직해 후원자의 명예를 드높이는 명분으로 연구를 수행하곤 했다. 과학혁명기를 전후해서는 이러한 개인적인 움직임은 한계를 맞이했다. 새롭게 대두된 과학은 필연적으로 학자들 간의 논쟁과 검증, 그리고 합의된 인정을 필요로 했다. 신생 학문으로서 외부의 의심스런 눈초리로부터 스스로를 방어해야 했기 때문이다.

이러한 과정은 사회구조의 영향을 상당히 받았고, 굉장히 정치적이기도 했다. 자연을 설명할 절대적인 지식을 추구했으나 이를 검증하는 시스템은 사회구조의 일부였고, 모든 곳에서 똑같지는 않았다. 새롭게 정립되어 가는 과학을 하는 학자들은 학회의 원형이 되는 단체를 설립했다. 영국에서는 1660년 런던왕립학회가 창설되었고, 프랑스에서는 1666년 왕립과학아카데미가 발족했다. 이 두 단체는 같은 듯 달라서, 각자의 기준에 따라 회원을 모집했는데, 이는 일종의 과학지식 품질관리 시스템으로 작동했다. 여기서 말하는 품질의 영역에는 지식 자체의 엄밀성뿐만 아니라 사회적 신분처럼 당시 사회에서 중시되던 제도적 장치들이 스며들었다.[04] 국가의 정치적 특성 또한 반영되었는데, 왕립과학아카데미가 국가로부터 간섭을 자주 받았던 데에 비해, 런던왕립학회는 비교적 자율적으로 과학지식의 생산, 검증, 공유라는 업무를 수행했다.

과학기술정책과 기초과학

과학혁명 이야기의 요지는 과학이 관련된 변화에서는 지식체계 내부뿐만 아니라 정치적, 사회적 변화가 항상 동반되

[04] 가령 왕립학회에서는 특정 계층만이 과학지식 생산의 주체이자 보증인이 될 수 있었다.

었다는 점이다. 그렇다면 기초과학은 어떠한가? 과학이면 과학이지, 하필 기초과학이라는 이야기를 굳이 따로 하게 된 배경은 무엇일까? 기초과학이라는 개념이 사회적으로 드러나게 된 과정 또한 이런 시각에서 바라볼 필요가 있다. 비록 우리가 '기초과학혁명'이라는 역사적 사건을 따로 정의하지는 않지만, 기초과학이라는 단어가 쓰이게 된 정치적이고 사회적인 맥락을 보는 것이 한 가지 방법이다.

과학의 수많은 면모 중에서도 하필이면 기초에 대한 논쟁이 중요한 문제로 등장하게 된 배경에는 과학자의 탄생, 그리고 얼마 지나지 않아 찾아온 세계대전이 있다. 이전까지 과학을 하는 사람들 정도의 애매한 정체성으로 묶여 있던 집단이 과학 연구 활동을 업으로 삼아 생계를 영위하는 사람, 즉 '과학자'라는 전문 직업인이 된 것은 19세기에 이르러서였다. 교육 시스템 등을 통해 다양한 사회경제적 배경의 사람들에게 과학을 할 기회가 열리기 시작했고, 과학자라는 직군은 더 이상 개인적 취미로 과학을 하는 소수의 상류층 아마추어 집단이 아니었다. 과학이 어엿한 업이 된 시점에서 과학자들은 학문을 하기 위해 그리고 동시에 생계를 위해서라도 산업계나 정부를 향해 과학지식이 유용할 수 있음을 설득해야만 했다. 지금은 아주 당연한 것처럼 여겨지는 이런 홍보와 설득 작업은 당시 과학자들에겐 엄청난 노력이 요구되는 난제였다.

두 차례의 세계대전을 거치며 정부와 과학계 사이의 관계에 미묘한 변화가 일어났다. 국가는 다양한 목적의 군사 연구에 과학자들의 힘을 빌리거나 동원했고 전 세계는 과학의 힘을 목도했다. 무기, 암호체계, 군사 운용, 항공 등의 분야는 정부와 산업계의 전폭적인 지원 속에 비약적인 발전을 이루었다. 과학은 전쟁을 돕기도 했지만, 전쟁을 종결하는 데도 결정적인 역할을 했다. 특히, 미국은 역사상 유례없는 국가 단위의 초거대 규모 연구계획인 '맨해튼 프로젝트'를 발족했다. 결과는 어떤 의미로는 성공(?)적이었다. 프로젝트의 결과물인 원자폭탄은 사실상 세계대전을 종식시키는 폭발을 일으켰다.

전쟁의 끝이 보이기 시작할 무렵, 과학계가 미처 해결하지 못하고 넘어갔던 문제가 다시 대두되었다. 게다가 이번에는 짧은 시간 안에 반드시 답을 내야만 하는 문제가 되어 있었다. 전쟁 기간 동안 국가는 과학계에 상당한 수준의 지원을 했고, 과학자 집단은 그 명분에 대한 큰 고민 없이 연구를 수행해왔다. 하지만 전쟁이 끝난다면 당연하게도 국가는 전시가 아닌 평시를 위한 체제를 수립할 테고, 주로 군사적 명분의 지원을 받던 과학계는 스스로의 필요성을 입증해야만 했던 것이다.

입증 책임은 과학계만의 것이 아니었다. 과학에 대한 지원체계를 어찌할 것이냐는 질문은 경제적 문제이자 동시에 사회적 문제였다. 국가의 입장에서도 대규모로 고용되어 일해온 과학자들에 대한 연구 지원을 단칼에 끊어내고, 더 나아가 사실상의 실업자를 대량으로 발생시킬 수도 있는 결정을 함부로 내릴 수는 없었을 것이다.

양쪽 모두에게 필요했던 것은 다양한 입장의 이해관계자들을 설득할 수 있는 논리였다. 미국 사회는 1940년대 초반부터 이 문제에 대한 고민을 시작했고, 국가가 과학에 어떤 태도를 취해야 하는지 논쟁을 벌였다. 정치의 관점에서 보자면, 향후 미국이 어떤 과학 정책을 펼쳐야 하는지를 묻는 질문이었다. 미국 사학자 대니얼 케블스(Daniel Kevles)는 이 논쟁이 "연방정부가 평시에 일반적인 복지를 위해서 어떻게 과학을 발전시켜야 하는가"라는 정치적인 문제였고, 더 크게는 국가가 과학에 어디까지 개입할 권리를 갖느냐는 질문에 대한 입장의 차이라고 해석했다.

가장 직접적인 싸움은 훗날 국립과학재단(National Science Foundation, NSF)이라 명명되는 기관의 구조와 특성을 정의하는 곳에서 일어났다. 웨스트버지니아주 민주당 상원의원 할리 킬고어(Harley M. Kilgore)는 과학이 이전처럼 연구를 수행하되 (비과학자들을 위시한) 정부의 통제에 노출된 채로 국가의 일반적 복지 증진에 도움이 되어야 한다는 관점에서 법안을 반복적으로 발의했다. 허나, 당시 (전쟁 중) 과학연구개발국(Office of Scientific Research and Development, OSRD) 국장이었던 버니바 부시(Vannevar Bush)는 이에 반대하며 전후의 국립과학재단은 과학자에 의해 운영되는, 과학을 위한 기관이 되어야 한다는 관점을 견지했다.[05]

[05] 킬고어와 부시가 모든 쟁점에서 사사건건 부딪힌 것은 아니었다. 케블스의 해석을 따르자면, 부시는 킬고어가 입안한 법안 중 상당 부분이 평시의 국가 과학기술 체계에 적합하다고 생각했으며, 실제로 1943년에 주고받은 편지에서는 조건부 지지 의사를 밝히기도 했다.

결과적으로 승리는 부시에게 돌아갔다. 1944년 11월, 루스벨트 대통령은 부시에게 전후 과학기술정책에 대한 의견을 묻는 편지를 공식적으로 작성했다. 이에 대한 답신으로 1945년 제출된 보고서 〈과학, 그 끝없는 미개척지〉(Science, the Endless Frontier)는 정치권에 큰 반향을 일으킨 뒤 대중에게도 공개되었고, 결국 미국의 초기 과학기술정책의 원형이자 전 세계 과학기술정책에 지금까지도 영향을 주는 커다란 이론적 틀을 제시했다.[06] 선형적 모델(Linear Model)이라는 이름으로 회자되는 이 보고서의 논리는 "질병과의 전쟁을 위해" "국가의 안보를 위해" 그리고 "국민 복지를 위해"서는 '기초(과학) 연구'(Basic (Science) Research)를 그 자체로 지원해야 한다고 주장한다. 부시는 보고서의 초입에서 "기초과학 연구는 과학적 자본(Scientific Capital)"이라는 선언과 함께 "우리는 많은 수의 새로운, 활기찬 기업을 원한다. 하지만 새로운 상품과 공정은 성숙한 채로 태어나지 않는다. 그들은 기초과학 연구에서 비롯되는 새로운 원리, 새로운 개념으로부터 발견된다."고 주장했다. 즉 꾸준히 기초과

[06] 보고서는 미국 국립과학재단 웹사이트에서 누구나 열람할 수 있다. Vannevar Bush, *Science, the Endless Frontier*, Washington D.C.: Government Printing office, 1945. (https://www.nsf.gov/od/lpa/nsf50/vbush1945.htm) 한글 번역본과 이에 대한 추가적인 해석은 박범순·김소영, 과학기술정책: 이론과 쟁점, 한울아카데미, 2015을 참고.

학을 연구하다 보면—연구해야만—국가가 원하는 실리 획득의 기회를 잡을 수 있다는 메시지를 전달한 것이다.

부시의 보고서에 담긴 논리는 기초과학이 그 존재이유를 스스로 증명하기보다는 사회적 요구와 뗄 수 없는 관계라는 점을 부각한다. 무엇이 기초연구인지를 정의하지는 않지만 "실천적 목적에 대한 고려가 없이 이루어"지며, "일반적인 지식이라는 형태로, 자연에 대한 이해와 법칙으로 귀결된다."고 묘사한다. 게다가 "이 지식은 중요한 실천적 문제들에 대해 구체적인 해답을 바로 내놓지는 못하지만, 그 답을 내기 위한 수단을 제공한다. 기초연구를 하는 과학자들은 연구 결과의 활용에 그다지 관심이 없을 수 있지만, 그렇다고 해서 기초과학 연구가 무시된다면 산업 발전의 진보는 곧 한계를 맞이하게 될 것이다."라고 당당하게 주장하는 대목에서는 아주 미묘하지만 위협의 뉘앙스까지 감지된다.

과학사학자 피터 보울러(Peter J. Bowler)와 이완 리스 모러스(Iwan Rhys Morus)는 "과학계가 이렇게까지 성장할 수 있었던 것은 과학이 정부와 산업계에 유용해졌기 때문이며, 이들 정부와 산업계로부터 지원을 이끌어내고 이를 더욱 촉진하려는 노력은 과학 조직화의 방향에 큰 영향을 미쳤다."고 평가한다.[07] 과학은 시간이 흐르며 전문화, 세분화되었

[07] 피터 J. 보울러·이완 리스 모러스, 김봉국·서민우·홍성욱 옮김, 현대과학의 풍경2: '대중 과학'에서 '과학과 젠더'까지 과학사의 다양한 주제들, 궁리, 2008.

고, 최신의 연구를 위해 더욱 많은 사회경제적 지원을 필요로 했다. 이렇게 보면, 기초과학은 이 과정에서 탄생(해야만) 했던 전략적 개념이었다. 과학과 국가의 관계 설정은 현대적 의미의 과학기술정책의 탄생과 큰 관련이 있고, 스스로를 정의했다기보다는 다른 요소들과의 관계에 의해 상대적으로 정의되었다.

한국의 기초과학

과학기술정책과 기초과학이 탄생 과정에서 역사적 맥락을 공유했지만, 오늘날 세계 각국의 과학기술정책과 기초과학은 매우 다양한 모습을 하고 있다. 그렇다면, 한국의 과학기술정책이라는 렌즈를 통해 보는 기초과학은 무엇이었고 어떤 위치에 있었는지 궁금하다면 무엇을 보아야 할까? 지금까지의 기초과학을 알아보기 위해서는 이미 그 결과가 우리 사회에 어느 정도 반영된 단면들을 엿볼 필요가 있다. 지금까지의 한국 과학기술정책은 "추격의 성공과 탈추격의 실험"[08]이라는 표현이 그 성격을 압축하여 드러낸다. 해당 분석의 관점을 빌려오자면, 추격과 탈추격의 이야기를 이해할 때는 네 가지 시선이 필요하다.

[08] 홍성주·송위진, 현대 한국의 과학기술정책: 추격의 성공과 탈추격 실험, 들녘, 2017.

1. 개발국가(Developmental State) 담론

2. 기술혁신 연구

3. 과학사

4. 공적 개발원조(ODA)로서의 과학기술 협력사업

여기서는 기초과학의 흔적이 뚜렷하게 보이지는 않는다. 기초과학이 한국의 과학기술정책 서사의 한 축으로 해석될 만큼은 아니었던 탓일지도 모르겠다. 지금까지 한국에서 기초과학과 관련된 과학적 업적이 전무했다는 의미, 혹은 한국이 기초과학에 관심을 두지 않았다는 해석이 아니다. 한국과학사 연구를 들춰보면 한국에서 과학 연구의 맥락이 어떻게 변동해 왔고, 어떤 성과를 냈으며, 이 성과들이 과학지식의 생산이나 정치적 측면에서 어떤 역할을 했는지에 대해 밝힌 연구들을 많이 찾아볼 수 있다.[09] 여기서 우리가 살펴보려는 부분은 기초과학에 대한 사회적 갈등, 논의 그리고 합의가 한국 과학기술정책의 발자취 형성에 얼마나 두드러진 역할을 수행했는지 하는 것이다.

[09] 21세기 한국의 현재(OECD 가입국, 세계 11위 경제교역국 같은 전 세계적인 사회경제적 지위를 포함한)를 살아가는 우리와, 명시적으로 개발도상국이었던 1960~80년대를 살았던 한국인들이 받아들이던 과학과 공학이란 사뭇 다른 것임에 틀림없다.

한국의 과학기술정책을 서술하는 가장 대표적인 이야기의 틀은 중공업 진흥과 이를 뒷받침했던 국가 주도의 육성 및 양성 사업이다. 대상은 다양했다. 특정 분야이기도 했고, 특정 전문성을 가진 인력이기도 했다. 무엇을 대상으로 했다는 사실을 하나하나 알아보는 것도 좋지만, 전반적인 실행 방침이 양성과 육성이었다는 점에 주목할 필요가 있다. 흔히 한강의 기적이라고 일컫는 한국의 국가 발전 성공담(특히 경제적 의미)과 궤를 같이하는 이 스토리는 최근 한국이 집착하는 혁신이라는 지향점의 설정에도 영향을 주었다.

기초과학이라는 개념이 한국 과학기술정책에 유의미한 영향을 주지 못했던 것은 물론 아니지만, 그 존재감이 대단했다고 말하기도 힘들다. 우리가 기억하는 한국의 성공 신화에서 과학기술 부문은 주로 산업계에 빠르게 적용될 수 있는 기술의 개발연구에 치중되어 있었기 때문이다. 1966년 설립된 한국과학기술연구원(KIST)이 대표적 사례다. 정부의 입장에서 KIST는 한국의 근대화와 산업화를 상징하는 기관이 되어야 했다.[10] 당시 정부는 여러 이해관계의 충돌 속에서도 KIST에 집중적인 투자를 감행해 많은 연구자들을 국내로 선회시켰고, 이들은 KIST에서 주로 첨단 연구의 성과를 내기보다는 산업기술 연구에 기여했다. 이후 KIST에서 독립한 연구소들은 현재 한국의 공공부문 과학기술 연

[10] 문만용, 한국의 현대적 연구체제의 형성: KIST의 설립과 변천 1966~1980, 선인, 2010.

구체제를 구성하는 '정부 출연 연구소'(이른바 출연연 혹은 정출연)가 되었다.

그렇다면, 기초과학은 국가의 관심을 받지 못한 채 버려져 있었을까? 주요 관심 대상이 아니었다고 말할 수는 있겠지만, 이를 국가의 의도적 무관심으로 단정 지을 수는 없다. 기초연구는 명확하게 정의가 되어 있지도 않았거니와, 국가 연구소가 반드시 이루어내야 하는 미션 또한 아니었기 때문이다. 이것이 1960년대 한국의 기초과학이 처해 있던 상황이라는 게 일반적인 인식이지만, 이에 대해서는 의문이 제기되기도 했다. 한국과학재단의 1970~80년대 운영 방식을 고찰해보면, 기초연구와 이공계 대학에 대한 정부의 인식 변화가 보이는데, 기초연구라는 개념이 확장되고 더 세밀하게 분할되었다는 것이다.[11] 당시 기초연구와 가장 가까운 주체는 대학이었다. 대학은 지금처럼 국가의 연구개발정책의 주요 주체로서 목소리를 내는 상황이 아니었다. 1970년대 후반 무렵까지의 기초연구는 우리가 지금 생각하는 기초과학이나 공학 연구를 크게 아우르는 개념이었고, 고급 과학기술 인력 양성을 위한 교육적 장치(혹은 명분)로서 느슨하게 사용되는 개념에 가까웠다. 이후 정부가 대학을 본격적인 국가 연구개발 사업의 주체로 인정하면서 기초연구는 미래의 직접적 이득을 전제로 한 일종의 선행 연

[11] 강기천, 한국과학재단의 설립과 대학의 기초연구: 1962~1989, 서울대학교 석사학위논문, 2014.

구를 지칭하게 되었고, 이 과정에서 순수 기초연구와 목적 기초연구로 나뉘게 되었다. 어찌 보면, 1970년대 후반까지의 기초과학은 그야말로 진리 탐구의 성격을 더 잘 드러내고 있었던 셈이다. 아이러니하게도 그랬기에 한국사회에서는 기초과학에 대한 논의가 초창기 과학기술정책의 형성에서 깊이 논의되지 못했다.

시간이 흘러 연구개발 체계가 자리를 잡고, 대학도 지금 우리가 아는 형태에 가까운 집단이 되었을 무렵, 정부는 법의 테두리에서 기초과학의 정의를 시도했다. 1989년 '기초과학 연구 진흥법'(이하 진흥법)이 제정된 것이다. 이는 정

법안명	기초과학 연구 진흥법 (1989년 제정)	기초연구 진흥 및 기술 개발 지원에 관한 법률(2011년 개정)
목적	이 법은 기초과학 연구를 효율적으로 지원·육성하여 창조적 연구 역량을 축적하고 우수한 과학·기술 인력 양성 능력을 배양함으로써 과학문화 창달과 신기술 창출에 이바지함을 목적으로 한다.	이 법은 기초연구를 지원·육성하고 핵심 기술에 대한 연구개발을 촉진하여 창조적 연구 역량의 축적을 도모하며 우수한 과학기술 인력을 양성하여 국가 과학기술 경쟁력의 강화와 경제·사회 발전에 이바지하는 것을 목적으로 한다.
정의	이 법에서 "기초과학 연구"라 함은 자연현상에 대한 새로운 이론과 지식을 정립하기 위하여 행하여지는 기초연구 활동을 말한다.	이 법에서 "기초연구"란 기초과학 또는 기초과학과 공학·의학·농학 등과의 융합을 통하여 새로운 이론과 지식 등을 창출하는 연구 활동을 말한다.

부가 공식적으로 기초과학이라는 영역에 국가 차원의 정당성과 목적성을 부여하고 그것을 사회적 논의의 대상으로 부각시켰다는 의미다. 무려 진흥법이 제정된 해를 기초연구 진흥의 원년으로 선포할 정도로 적극적인 의지를 보였다.

진흥법은 목적과 정의를 서술함으로써 '기초과학 연구'의 개념을 제시한다. 자잘한 개정을 거치다가 2011년 들어 '기초연구 진흥 및 기술 개발 지원에 관한 법률'이라는 이름으로 조금 큰 개정을 단행했을 때에도 법의 큰 틀은 바뀌지 않았으며, 여전히 목적과 정의를 통해 기초(과학) 연구가 무엇인지를 서술하려 했다는 점도 다르지 않다. 보다시피 정의라고 하기에는 그 범위가 너무 넓고 자기참조를 하는 등 약점이 많다. 또한, 이 정의가 직접적인 연구개발(R&D)정책이나 기타 연구개발정책 등에 미치는 영향을 명확히 인과적으로 분석해내기도 힘들다. 허나 법적 정의를 계속해서 시도하고 있다는 사실은 그 행위 자체만으로도 한국의 과학기술정책과 기초과학의 관계에 대해 시사하는 점이 있다. 좋게 말하면 역동적인 고민이 이뤄지는 과정이며, 나쁘게 말하면 언제든지 명분과 수단으로 이용될 수 있다는 뜻이다.

예산을 보자!

여기까지 이야기가 진행되면 흔히 나오는 질문이 있다. 한국은 연구개발 예산을 굉장히 많이 쓰는 나라라고 하던데,

기초과학에는 투자를 별로 하지 않는다는 뜻인가? 이 질문에 대해서는 상투적인 대답을 할 수밖에 없다. 어떻게 보면 맞고, 어떻게 보면 그렇지 않다.

일단, 한 가지 오해 아닌 오해를 풀고 가야만 한다. 단적으로 말하자면 한국은 분명 과학과 공학 연구에 매우 큰 투자를 하는 나라가 맞다. 연구개발 투자 규모는 지속적으로 증가해왔고 세계적으로 순위권에 들어간 지도 상당한 시간이 흘렀다. OECD가 매년 두 차례에 걸쳐 회원국과 주요 비회원국을 대상으로 발행하는 'OECD 주요 과학기술 지표(OECD Main Science and Technology Indicator)'[12]에 따르면, 한국의 국내총생산(GDP) 대비 총연구개발비[13] 투자는 2012년 4%를 돌파했고, 2015년 기준 4.23%로 최상위권을 기록했다. 같은 해를 기준으로 일본은 3.29%, 미국 2.79%, 중국 2.07%, 독일 2.93%, 프랑스 2.22%였다. 한국의 연구개발 투자 규모는 양적으로는 세계적 수준에 육박하고 있다는 것이다. 그래서 예산이 충분했다는 것인가, 기초과학에는 투자를 충분히 잘하고 있다는 것인가에 대해서는 단언하기 힘들다.

국가 연구개발 통계상의 기초연구비가 꾸준히 증가하고 있는 현재, 한국의 기초과학은 여전히 위기를, 심지어 연구의 질이 아닌 생존의 위기를 호소하고 있다. 이런 의문에 답을 내리기 위해 흔히 사용하는 방법은 절댓값과 함께 비

[12] http://www.oecd.org/sti/msti.htm

[13] 정부, 공공부문, 민간부문, 해외투자를 모두 합한 항목이다.

율로 예산을 따져보는 것인데, 그렇다 해도 문제가 완전히 해결되지는 않는다. 비율을 따질 때에는 무엇을 기준으로 잡는가에 따라 다양한 해석이 가능해지기 때문이다. 따라서, '한국은 기초과학에 투자를 한다/안 한다'라든지 '기초과학에 충분한 돈을 주었다/주지 않았다'는 진단을 통해서는 생산적인 답을 얻을 수 없거니와 진실 판별도 불가능하다.

실제 수치를 살펴보자. 연구개발비 중 기초(과학) 연구가 차지하는 비중은 분명 지속적으로 늘어나고 있다. 연구개발 단계(기초, 응용, 개발)에서 한국의 공공연구기관들이 사용한 기초연구비의 비중은 1983년에는 18% 정도였지만 2015년에 약 33%가 되었다.[14] 역대 정부가 과학기술 기본계획을 세우며 활용했던 지표 또한 기초연구 투자가 지속적으로 증가했다는 평가를 뒷받침한다. 이에 따르면 정부의 연구개발비 중 기초연구에 대해 노무현 정부는 17.3%(2001년 기준), 이명박 정부는 25.3%(2007년 기준), 그리고 박근혜 정부는 35.2%(2012년 기준)의 투자 비중을 차지한다고 판단했다. 하지만 시선을 돌리면 조금 다른 대답을 내놓을 수도 있다. 과학기술 기본 계획의 총예산 중 기초과학 연구 진흥 부문에 투입된 예산 비중은 2012년까지 매년 7%에서 13%

[14] 미래창조과학부·한국과학기술기획평가원, 2015년도 연구개발활동조사보고서, 2017을 참고하여 재구성.

사이를 오가며 평균 10% 내외를 유지하고 있었다.[15] 이 숫자들을 한 번에 보고 있노라면 지금까지의 기초과학에 대한 투자를 고작 한두 마디로 평가하려는 시도 자체가 문제임을 알 수 있다.

예산을 통해 기초과학의 정의와 현황을 파악하려는 접근에서 반드시 주의해야 할 점이 하나 더 있다. 예산이란 국가의 입장에서 정의되는 개념이라는 사실이다. 예산을 통해 기초과학을 바라보면 의도와는 무관하게 국가의 입장을 투영하여 기초과학을 바라보게 된다. 활용하기 쉬운 지표를 쓰는 것은 좋지만, 함정에 빠지지 않으려면 의식적으로 렌즈를 다양하게 사용해야 한다. 특히 바로 그 예산을 통해 연구를 하는 과학자들은 기초과학을, 그리고 기초과학 예산을 어떻게 생각하고 있는지 그들의 렌즈를 통해서도 상황을 바라볼 필요가 있다.

최근 사례를 하나 살펴보면 인식의 간극을 엿볼 수 있다. 2016년 6월, 국내에서 가장 큰 생물학 관련 온라인 커뮤니티인 브릭(BRIC)에 기고문이 올라왔다. 네 차례에 걸쳐 게시된 이 글은 크게 두 가지 측면에서 한국의 기초과학과 기초과학 예산의 문제점을 지적했다.

첫째, 연구비 통계를 읽는 방식에 대한 문제제기. 전체 연구를 기초-응용-개발로 나누어 분석할 때 전체 값이 아닌

[15] 홍성주·신태영·엄미정·전찬미·원영재·양설민, 한국 과학기술혁신정책 장기 추세 분석, 과학기술정책연구원, 2013.

연구수행 주체별 투자 현황에 주목해야 한다는 지적이었다. 대다수의 국가들이 기초연구비 중 50%에서 많게는 80% 이상을 대학이 사용하는 것에 비해 한국은 대학의 기초연구비 사용 비중이 20% 정도밖에 되지 않는다. 이에 따라 아무리 전체 기초연구비 비중이 높아도 실제로 기초연구를 수행하는 대다수의 대학 연구실들은 재정적 어려움을 겪는다. 한국의 경우 약 60% 정도를 기업이 사용하는데, 기고문은 기업에서 기초연구비를 산정하는 방식에 의문을 제기했다.

둘째, 기초연구란 무엇인가에 관한 물음. 과연 정부의 통계가 말하는 기초연구는 연구자의 기초연구와 충분히 일치하는가? 기고문은 반복적으로 그렇지 않다는 메시지를 전달했다. 비판의 논거는 연구비를 받는 구조였다. 2015년 정부의 연구개발비 분배를 예시로 "연구자가 주도적으로 과제를 제안하여 연구비 지원을 받을 수 있는 기초연구사업", 통칭 '보텀업'(bottom-up) 혹은 '상향식' 과제의 비중이 매우 낮다는 사실을 지적했다. 이는 첫 번째 문제와 긴밀히 연동되는데, 2015년 기준 상향식으로 받을 수 있는 연구비는 전체 기초연구비의 약 5분의 1 정도였다. 기고문은 학술적 발전은 연구자 스스로가 주도하는 연구에서만 나올 수 있음을 역설하면서 '톱다운'(top-down, 하향식) 과제[16]에 연

[16] 이른바 기획과제. 정부가 큰 연구 주제를 설정하여 연구자(팀)를 모집하는 지정공모 방식의 과제.

구비가 과도하게 책정되어온 관행이 개선되어야 한다고 비판했다.

이 사례는 대학에 소속된 연구자의 입장이라는 점을 고려하고 읽어야 하지만, 예산을 통해 기초과학을 해석할 때 조심해야 할 부분을 잘 드러낸다. 대학의 연구자 입장에서 보면 예산이 기초과학이라는 이름으로 배정되어 있다고 해서 연구자가 생각하는 기초과학이 지원 대상이 되는 것은 아니다. 이는 예산 항목의 문제일 수도 있지만 동시에 연구자의 정체성과 직결되는 문제이기도 하다. 이왕 여기까지 왔으니, 아주 유치한 방식으로 마저 질문을 해보자. 그래서 하향식 과제는 기초과학의 적인가? 기고문도 상황을 단순한 이분법으로 재단하고 진단하지는 않았다. 현재까지처럼 전체 연구비의 파이를 두 방식이 적당히 나눠 먹어서는 안 되며, 모든 연구가 상향식과 하향식을 병행할 수 있고, 국가는 그렇게 되게끔 지원해야 한다는 것이 기고문이 제안하는 방향이었다.

이처럼 기초과학 예산은 누가 그리고 어떻게 해석하는가에 따라 같은 숫자도 전혀 다르게 읽힐 수 있다. 기초과학 예산은 분명 국가의 기초과학에 대한 태도와 투자 정도를 가늠할 수 있는 좋은 척도이지만, 언제나 그 기준과 성격을 함께 논의해야 한다. 그렇지 못하면 결국 언론의 단골 헤드라인이자 국정감사의 절대적 명분인 '혈세 낭비'라는 마법의 주머니로 소환되기 마련이다. 기초과학 연구가 예산에 많은 영향을 받는 것은 사실이지만, 예산을 통해 기초과학 연구의 현황을 모두 파악하지 못한다는 점도 짚어 둔다.

과학자가 아닌 시민에게 기초과학은?

기초과학이 무엇이라는 건지, 한국에서는 어떤 길을 걸어왔는지, 예산은 안녕하신지 살펴본다고 봤지만 변변한 대답은 없었던 것 같다. 괜히 두통만 생긴 것 같다면 편견을 버리고 좀 더 단순한 질문을 던져보는 것도 좋은 방법이다. 그래서 한국은 정말로 기초과학을 하고 싶은 것일까? 혹은 딱히 하고 싶은 건 아니지만 해야만 하는 어떤 속사정이 있는 것일까? 기초과학은 이런저런 일들을 해낼 가능성이 있다는 추측성 명제는 잠시 접어 두자. 어쩌면 우리는 지켜질 수 없는, 혹은 지켜질 수 있는지 검증하는 것조차 매우 힘든 명제의 난립을 지켜보는 데 지쳐버렸는지도 모른다.

필자들과 대화를 나누었던 한 과학자는 기초과학을 두고 '럭셔리'이자 '덕질'이라고 표현한 바 있다. 이 주장에 대해 3만 단어 분량의 에세이를 써서 국가 정책 결정에 영향을 줄 수 있을지는 모르겠지만, 적어도 그가 전달하고자 했던 느낌이 무엇인지는 쉽게 짐작할 수 있었다. 사실, 딱히 대단한 이유는 없는 것이었다. 아주아주 잘되면 사후적으로 모두가 납득할 만한 이유를 제공해줄 수도 있지만, 이렇게 될 가능성은 백만분의 일 정도다. 그렇다면 함부로 미래를 담보로 잡아 설득할 수는 없으니, 대신 현재의 가치에 집중해보면 어떻겠는가? 기초과학도 분명 누군가에게는 바로 지금, 현재의 일이라는 사실을 잊어서는 안 된다.

우리에게 필요한 것은 지금까지 기초과학에 대한 상대적 정의에 따라 쌓아온 경험에 의거해 절대적 정의를 내려보려는 노력이다. 교육적 목적이 아니어도, 리니어 모델의 시발점이 아니어도, 그 자체로 오롯이 존재할 수 있는 기초과학에 대한 진지한 논의는 거의 없었기 때문이다. 이 논의는 모든 가능성을 열어놓은 채 시작되어야 한다. 만에 하나 한국사회가 기초과학에 자리를 내어줄 필요가 없다고 생각한다면 그에 걸맞은 조치를 취할 수 있을 만큼 말이다.

이 고민은 과학자들만의 것은 아니다. 기초과학이라는 애매한 개념의 발생이 국가와 과학의 관계와 밀접한 연관이 있는 만큼 누구나 자신의 의견을 가져볼 만한 문제다. 양자역학이나 중력파에 대해 몰라도, 주기율표나 해석학에 대해 전혀 아는 바가 없어도 기초과학이란 무엇인가라는 일견 심오해 보이는 질문에 대한 나름의 대답을 가질 권리는 모두에게 있다. '기초과학의 영역은 어디서 어디까지로 한다'라는 정의는 과학적 방법론에 기반한 지식이 아닌, 국가와 과학계가 만들어낸 약속에 가깝다. 서로 아쉬운 부분에 대해 토로하고, 대화하고, 설득하는 만큼 그 결과는 변한다.

악플보다 무서운 것이 무플이라 했다. 지금까지 얕게나마 살펴본바, 한국의 기초과학은 과학기술정책의 담론 지형에서 예상했던 것보다 흐릿하다. 과학적 성과가 없다는 의미가 아니다. 과학기술정책의 성격과 방향성을 거시적으로 되돌아볼 때 그 존재감이 일반적인 상식—기초과학은 중요하다—에 어긋나기에 흐릿하다는 것이다. 당장 현실을 보자. 2010년대 한국 기초과학계 최고의 이슈 중 하나인 기초과학연구원(IBS)에 대해 시민들은 얼마나 알고 있고, 어떤 '입장'을 가지고 있을까? 혹은 이 문제를 사회면 기사에서 다뤄야 할 사안이라고 생각할까? 기초과학 연구에 ○○를 투자한다는 소식 이상의 내용에 대해 이야기해볼 필요가 있다고 생각하고 있을까? 우리는 전 세계가 2차대전 후에 치열하게 고민했던 문제를 이제서야 제대로 마주하게 된 것이다.

2장

과학기술과 법

과학기술이 현대사회에 미친 영향이 심대하다고는 하나, 과학기술도 사회의 구성요소 중 하나이기에 다른 요소들과 마찬가지로 사회제도와 불가분의 관계에 있다. 혁신적인 과학기술은 제도의 변화를 야기하며, 사회의 대표적 규범인 법, 그리고 이에 기반해 현실에서 규제를 정하는 기준을 제시한다. 가령 환경문제나 공중보건과 관련된 규제는 이미 존재하는 법령을 따르는 한편, 과학적으로 입증된 지식을 참고하여 구체적 기준을 마련한다. 하지만 아주 철저하게 지식생산의 기준과 과정을 캐묻기 시작하면 실상 법과 협력하는 과학지식은 순전히 학술적 지식이라 하기 힘든 측면도 있다. 온갖 변수가 예고 없이 돌출하는 현실에서 작동하는 기준을 만드는 일은 변인이 통제된 실험실 속 지식 생산과는 확연히 다르다. 제도가 차용하는 과학적 기준에 대한 이해는 실험실 속의 지식을 이해할 때와 다른 시선을 요구한다.

그저 다르다고만 해서는 너무나 당연한 이야기가 되어버린다. 다르다는 것은 과학기술과 법만의 이야기는 아니니 말이다. 여기서는 과학기술이 어떻게 각종 법적 장치들과 상호보완적으로 일하는지, 혹은 서로 견제하며 갈등하는지 살펴본다. 법이든 과학기술이든 하나만 놓고 보아도 굉장히 머리가 아픈 영역이니 아주 자세히는 아니더라도 그저 다르다 이상의 논점 몇 가지 정도는 다루어보려고 한다.

법과 과학기술—무엇이 어디까지 적절한가

과학기술과 법은 모두 사회에서 큰 권위를 지닌다. 법이란 굉장히 까다로운 논리의 집합체다. 지식체계도 방대하거니와 상식이나 일상적인 논리로만 풀기 힘든 문제들을 다뤄야 하기 때문에 고도의 전문성이 요구되는 분야이기도 하다. 법조인은 기본적으로 사회정의에 직접적으로 관여하는 전문가로 간주되기에 엄정한 절차를 거쳐 자격을 획득한다.

과학기술은 언론에 노출되는 빈도는 상대적으로 낮지만, 법과 마찬가지로 고도의 전문성이 요구되는 일이다. 전문적으로 훈련받은 과학자와 공학자의 권위는 섣불리 무시되지 않는다. 법과 같은 이유로, 지식체계 내부의 규율이 굉장히 까다로우며 그 논리를 제대로 구사하기 위해서는 장기간의 훈련이 필요하다. 다른 한편으로, 과학기술은 경우에 따라 명확하게 영역 구분을 한다. 경솔하게 다른 세부 영역을 침범하지 않고, 또 함부로 선 밖으로 나가서 권위를 주장하지 않는 것이 중요하다.

이런 면에서 법과 과학기술이 비슷하니 같이 일하기 편한가 하면 그렇지는 않다. 눈을 돌려보면 충돌할 지점이 한가득이다. 일단, 관찰하고 탐구하는 대상이 다르다. 과학은 주로 자연에 관심을 가지는 한편, 법은 사회구조, 문화, 윤리에 관심을 갖는다. 각자 탐구를 수행하는 과정에서도 차이가 난다. 게다가 조금 거칠게 말하자면 지식으로서의 속성에도 차이가 있다. 가령 '힘은 질량과 가속도에 비례한다'는 물리 법칙은 서술이다. 현실이 어떠하다는 설명을 제공할 뿐 '힘은 질량과 가속도에 비례하는 것이 옳다'고 규범적 판단을 내리지 않는다. 물론 과학사나 과학기술학 연구가 밝혀왔듯이 지식의 생산과정에서 다양한 가치판단이 개입되지만, 그 지식을 작성하고 공유할 때는 규범적 성격이 최대한 배제된다. 이에 비해 법은 규범적 성격이 본질이다.

유사한 틀에서, 과학은 더 좋은 해석에의 가능성을 열어두고 실제로 기존의 틀을 깨는 시도를 장려하는 데 비해, 법은 분명 더 좋은 해석을 추구하기는 하나 그것을 위해 특정 사례에서만 실험을 시도하는 방향으로 접근하지는 못한다. 이런 차이는 과학기술에 내재된 갈등을 다른 때보다 조금 더 겉으로 드러나게 만든다.

법정 증거로서 과학기술

일반적으로 과학기술과 법이 함께 있는 장면을 가장 쉽게 접할 수 있는 곳은 법정이다. 법정에 선 과학기술은 법의 판단을 돕는 증거가 된다. 이 분야는 그 중요성과 특수성이 인정되어 수사과학(Forensic Science)이라는 이름을 따로 가지고 있다. TV 드라마나 영화에서 강력범죄 사건이 터지면 형사가 와서 "국과수에 분석 의뢰해."라고 말하는 장면이 꼭 한 번은 나온다. 바로 이 국과수(국립과학수사연구원)가 하는 과학이 수사과학의 범주에 들어간다.

수사과학이 대중적으로 유명해진 데에는 미국 드라마 CSI 시리즈가 크게 기여했다. 지금이야 드라마에서 과학수

사대의 활약도 식상한 일이 되어버렸지만, CSI가 처음 방영되었을 때는 미국인들도 크게 열광했다. CSI가 인기를 끌고 방영 회차가 길어지면서 대중이 법과 수사과학에 대해 많이 알게 되었다. 그럼에 따라 과학과 법에 대한 긍정적 이미지가 생산되는 연쇄적 효과가 나타났다. 이런 일련의 현상을 통칭 'CSI 효과'라고 한다. CSI 효과는 학술적 분석의 대상이 되는 하나의 사회현상으로 인정받을 만큼 큰 변화를 몰고 왔다.

이처럼 우리는 과학자나 공학자, 혹은 법조계 종사자가 아니어도 과학기술과 법이 함께 일하는 현실을 친숙하게 여기게 되었다. 학술 논문을 통하지 않더라도 언론을 통해서, 그리고 다양한 대중매체를 통해서 과학기술이 법정으로 들어가 증거로서 작동한다는 점을 잘 알고 있다. 헌데 문제는 대다수의 경우 이 이미지가 너무나 평면적이라는 것이다. 안타깝지만 현실 속의 법정에서 과학기술은 드라마처럼 주인공에게 "이의 있습니다."를 외치며 모든 판세를 뒤집는 '데우스 엑스 마키나' 같은 힘을 주지 못할 가능성이 크다. 실제 사례를 하나 살펴보자.[01]

1991년 5월 26일 오후 6시 10분경, 네덜란드 레이던시의 한 경찰이 전화를 받는다. 어떤 남자가

[01] Roland Bal, How to Kill with a Ballpoint: Credibility in Dutch Forensic Science, *Science Technology & Human Values* 30, 2005, p.52.

자신의 어머니가 죽어 있는 걸 발견했다는 신고 전화였다. 경찰이 가서 조사해보니, 옷과 바닥에서 핏자국이 발견되었고, 그후에 진행된 부검에서 죽은 어머니의 머리 속에 펜 하나가 오른쪽 눈을 관통해 들어와 통째로 박혀 있는 것이 발견되었다. 경찰은 이 문제를 살인 사건으로 규정하려 했으나, 증거가 수집되지 않은 상황에서 형사 사건으로 단정 지을 수가 없었다. 헌데 곧 증거가 드러났다. 피해자의 아들인 제이티의 심리치료사가, 제이티가 다중인격장애를 앓고 있다며, 이런 일들을 다시 할까 두려워 경찰에 이를 알리는 것이라고 말했다. 그제야 다른 증거들이 맞아떨어지기 시작했다. 제이티의 고등학교 친구들은 그가 펜 끝으로 '이상적 살인'을 해보고 싶다고 말한 적이 있다고 증언했다. 제이티 본인은 사격클럽에서 활동한 경력이 있어서 석궁도 다룰 줄 알았다. 결정적으로 본인의 알리바이가 완전하지 못했다.

짧은 요약만 봐도 매우 잔인하고 이상한 이 사건은 미디어를 타고 대중의 관심을 끌기 시작했다. 아들이 어머니를 죽였을지도 모르는데, 일반적 인식에서 흉기와는 거리가 먼 볼펜이 살인 도구로 판명되었고, 그 볼펜은 온전한 채 피해자의 두개골 속에서 발견되었다. 이야기는 자극적이면서도 미디어로 소비되기 좋은 양상이었다.

사건이 복잡해지기 시작한 것은 부검 보고서를 본 전문가들의 의견이 엇갈리면서부터였다. 부검을 했는데 알면 알고 모르면 모르는 것이지 의견이 엇갈릴 수 있는 것일까? 전문가 소견은 최종 결과인 사인이 아닌, 어떻게 그 사인에 이르게 되었는지에서 서로 달랐다. 같은 부검 보고서를 보고도 누군가는 아무것도 판단할 수 없다고 주장할 수 있다. 반면, 다른 누군가는 이렇게 사람이 죽으려면 손에 볼펜을 들고 있다가 넘어지지 않고서는 이 속도와 힘이 나오지 않아서 볼펜이 눈을 꿰뚫고 머리로 들어갈 수 없다는 소견을 낼 수도 있다. 사건은 일단 제이티의 살인에 대한 12년형 선고로 한 번 종결되었다.

항소에 들어가면서 제이티 측은 다른 방법으로 이 판결을 뒤집고자 했다. 석궁으로 실제와 유사한 조건의 모형을 쏴보는 실험을 한 것이다. 흐로닝언대학교의 프리랜서 연구자인 판 안덜(Van Andel)이 돼지 머리에 석궁을 쏴보았다. 결과는? 뚫는 데 실패했을 뿐 아니라 제대로 된 실험으로 인정받지도 못했다. 돼지의 안와가 인간의 것보다 더 두껍다는 이유였다. 실제 사람의 머리를 가지고 실험을 해본 사람은 암스테르담 의학센터(AMC)의 한 안과 의사였다. 해부 실습을 위해 준비된 두 개의 사람 머리를 가지고 부검 결과에 나온 위치에 맞추어 실험을 수행했다. 14.5cm짜리 펜을 사용했는데, 6~9.3cm가 안와 바깥으로 돌출된 채 뇌까지 완전히 들어가지 못했다.

조금 다른 방식의 증명도 시도되었다. 물리학자인 제이티의 아버지가 모델을 만들어 두 가지 방식으로 실험을 수행했다. 먼저, 다른 이들과 비슷하게 석궁을 쏘았다는 가정하에 실험을 하여 이전 실험들과 비슷한 결과를 얻었다.

두 번째 실험은 땅에 볼펜을 고정시킨 후 모형 머리를 떨어뜨리는 것이었는데, 이 실험에서는 펜에 손상이 전혀 없이 모형 머리를 뚫고 들어가는 결과를 얻었다.

이렇게 실험으로 증명한 바에 의하면, 제이티가 석궁으로 어머니를 쏜 것이 아니라 어머니가 넘어지는 과정에서 우연히 사고를 당했다는 주장이 성립한다. 법정은 이 논증을 받아들였을까? 그러지 않았다. 네덜란드의 국과수인 NFI가 이 결과를 수용하지 않았기 때문이다. NFI의 견해는 다음과 같았다. 비록 물리학적 법칙에 의거해 특정 방법에 따른 결과가 유도될 수 있는지 아닌지 실험해볼 수는 있지만—그리고 그 방법이 과학적 결과를 낼 수 있지만—법정에서 증명해야 하는 현실에는 불확실한 조건이 너무 많기 때문에 통계학적으로 계속 반복하는 것이 더 적절하다는 것이었다.

재판 결과보다는 재판에서 과학적 논증이 어떻게 인정되었고, 인정되지 못했는지에 집중해보자. 일반적으로 법정에서 과학이 증거로 쓰일 때는 전문가와 비전문가의 경계선이 명확하고, 전문가들끼리는 같은 지식체계하에서 같은 판단을 내릴 것으로 예상된다. 한데 지금 이 사례가 보여주듯 과학기술은 법정에서 서로의 의견에 반대하기도 하며, 심지어는 어디까지가 적절한 과학인지를 놓고 다투기도 한다. 하나의 사건을 두고 과학 전문가들이 서로의 과학적 사실(의 유효성)에 대해 동의하지 않았을 뿐만 아니라, 무엇이 제대로 된 과학이고 무엇이 그렇지 않은지에 대해서도 줄다리기를 하는 것이다.

그렇다고 해서 법과 과학기술의 협업 과정에서 수사 과학처럼 갈등이 표면으로 드러나는 경우가 흔한 것은 아니다. 주어진 시간과 조건 안에 특정 사안의 시시비비를 가려야 하는 법정이 아닌 평범한 일상의 영역으로 들어서면 관찰이 쉽지만은 않다. 허나, 법정만큼 극적이진 않아도 다수의 사람들이 관심을 가져볼 만한 이야기들이 있다.

규제를 위한 과학기술

과학기술과 법의 관계에서 시간은 아주 중요한 변수다. 정책 결정자는 법과 규제를 지키면서도 시의성을 잃지 않아야 한다. 정책 결정자에게 판단의 준거가 될 연구 결과를 적기에 내놓아야 하는 과학기술자의 사정은 어떠한가? 실험실의 과학은 과학계 내부 규율을 준수하는 지식 생산을 추구해야 하고 아주 엄격한 동료심사(peer review)를 거친다. 때문에 그 결과에 대한 신뢰도가 매우 높은 편이다. 하지만 완결성을 충족하자면 그만한 시간이 요구된다. 그런데 연구자에게 충분한 시간을 줄 수 없는 긴박한 상황이 발생한다면 어떻게 해야 할까? 그럴 때 과학기술은 법과의 협업을 위해 기존의 지식 생산과는 조금 다른 방식을 취하기도 한다.

아주 단순하게 생각하면, 과학기술은 당대의 최신 지식을 제도에 제공하고, 법은 이것을 참조하여 필요한 규제를 만들고 시행한다. 철저히 독립적인 두 전문성 사이의 협력 구도는 전문화되어 가는 사회가 나아갈 바를 보여주는 듯했다. 하지만 과학의 탐구 영역이 세밀해지고 국가와 과학기술의 관계가 밀접해질수록 문제는 복잡해졌다. 시민들은 질문하기 시작했고, 두 전문 영역의 온전한 역할 분담이라는 관점도 도전받기 시작했다. 가령 A라는 물질이 상황에 따라 다양한 수준에서 건강에 영향을 미칠 수 있다는 과학지식은 'A의 사용을 ○○까지만 허가하는 것이 충분히 안전한가'라는 질문에 스스로 답하기 힘들어졌다. A의 경제적 가치, 인체에 미치는 위험성에 대한 사회의 인식(~까지는 감수하고 쓸 수 있다)에 대한 판단이 수반되어야 했기 때문이다.[02]

이 문제에 천착하던 다양한 분야의 학자들은 '규제과학'(regulatory science)이라는 개념을 통해 조금 다른 종류의 과학을 생각해보자고 제안했다. 규제과학의 대표적인 특징은 지식 생산과정에서 학술계 외부의 정치적, 경제적 영향이 매우 유의미하게 작용한다는 점이다. 일반적인 의미의 과학을 학술과학이라 지칭한다면, 학술과학은 철저하게 과학자들 사이의 합의에 의해 그리고 연구기관 내에서 진행된다. 규제과학은 과학자뿐만 아니라 기업인이나 정책 결정자가 실천적 목표를 갖고 참여하게 된다.[03]

[02] 과정남, 회의적 인간은 O/X 퀴즈를 꿈꾸는가, 스켑틱 6호, 2016.

[03] 현재환, 규제과학: 정책과 과학의 하이브리드, 네이버캐스트, http://terms.naver.com/entry.nhn?docId=3575821&cid=58939?categoryId=38951.

규제과학이 사이비라는 의미가 아니다. 보통 생각하는 과학과는 다른 환경에서—법과 정책의 영역에서—조금은 다른 목적으로 작동하는—공공정책에 명분뿐만 아니라 과학적 근거를 부여하는—또 하나의 과학이라는 관점을 제안한 것이다. 규제과학을 수행하는 과정에서 경우에 따라 학술과학의 기준을 만족해 저널에 출판을 하고 학술적 지식으로 인정받을 수도 있겠지만 모든 규제과학을 학술과학과 동치라고 주장하기는 어렵다.

규제과학은 여기저기에 있다. 특히 정부가 관리해야 할 명분이 뚜렷한 환경 문제, 혹은 이와 관련된 시민들의 건강 문제에서 등장한다. 겉에서는 잘 보이지 않는다. 우리는 그 결과물을 규제로서 받아들일 뿐이기 때문이다. 규제에 적용되는 각종 기준들이 어떤 연구, 정보, 지식, 이해관계에 따라 결정되었는지에 대해서는 큰 관심을 가지지 않고, 그럴 필요성을 잘 느끼지도 못한다. 우리가 막연히 정부의 규제 시스템 전반을 믿고 있기 때문일 수도 있고, 아마도 과학적인 기준에 의해 판단을 내렸을 것이라고 믿고 넘기기 때문일 수도 있다.

가장 가까운 예시는 출근길에 있다. 요즘은 아침 뉴스에서도, 출근길이나 고속도로의 전광판에서도 미세먼지와 대기오염 지수를 알려준다. 대기오염 지수는 특정 물질의 대기 중 농도를 수치로 나타낸 것이다. 미세먼지 지수는 대개 '오늘의 평균 미세먼지 농도는 ○○$\mu g/m^3$입니다'라는 식으로 표현된다.[04] 아이러니하게도, 우리가 규제에 관심을 갖는 순간은 규제가 제공하는 수치들이 규제과학에 기반한다는 사실을 알게 되는 순간이다. 2016년 하반기, 한국에서는 미세먼지 규제를 놓고 큰 논란이 있었다. 한국의 미세먼지 환경 규정이 세계보건기구(WHO)의 기준에 비해 터무니없이 높다는 것이 이유였다. 문제가 제기된 시점에서 PM10 기준, 한국은 연간 평균치 50㎍/㎥ 이하, 24시간 평균치 100㎍/㎥를 제시하는 반면 WHO는 연간 평균치 20㎍/㎥ 이하, 24시간 평균치 50㎍/㎥ 를 제시하고 있었다.[05] PM2.5 기준으로도 한국은 연간 평균치 25㎍/㎥ 이하, 24시간 평균치 50㎍/㎥를 제시하는 반면, WHO는 연간 평균치 10㎍/㎥ 이하, 24시간 평균치 25㎍/㎥ 를 제시한다는 사실이 알려졌다. 이전까지는 제시되는 수치를 수용하던 사람들이 굉장히 적극적으로 환경 기준을 찾아보고 비교하게 되면서, 그 기준치 설정의 잣대가 된 과학적 근거에 의문이 제기되었던 것이다.

규제의 기준이 되는 수치의 차이는 과학1과 과학2의 사칙연산으로 계산하는 것이 아니다. 이 차이는 정보와 지식 생산과정뿐만 아니라 전혀 상관없어 보이는 정치적, 사회적 문제들로부터도 기인한다. 보통 '이 정도까지는 오염

[04] 에어코리아 홈페이지(https://www.airkorea.or.kr/airStandardKorea)

[05] PM(Particulate Matter)은 미세먼지 분류 체계의 일종이다. 뒤에 붙는 숫자는 먼지의 지름이며 마이크로미터(㎛) 단위다. 즉 PM10은 지름 10㎛의 먼지이며, PM2.5는 지름 2.5㎛의 먼지를 뜻한다. PM2.5가 '초미세먼지'다.

이 아니다'라고 하는 것이 사회적으로 용인된 기준이다. 정부와 시민들이 이 기준을 신뢰하는 데 판단 근거를 제공하는 것이 규제과학이다. 규제과학에 굉장히 중요한 기초 정보를 제공하는 것은 학술과학이지만 모든 판을 결정하는 역할을 하지는 않는다. 또한 역설적으로, 이렇게 유동적이고 외부 영향을 많이 받다 보니 과학기술정책의 관점에서는 학술과학보다 규제과학이 더욱 친밀한 교류 대상이 된다.

규제과학의 관점에서 보면, 세계 각국의 대기오염 기준이 모두 다른 것은 문제될 게 없다. 따라서 한국의 높은 미세먼지 규정 수치 역시 과학적으로 엄정하지 못한 결과라고 간주할 수 없다. 규제를 결정하고 그것의 근거를 사회적으로 설득하여 수용되도록 하는 방법 또한 다르다. 과학기술학자 쉴라 자사노프(Sheila Jasanoff)는 이러한 사회적 개입과정에 각 국가의 역사적, 문화적, 정치적 궤적별로 다양한 정치문화가 작동한다고 주장한다. 이 정치문화의 차이는 시민들의 인식론에 영향을 미쳐 어떤 국가에서는 수치를 제시하면 그것이 사회를 설득하는 근거로서 오롯이 작동하는 반면, 어떤 국가에서는 사회가 신뢰하는 전문가들이 인정해야만 사회적 합의가 이루어지기도 한다.[06]

사고실험을 하나 해보자. 만약 한국에서 베이징 수준의 심각한 스모그가 주기적으로 발생한다면 한국의 환경 규

[06] Sheila Jasanoff, *Designs on Nature: Science and Democracy in Europe and the United States*, Princeton University Press, 2015.

제는 어떤 움직임을 취할까? 한편에서는 대번에 주요 일간지에 대서특필되고 정부 시책이 신속하게 발표되는 그림을 그려볼 수 있다. 현행 대기오염 규정 위반이라는 명목하에 말이다. 다른 한편에서는 정부가 규제에 사용되는 수치를 개정하기 위해 심각한 고민을 시작할 것이라는 가정도 해볼 수 있다.

물 문제에서도 비슷한 일이 일어난다. 미국의 수질관리법(Clean Water Act)은 언제나 규제 완화와 강화를 외치는 진영 사이에서 줄다리기를 해왔다. 대부분의 사람들은 개천과 습지를 보호하자는 데 이견이 없을 것이다. 작은 개천과 습지, 못의 물이 모여 호수와 강을 이루고 바다로 유입되므로, 실천할 수 있는 부분부터 신경을 쓰자고 한다면 누구도 크게 반대하기는 힘들다. 문제는 과연 어디부터 어디까지가 작은 개천, 습지, 못이고, 무엇을 규제 대상으로 정해야 하는지에 대해서는 합의가 사실상 불가능하다는 것이다. 축산업이나 농업 종사자들은 생업에서 발생하는 축산 분뇨, 비료, 농약으로 인한 수질 오염이 규제받지 않을수록 이득이다. 하지만 환경보호를 무엇보다 중시하는 사람일수록 더욱 강력한 오염 규제에 찬성할 것이다.

규제는 그야말로 시민들의 생활과 가장 밀접한 제도다. 규제라는 목적지향적인 틀 안에서 과학이 사회제도와 시민들을 배제한 채 스스로의 논리만으로 주장을 펼치기는 힘들다. 시민, 전문가, 정책 결정자가 생각하는 삶의 질, 경제적 측면, 의학적 위험성 등을 총체적으로 고려해야만 목표를 달성할 수 있다. 규제과학이 어떤 결론을 도출하기 위해 실험이나 연구를 할 때는 기존의 과학지식을 활용하며, 결과적으로는 나름의 과학지식을 생산한다. 다만 학술과학과의 차이점이라면, 정보나 지식을 생산하는 과정에서부터 규제라는 목적의식이 반영된다는 점이다.

규제과학이라는 틀을 통해 앞으로 눈을 부릅뜨고 파리 한 마리 놓치지 않겠다는 마음가짐으로 각종 규제정책을 살펴보면 무언가 흥미로운 이야기를 발견할 수 있는가 하면 또 그렇지만은 않다. 오히려 규제과학이라는 틀을 사용함으로써 우리는 더욱 복잡한 방식으로 상황을 바라보게 되었다. 이건 과학의 문제야, 이건 정치의 문제야, 이건 경제의 문제야, 라고 콕 집어 분리해낼 수 없는 영역으로 발을 들인 것이다. 게다가 직접 전문가를 만나거나, 정책 입안자를 만나거나, 토론회에 가보기 힘든, 혹은 데이터 분석 과정에서의 과학적 정당성을 따져볼 시간과 여력이 부족한 시민의 입장에서는 언론을 통해 전달되는 각종 연구와 규제 관련 소식에 의존할 수밖에 없다.

많은 이들이 규제과학의 이러한 문제점을 깨닫고 대응하기 시작했다. 4대강 사업을 두고는 이 충돌이 굉장히 격렬했다. 여러 시민단체가 장기간에 걸쳐 4대강 사업의 타당성을 지지한 규제과학의 자료들을 논박했다. 그들은 4대강 사업 측의 규제과학과 비슷한 방식으로 연구하고 새로운 지식을 만들어내면서 홍보하고 여론을 형성했다. 4대강 사업 찬반 양측의 과학적 검증 방법이 크게 다르지 않았을 텐데도 차이가 나는 수치 데이터를 들이대며 서로 자기가 옳다고 주장한다. 이런 상황이라면 이 숫자들은 어떻게 생산되었는지 묻지 않을 수 없다. 한 가지 예시를 살펴보자.

한국은 환경영향평가법에 따라 대규모 개발 사업을 진행하려면, 이에 따라 발생할 수 있는 환경에의 영향을 사전에 예측하고, 지속적으로 조사 및 평가하는 제도적 장치들을 운영하고 있다. 4대강 사업 또한 이 법의 관리 대상이었다. 법에 따르면 착공 후에도 사후 환경영향 조사라는 것을 수행해야 한다. 조사를 위한 계획 작성 기준은 환경부의 고시를 따른다. 이를테면 "조사 지역 및 조사 지점"을 "영향 예측 시 설정 지점, 주요 배출원으로 인한 환경영향을 적절히 파악할 수 있는 지점"이라고 정의하고, 조사 시점에 대해서는 "사업 특성, 주변 환경여건 등을 고려하여 조사 기간, 주기, 시점을 조정 가능"하다고 서술한다.[07] 그럼, '적절한' 지점과 '조정 가능'의 판단 기준은 무엇일까? 마찬가지로 환경부가 고시하는 수질 측정망 운영계획은 측정 지점—수질 개선을 위해 수질 상태를 파악할 필요가 있는 지점, 양호한 수질 상태 유지를 위해 보전해야 할 지점, 수질 변화 상태 및 오염 추세를 파악하기 위한 지점, 수체(water body)에 유입되는 오염물질 및 그 영향을 파악하기 위한 지점, 담수와 해수의 혼합 지점에서 담수에 의한 오염 부하량을 파악할 수 있는 지점—에 대해 조금 더 자세한 기준을 제시한다.

[07] 전동준·김지영·김태형·은정, 4대강살리기사업 사후환경영향조사 분석 평가 및 개선방안 연구, 한국환경정책평가연구원, 2013.

이 기준들은 과학적 엄밀함만을 위해 판별된 기준이 아니며, 환경부가 관청의 입장을 반영해 작성한 가이드라인이다. 기존 규제와의 정합성, 현실적으로 지속적인 모니터링이 가능한지 여부, 사법적 증거로서의 가치 등을 고려한 뒤 작성된 목록이라고 짐작할 수 있는데,[08] 그렇기에 과학뿐만 아니라 정치, 법률, 심지어는 경제적 상황에 따라서도 변동 가능성이 열려 있다. 바꿔 말하면, 그만큼 쉽게 공격받고 비판받을 수 있다. 우리가 최종 결과물로만 접하는 수많은 '법적 기준'들은 이런 과정을 통해 생산되고 공표된다.

과학이 온전히 분리되지 못하기에 생겨난 약점들로부터 규제가 스스로를 지키기 위해 취하는 전략은 간단하면서도 효과적이다. 규제과학을 통째로 지키는 것이다. '풍부한 리소스'를 활용해서 지속적으로 일관된 측정 데이터를 생산하고, 전문가(집단)들에게 연구과제를 발주하여 관련된 지식을 생산한다. 이는 과학적 엄밀함을 지키려는 움직임으로 해석할 수도 있겠지만 동시에 정부의 권한과 규제의 권위를 지키려는 움직임이기도 하다. 후자가 전자를 압도할 경우에는 연구부정이 일어날 가능성 또한 배제할 수 없다. 뉴스를 통해 '연구 결과를 특정 입장에 유리하도록 조작하여 보고

[08] 이 이상 '왜(why)와 어떻게(how)'를 추적하는 작업은 이 책의 분량만큼 별도 연구가 필요한 좋은 연구주제가 될 것이다.

서를 작성한 연구과제'에 대해 들어본 기억이 있다면 이런 상황을 의심해볼 수 있다.[09]

사회학자 앤드류 배리(Andrew Barry)는 대기 상태 모니터링 규제정책에 활용되는 과학 정보와 지식을 연구했는데, 모든 과학적 정보와 지식은 언제나 그 자체로 정치적으로 해석될 가능성을 내포하고 있다고 했다.[10] 과학적이라는 수식어를 달고 생산되는 다양한 지적 산출물은 그 성격에 따라 정부의 활동과 아주 가깝게 연결되어 있다. 이 산출물들은 우리의 일반적인 기대와는 달리 항상 세상을 있는 그대로 복사하지는 않는다. 과학적 데이터들이 만들어내는 그림은 우리가 실제 사는 곳과 매우 유사하지만 조금은 다른, 때로는 규제의 기준이 되는 또 하나의 세상이다.

정답은 없다

과학적이고 기술적인 논의로만 보이는 사안 중 상당수는 복합적이다. 만약 법과 제도에 협력하는 과학이 실험의 가설

[09] 대개는 정부 과제보다는 기업이 발주한 용역 과제에서 일어난다. 담배회사로부터 연구비를 지원받은 연구과제의 보고서가 '담배와 암의 (인과)관계는 규명되지 않았다'는 주장을 옹호하는 입장으로 작성된다면 당신은 이 보고서를 온전히 믿을 수 있겠는가?

[10] Andrew Barry, *Political Machines: Governing a Technological Society*, The Athlone Press, 2001.

에 최적화된 환경의 연구실에서 생산된다면, 우리는 전 세계 어디를 가나 똑같은 안전 기준과 환경 기준을 마주하고 있을 것이다. 하지만 현실은 그렇지 않다. 나라마다 기준과 규제가 다른 데에는 이유가 있다. 과학 연구는 규제의 제정과 시행에 중요한 근거를 제공하지만 모든 판단을 좌우하지는 않는다.

우리는 이런 관계를 어떻게 바라보아야 하는지에 대해 진지하게 생각해봐야 한다. 공익적 목적이라 한들, 과학적 방법에 다른 이해관계가 끼어들 여지를 허용하는 규제과학을 비난할 수도 있다. 혹은 이런 틈을 악용해 원하는 방향으로 규제과학의 판단 근거를 미세하게 조정하려 드는 누군가를 비난할 수도 있다. 더욱 극단적으로는 특정 결과를 배제하는 방식으로 제도적 판단 기준을 조정하는 상황을 상상해볼 수도 있다. 과학적 근거를 평가할 때 제도적 잣대를 들이댈 수 있기 때문이다.

조금 시선을 돌려보면 그런 틈새 덕분에 대응할 힘을 얻는 사람들도 있다. 도시 환경오염을 개선하기 위해 규제과학이 마련할 기준이 도리어 수질오염이나 대기오염의 주범이 되는 물질들을 배출하는 기업에게 유리한 방향으로 제정될 가능성이 있다. 시민들은 당연히 억울할 것이다. 이때 우리에게는 과학적 기준이 아닌 다른 명분이나 근거를 동원하여 규제과학에 요구를 관철할 권리가 있다. 규제과학 연구에는 그 특성상 높은 확률로 세금이 투입된다는 사실, 그리고 그 목적성이 명시된다는 사실은 이 권리에 힘을 보탠다. 현대사회가 과학기술과 떼려야 뗄 수 없는 관계를 맺고 있다는 식상한 명제를 자세히 파헤쳐봐야 하는 이유가 바로 여기에 있다. 밀접한 관계라면 대체 그 밀접함이 어떤 종류의 가까움—아주 내적인(?) 친밀함인지 혹은 조건부로 성립하는 비즈니스 관계인지—인지, 언제 어디서나 항상 가까운지, 그렇다면 대체 어쩌다가 그렇게 되었는지를 탐구할 때 비로소 그 명제는 의미를 찾는다.

법이라는 테두리 안에서 살펴본 바에 따르면 법의 홈그라운드인 법정에서도, 법정을 살짝 벗어난 규제라는 조금 더 넓은 테두리 안에서도 과학기술은 현대사회에 다양한 방식으로 개입하고 있다. 심지어 규제과학이라는 이름으로 매일매일 우리와 마주치고 있다. 앞서 거론한 4대강 사업이나 미세먼지처럼 심각하고 거창한 사안이 아니어도 규제과학이 개입된 장면은 주변에서 심심찮게 발견할 수 있다. 정부의 규제가 구사하는 다양한 말들이 우리가 일반적으로 상상하는 과학의 언어인지, 규제를 성립시킨 판단 기준들은 과학 말고 어떤 이해관계에 또 노출된 것인지, 그래서 정부는 설득을 위해 어떤 노력을 하고 있는지 생각하다보면 결국 우리가 단일한 정답이 없는 문제 속에서 열심히 논쟁 중이라는 사실을 깨닫게 된다.

법도, 규제도, 과학도 논쟁의 연속이다.

3장

과학관

과학관이라는 단어를 들을 때 떠오르는 이미지는 꽤나 전형적이다. 우선 규모가 크다. 해서 국립 혹은 시립의 공공시설로 운영된다. 시설 이용자는 3~4인 가족 단위의 방문객, 학급이나 소규모 동아리 단위의 방문객이 주를 이룬다. 공간의 구성과 내용을 보면 다소 평면적이고 직설적인 교훈—과학은 재미있고 멋지고 아무튼 좋다—을 불러일으킨다.

전형적인 이미지는 이미지 자체보다는 그 이미지가 어떤 맥락에서 만들어졌는지에 대한 질문을 던지게 한다. 지금 이 책을 읽는 여러분 모두 과학관에 한 번쯤은 가보지 않았을까. 어렸을 때 부모님과 함께 혹은 학교에서 견학 차 단체로 다녀오는 경우가 일반적이리라 짐작한다. 한국도 과학관을 운영한 역사가 길게 잡아 한 세기에 이르는 동안 축적된 이미지가 있다. 또한 새로이 형성되고 있는 이미지들도 있다. 새로운 이미지들은 본래의 역할이나 기획의도를 흐릿하게 만들기도 하면서 새로운 전형성으로 고착되어 간다. 오늘날 우리가 과학관에 대해 일반적으로 공유하는 생각, 이미지, 혹은 편견(!)은 한국사회에서 과학기술, 국가, 그리고 시민들이 어떤 관계를 맺어 왔는지 돌아보는 렌즈를 제공한다.

어린이, 청소년, 관광객 등 다양한 방문객이 과학관을 많이 찾아와 과학기술의 멋짐과 아름다움을 체험한다면 그것으로 충분한 것일까? 과학기술을 만들어낸 사회문화적 토대와 탐구 과정을 아는 것이 시민들의 권리이자 교양이라면, 전시물을 통해 과학을 체험한다는 것은 어떤 의미와 한계를 지닐까? 한국 과학관들의 모습은 어디서 왔고, 21세기를 살아가는 시민들은 과학관에 대해 무엇을 알고 있으면 도움이 될까? 과학관의 역사와 맥락, 한국에서 과학관의 법적, 제도적 위치와 운영 현실을 비판적으로 읽어보고 '어쩌다 살면서 두세 번 가보는 곳'보다는 조금 더 의미를 부여해 보려 한다.

과학관(Science Museum)은 어떤 곳인가

흔히 과학관은 부모가 자녀의 손을 붙잡고 가는 어린이(청소년) 교육기관으로 여겨진다. 실제로도 대형 과학관이든 지역의 중소규모 과학관이든 아이들이 뛰놀며 이런저런 체험기구들을 만지고 부모들은 뒤에서 구경하며 "저것도 해봐라.", "이건 왜 그런 것 같냐?", "그냥 해보지만 말고 설명을 읽어야지."라며 훈수를 두는 모습을 쉽게 볼 수 있다. 많은 학교가 아예 단체로 견학을 간다. 최근에는 각종 학생 과학캠프 프로그램에 참가하는 형태가 많다. 오늘날 아주 자연스런 장면이 된 이런 모습들은 과학관이라는 기관의 본래 설립 취지와 기능으로부터 비롯하는 것일까?

과학관이 애초에 수입된 개념인 만큼 과학사적 맥락을 통해 이곳이 어떤 기관인지 알아보자. 일단 정식 영문명은 Science Museum이다. 직역하면 과학박물관이다. 즉 시설의 본질이 '박물관'이다. 박물관은 서구권의 탐험가들이 세계 각지를 돌아다니며 수집한 물건들을 한데 모아 전시하기 시작한 것이 시초라 알려져 있다. 17세기 무렵 처음 형태를 갖추었다고 한다. 이런 맥락에서 과학박물관의 초기 목적은 연구를 통해 자연에 대한 지식을 얻고 그 역사를 기록하는 것이었다. 초창기에는 지금 우리의 기준에 따르자면 자연사 박물관과 같은 형태로 운영되었다. 대중에게 새로운 지식을 알리고 교양을 심는다는 교육적인 목적을 추구했고, 동시에 연구기관을 겸했다.

과학관이라는 기관의 역사적 맥락을 이해하고자 할 때 낯설게 보아야 할 점은 이 기관이 '과학을 통한 대중과의 대화'라는 상황을 전제한다는 것이다. 2020년대를 살아가는 현대인의 감성으로 해석하면 대중이 과학을 알면 당연히 좋은 것 아닌가, 그렇게 당연한 이야기를 거창한 선언하듯이 하나 싶을 수 있다. 하지만 역사적 맥락을 해석할 때 가장 중요한 작업 중 하나가 과거와 지금은 사회·문화·정치·경제적으로 너무나 다른 상황이라는 점을 인정하는 것이다. 풀어 말하자면, 과학을 주제로 대중과 대화를 한다는 개념은 과학대중화가 전반적으로 성공한 지금에 와서 보면 너무나 당연하고 심지어 도덕적으로 옳은 것으로 여겨지기까지 하지만, 박물관이 생기던 무렵에도 당연한 일은 아니었다는 것이다. 무언가 나름의 목적이 있었고, 지금과는 다른 맥락이 있었다. 기초과학 지원의 개념이 2차대전 이전만 하더라도 지금과 달랐던 것처럼 말이다.

과학 커뮤니케이션 연구자 제인 그레고리(Jane Gregory)와 스티브 밀러(Steve Miler)는 과학과 대중의 커뮤니케이션의 역사와 맥락을 연구한 저서 『두 얼굴의 과학』(Science in Public)에서 "과학박물관은 계몽철학에 그 뿌리를 두었으나

19세기에는 교육을 수행하기 위해 태동하였으며, 자연의 순수한 사실을 전달하는 데 있어 권위의 상징이었다."[01]고 밝힌다. 다시 말해, 과학관은 많은 것을 아는 쪽이 아직 깨우치지 못한 쪽에게 깨달음을 전하는 입장을 취했고, 그 과정에서 자연스레 과학의 사회적 위상을 끌어올리고자 했다는 것이다.[02] 과학의 입장에서 해석하자면 박물관은 마치 "사원이나 성당" 같은 신성한 장소였고, 과거와 당대의 과학기술적 산물들은 마치 "신성한 유물"처럼 삼엄한 보호 아래 보관되었다. 한국의 과학관의 법적 정의는 이런 맥락을 충실히 반영하는 듯하다. 한국에서 '과학관'이란 무엇이고 어떤 목적의 기관인지 관련 법조문을 통해 톺아본다.

'과학관의 설립·운영 및 육성에 관한 법률'(과학관법)에 따르면 법률의 존재 목적은 "과학기술문화를 창달하고, 청소년의 과학에 대한 탐구심을 함양하며, 국민의 과학기술에 대한 이해 증진에 이바지"하는 것이다. 과학관이란 "과학기술 자료를 수집·조사·연구하여 이를 보존·전시하며, 각종 과학기술 교육 프로그램을 개설하여 과학기술 지식을 보급하는 시설"로 정의되어 있다. 설립 주체에 따라 국립(국가가 설

[01] 제인 그레고리·스티브 밀러, 이원근·김희정 옮김, 두 얼굴의 과학: 과학은 대중과 어떻게 커뮤니케이션하는가, 지호, 2001.

[02] 기초과학 챕터에서도 잠시 다루었듯이, 과학이 지금과 같은 사회적 지위를 얻게 된 것은 생각보다 오래된 일이 아니다.

립 및 운영), 공립(지방자치단체가 설립 및 운영), 사립(그 외의 법인이나 단체가 설립 및 운영)으로 나뉜다.

대형 과학관은 겉으로 잘 드러나지는 않아도 과학관의 역할을 종합적으로 수행하고 있다. 한국의 대표 과학관이라 할 수 있는 국립과천과학관과 국립중앙과학관의 조직은 각 기능을 전담하는 팀으로 이루어져 있다. 국립중앙과학관에는 과학교육과, 과학문화홍보팀, 전시총괄과 등과 더불어 연구과와 과학유산보존과가 있다. 과학관을 관람하러 오는 시민들이 직접적으로 체감할 수 있는 작업은 아니지만 과학유산보존과의 경우 "과학기술 자료의 수집 보존 관리 종합계획 수립"이라든지 "국가 과학기술 유물 등록 관리제 제도화 및 운영"과 같은 일을 수행한다. 국립과천과학관은 과학기술 사료관을 별도로 운영한다. 관람객은 누구나 간단한 절차를 거치면 자료를 열람할 수 있다. 각종 기관, 학회, 인물과 관련된 서적, 노트, 소책자, 편지, 사진, 동영상 등의 자료를 모두 다루는데, 그야말로 박물관으로서 역할을 이행하는 모습이다.

이처럼 과학박물관의 성격을 유지하려고 노력을 하지만, 다른 한편 대중을 상대로는 과학 '박물관'보다는 '과학' 박물관이라는 면모를 부각하려고 노력하기도 한다. 굉장히 다양한 기능을 수행하고 있지만 일반 관람객에게 다가가는 콘텐츠는 주로 과학의 원리를 쉽게 풀어내는 각종 설명, 공연, 장치 들이고 과학관에 대한 일반적인 인식 또한 박물관보다는 일종의 체험 전시관에 가깝다.

지금 우리에게 친숙한 모습, 즉 아이들이 갖가지 과학 지식의 원리를 직접 체험하며 즐기는 과학관은 과학센터(Science Center)라고 불리는 기관의 역할과 모습에 더 가깝다. '샌프란시스코 과학센터'를 모태로 하는 이 시설은 다양한 과학 원리들을 주로 체험형 콘텐츠를 통해 관람객에게 제공하는 데 특화되어 있다. 과학관과 과학센터는 발전 과정에서 역사적으로 서로 영향을 주고받았고 그 목적이나 성격이 어느 정도 구분되지만, 한국에서는 과학관에 비해 과학센터라는 개념이 매우 희박하다. 인터넷에서 한국어로 '과학센터'를 검색해보면 마땅한 자료가 나오지 않는 반면, '과학관'으로 검색할 경우 과학관과 과학센터가 뒤섞인 다양한 자료들이 나타난다. 국립과천과학관의 영문 명칭이 'Gwacheon National Science Museum'이지만 홈페이지 주소는 www.sciencecenter.go.kr이라는 사실은 현재 한국에서 '과학관'이라는 기관의 위상과 지향점을 짐작케 한다.

과학을 전시한다는 것

연구자 본인 이외의 다른 사람들에게 과학을 보이는 작업은 과학박물관이나 과학센터라는 기관이 본격적으로 등장하기 이전에도 다양한 형태로 존재해왔다. 가령 과학자라는 용어가 등장하기도 전인 근대과학의 여명기에 신분 높은 이들을 대상으로 열었던 공개 실험은 새로운 지식의 탄생을 공적으로 인정받기 위한 지식 생산의 절차라는 의미를 지녔다. 시간이 흘러 과학이 누군가의 호사스런 취미생활, 혹은 몇몇 집단이 많은 돈을 들여 하는 흥미로운 일의 범주를 넘어 전문화되어 가며 '과학을 보인다'는 행위의 의미도 더욱 복잡해졌다. 어떻게, 왜 보이는 것인지에 대한 다양한 접근이 시도되는 과정에서 더욱 직접적으로 당대의 정치경제적 맥락이 반영되고, 때로는 의도적으로 담게 되었다.

과학을 보이는 방법이나 성격의 변화는 지금 우리가 아는 과학자(scientist)에 가까운 전문 지식인이 등장하는 과정과 밀접한 관련이 있다. '강연'은 다양한 의도를 담기에 쉽고 적합한 형식이었다. 18세기 초엽은 과학을 하던 이들이 귀족 가문이나 신흥 부자의 후원을 얻어 연구하던 때였다. 마치 지금의 스타트업(start-up)들이 투자를 받기 위해 투자자들 앞에서 회사의 현재와 미래를 설명하는 투자 유치 발표를 하듯 과학을 설명하고 때로는 전시를 했다. 이후로도 19세기 마이클 패러데이(Michael Faraday)의 '크리스마스 과학 강연'(Christmas Lecture)에 이르기까지 때로는 문화 활동의 일환으로, 때로는 과학의 사회적 효용성을 주장하기 위한 수단으로 적극 활용되었다.[03]

현대의 과학관과 조금 더 연결되는 과학 전시는 19세기 무렵의 대박람회에서 흔적을 찾을 수 있다. 과학사학자

[03] 영국왕립연구소 홈페이지(ttp://www.rigb.org)에는 크리스마스 과학 강연을 위한 공간이 따로 마련되어 있을 정도로 중요한 전통이 되었다.

피터 보울러와 이완 리스 모러스는 19세기 중반 영국에서 열린 만국 대박람회가 영국의 산업과 기술력을 전 세계에 과시하려는 목적으로 개최되었으며 과학기술을 대중에게 전시하는 진열장이자 국가의 자긍심을 고취하는 사업이었다고 말한다. 대박람회의 성공이 결과적으로 과학관의 유행으로 이어지게 되었다. 이는 과학을 전시하는 행위가 순수하게 지식 전달이나 연구 진흥에 그치지 않는다는 뜻이다. 과학을 보이는 것은 무엇을 어떻게 보이는지에 따라 다양한 메시지를 담을 수 있다. 지금은 이것이 체계화되고 제도화되어 과학관이라는 형태로 자리를 잡았다.[04]

이는 과학대중화(Public Understanding of Science, PUS) 활동이 비판을 받는 부분과 맥락을 같이한다. 과학대중화를 수행하는 방식이 계몽적 접근을 취하고, 이런 작업을 하는 이유가 지극히 정치적이라는 것—과학의 사회적 지위를 확보하고 국가의 메시지를 담는 것—을 뚜렷하게 밝히지 않는다는 것이다.[05] 과학관은 그 뿌리를 유지하는 이상 분명 이런 비판적 시선에서 자유롭지 못하다.[06] 이런 분석은 한국의 과학관에도 적용된다. 한국은 식민통치를 경험했기에

[04] 피터 J. 보울러·이완 리스 모러스, 김봉국·서민우·홍성욱 옮김, 현대과학의 풍경2: '대중과학'에서 '과학과 젠더'까지 과학사의 다양한 주제들, 궁리, 2008.

[05] 정치적인 것이 나쁜 것은 아니다. 허나 그 의도를 명확히 드러내지 않고 다른 명분으로 포장한다면—그리고 그로 인해 누군가가 피해를 볼 것이 예상된다면—도의적, 윤리적 문제의 소지가 있다.

이를 더욱 깊이 생각해볼 필요가 있는데, 한국에 과학관이라 불릴 수 있는 최초의 기관은 일제강점기인 1920년대에 설립되었다.

한국의 첫 과학관인 '은사기념과학관'은 박물관으로서 정치적 메시지를 전달한다는 임무를 아주 충실히 수행했다. 일제는 '과학을 전시'함으로써 그들의 식민지배가 조선의 발전에 이바지한다는 명분을 정당화하는 것이 정치적 목적이었다. 우생학 같은 사이비과학도 적극적으로 동원되었다. 우생학적으로 월등한 일본인이 우매한 조선인을 문명 개화의 길로 인도해야 한다는 것이었다. 각종 강연회와 시연 행사는 식민정책을 과학이라는 이름을 내걸고 수월하게 선전하는 장이었다. 요컨대, 일제는 식민지배를 발전 논리로 합리화하는 데 과학을 철저하게 이용했다. 은사기념과학관에서 다루었던 과학기술의 면면을 하나하나 뜯어보면, 그것들은 선진 과학지식보다는 산업제품에 치중해 있었다. 이는 일제가 조선에 과학관과 과학 문물을 이식한 목적이 산업노동자형 인간을 양성하려는 데 있었음을 보여준다.[07]

일제강점기에 과학관이 과학 교육과 연구만을 위해 운영되지 않았던 것은 식민지배라는 대단히 특수한 정치 상

[06] 현대의 과학관이 과학센터와 굳이 명확한 구분을 짓지 않으며 과학 커뮤니케이션 측면에서 센터 방식의 접근을 함께 취하려는 이유의 일부를 여기서 찾을 수 있다.

[07] 이상의 논의는 정인경, 은사기념과학관(恩賜記念科學館)과 식민지 과학기술, 과학기술학연구5(2), 2005, 69~95를 참고.

황 탓만은 아니다. 본래 과학을 대중에게 전시한다는 것이 다분히 정치적인 행위이기 때문이다. 한국의 최초 과학관은 식민지배기의 운영 주체가 전달하고자 했던 이데올로기를 자연스럽게 반영했을 뿐이다. 관련 연구에 따르면 그후에도 그리고 지금도 여전히 과학관은 하고 싶은 말이 있으며, 시대에 따라 다양한 방법으로 입장을 반영해왔다. 해방 이후로는 한민족이라는 민족의 우수성과 한국이라는 국가의 근대적 자립을 강조하는 방향이었던 것으로 보인다. 이를테면 산업 발전이 강조되던 1970년대에는 국립과학관에서 다른 나라들과 견줄 만한 산업기술 위주로 전시가 이루어졌다. 1990년대로 넘어온 후에는 국립과학관을 대전으로 이전하고, 전통과 민족의 우수성을 드러내는 전통과학의 업적들을 선별적으로 전시했다. 2000년대의 국립과천과학관은 더욱 적극적으로 현대과학의 성과를 강조함과 동시에 과거의 과학 문화재들은 사소한 것까지 전시하고 의미를 부여하는 방향으로 설계되었다.[08]

지금까지 논의의 요지는 과학관에 과학 관련 콘텐츠가 즐비다고 해서 이곳이 오로지 지식 전달에 집중하는 공간이구나 하고 넘길 일은 아니라는 것이다. 자신의 어릴 적 경험이나 최근 방문 경험을 돌이켜보자. 과학관을 다녀온 뒤 대개는 어떻게 감상을 표현하는가? "원심력이란 이런 것이구

[08] 김윤후, '민족'의 과학성 보여주기: 한국 국립과학관의 민족적 자부심 표현, KAIST 석사학위논문, 2014.

나. 새로운 사실을 알게 되니 참으로 보람차다."라고 말하진 않았을 것 같다. 그보다는 "와, 과학은 멋지고 신기해." "저런 건 대체 누가 생각하고 알아내고 만들었지? 대단하네!" "역시 과학기술은 어렵긴 해도 대단한 거야. 너도 커서 과학자가 되거라." "과학은 상상을 현실로 만드는 힘이야. 정말 필요해." 이런 반응이 현실에 가까운 감상일 듯싶다. 만약 여기서 한 발짝 더 나아가 "와, 우리 선조들이 많은 걸 했구나."라든지, "우리나라가 저런 것도 만들었네."라는 생각을 했다면 당신은 과학관의 목소리를 제대로 들은 셈이다.[09]

한국의 과학관

과학관이라는 기관의 역사적인 맥락과 한국의 과학관이 이 맥락과 어떻게 연결되어 있는지를 겉핥기로나마 맛보았으니 그 맛을 기억한 채 한국의 과학관법을 돌아볼 때가 되었다. 한국에서는 과학관이 어떤 업무를 수행하도록 정해져 있는지 법적 의무를 조금 더 자세히 읽어보자. 구체적으로는 총 6가지의 역할이 주어졌다.

1. 과학기술 자료의 발굴·수집·보존·관리 및 전시
2. 과학기술 자료에 관한 전문적·학술적인 조사·연구

[09] 이 메시지가 '옳다'는 뜻은 아니다.

3. 과학기술 교육 프로그램의 개설·운영

4. 과학기술 자료에 관한 각종 간행물의 제작·배포

5. 국내외 다른 과학관과의 과학기술 자료·간행물 또는 정보의 교환 및 공동 연구 등의 협력

6. 그 밖에 과학관의 설립 목적을 달성하기 위하여 필요한 사업으로서 대통령령으로 정하는 사업

앞서 잠시 과학관법상의 정의를 보았지만 자세히 뜯어보니 더욱이나 멋진 기관이다. 연구 장려도 있고, 과학문화 보급도 있고, 과학 인재 양성도 있다. 과학계의 멀티플렉스라고 해도 과언이 아니다. 놀랍게도 한국에는 이런 멋진 기관이 꽤나 많다. 광역시급 이상 되는 자치단체는 운영 주체나 규모는 차이가 있지만 어떤 방식으로든 과학관을 운영하고 있다고 봐도 무방하며, 수효만 보면 심지어 필요 이상이라고 느낄 수도 있을 정도이다. 과학관 현황 자료를 공시하는 웹사이트 '전국 과학관 길라잡이'는 국립과 사립, 자연사에서 산업에 이르기까지 각종 분야와 성격을 총망라하는 광범위한 과학관 정보를 제공하는데, 자료에 따르면 한국에는 현재 총 173개의 '과학관'이 운영 중이다.

과학관이 점차 늘어나다 보니 공익적인 측면에서 그리고 경쟁력을 갖추기 위해서 나름의 특색을 구축하는 경우도 있다. 예를 들면, 인천에는 어린이 과학관이 있다. 물론 과학관이 당연히 어린이 대상이지 그게 특색인가 의아해할 수

있지만, 엄밀히 말하면 과학관은 관람자의 학력, 성별, 나이를 가리지 않고 그저 시민 일반을 대상으로 하기에 '어린이' 과학관은 아주 구체적인 설정이라고 할 수 있다. 한편 국립광주과학관은 일명 '빛의 과학관'이다. 광주는 빛고을로도 불리고, 전통적으로 예향임을 자랑한다. 이에 착안하여 과학관의 테마를 빛, 예술, 과학으로 삼았다. 이에 걸맞게 빛과 관련된 교육 콘텐츠를 별도로 진행한다. 비교적 최근(2013년)에 개관한 시설이어서 아주 쾌적할 뿐만 아니라, 유리로 된 중앙 지붕 덕분에 햇빛이 관내를 가득 채워 별칭에 어울리는 분위기를 자아낸다. 이렇게 과학관마다 서로 다른 특징과 매력을 내세우기도 한다.

법적인 운영 방침, 지역 분배, 특색, 총 수효 등을 종합하면 거의 완벽에 가까운 그림이 나온다. 국가 주도로 대중에게 과학을 전달한다. 서울에만 있는 것도 아니다. 국공립의 경우는 관람료도 저렴하다. 이처럼 거시적인 측면에서는 꽤 체계적이고 계획적으로 구축되어 있는 형국이다. 반면, 각 시설의 운영에 있어서는 비판의 여지가 있는 것도 사실이다. 과학관을 서너 곳 이상 관람해보았다면 쉽게 동의하겠지만, 가장 큰 비중을 차지하는 상설 전시물의 내용은 어딜 가든 대동소이하다. 이는 과학박물관과 과학센터의 성격이 뒤섞여 있는 한국 과학관의 특징에서 기인한다. 과학박물관의 기능을 수행하고자 하지만 겉으로 보여지는 전시는 주로 과학센터의 방향을 따르기에 주 전시관들의 콘텐츠는 배치의 차이를 제외하면 대개 엇비슷하다는 인상을 준다.

같은 맥락에서 '173개'라는 숫자에 대해서도 생각해볼 여지가 있다. 과연 이 중에서 과학박물관의 역할을 (잘 드러나지 않더라도) 유의미하게 수행하는 기관이나, 적어도 박물관의 맥락을 전시에 투영하는 기관의 숫자가 어느 정도인지는 판단하기 힘들다. 그렇지 못한 기관들을 과학센터로 분리한다면 과연 몇 개의 기관이 법적 조건을 충족하는 종합적 의미의 과학관으로 인정받을 수 있을까? 법적 근거에 기반해 설립된 과학관이라는 시설이 국가와 시민, 그리고 과학의 관계에 있어 매우 중요한 역할을 해온 역사가 있는 만큼 비판적 문제의식을 가진 본격적인 조사 및 연구를 수행할 필요가 있다.

과학관이 아이들 교육에는 어떤 식으로든 좋겠지라는 마인드로 방문하는 곳이 되는 것은 국가에게도 시민들에게도 모두 손해다. 이는 결과적으로 과학관에 대한 정부 정책의 실패를 의미하기도 하고, 과학의 대중 커뮤니케이션 실패이기도 하며, 시민들 개개인은 소중한 시간과 돈을 제대로 쓰지 못하는 셈이 된다. 과학관을 둘러싸고 모두가 손해보는 일을 피할 수 있는 방법을 연구해서 방향을 제시하는 것은 과학기술정책의 영역이며 과학자가 아닌 시민들도 한 번쯤은 진지하게 생각해볼 만한 주제다.

생각보다 복잡하다, 그리고 생각보다 비싸다

이번에는 과학관의 뿌리를 찾아 거슬러 올라가 자연사박물관을 조명해보자. 과학박물관이 처음 등장했던 시기에 자연사박물관은 큰 역할을 했고, 현재까지도 존재하며 유서 깊은 역사를 과시한다. 해서, 과학관 운영의 의미를 고찰할 때 그 어떤 곳보다 우선해서 탐구해야 할 대상이다. 지금은 과학관과는 아예 다른 종류의 시설이라고 생각하는 사람들도 있지만 사실 '과학박물관'의 본질에 가장 가깝고 본디 취지를 가장 잘 지키는 기관이다. 모범적인 과학관 운영으로 알려진 나라들은 보통 굉장히 체계적이고 역사가 오래되었으며, 기능적으로도 우수한 자연사박물관을 운영하고 있다.

자연사박물관이라는 이름 자체가 낯설 수도 있다. 말 그대로 '자연사'에 대한 다양한 내용을 접할 수 있는 공간이다. 과학박물관의 본질에 가장 가깝다고 했지만, 앞서 과학관 하면 떠올리는 전형적 이미지와는 관련 없는 장소로 인식되는 것이 현실이다. 당장 인터넷 검색을 해보면 온라인 백과사전은 자연사박물관을 다음과 같이 설명한다.

> *과학박물관 중 자연계를 구성하는 자료 및 현상, 자연의 역사에 관한 자료를 자연사 과학 및 자연 교육의 입장에서 다루는 박물관이다. 동물원·식물원·수족관과 야외 자연박물관 등도 포함되지만, 건물 내에서 자연 자료를 다루는 박물관을 말한다. 보통 생물 및 지학(地學) 자료를*

말하지만, 특히 서양에서는 인간의 자연적 측면으로서의 자연 인류학·고고학(考古學)·민족학 등을 포함시킨다. (두산백과)

자연사박물관은 아주 알아보기 쉬운 특징이 하나 있다. 창구에서 입장권을 끊고 들어갔을 때 중앙의 큰 홀에 굉장히 거대한 고대 생물의—주로 공룡—뼈대 구조물이 있다면 높은 확률로 그곳은 자연사박물관이다. 우연하게 국내나 해외의 박물관을 방문할 기회가 있어 들어갔는데 중앙 홀에서 거대 생명체의 뼈대를 만났다면 자연사박물관으로 간주하고 그곳이 무엇을 전시하는지 둘러보면 된다.

영화 〈박물관이 살아 있다〉 시리즈를 본 적이 있다면 여러분은 미국 뉴욕에 소재한 미국자연사박물관(American Museum of Natural History)을 둘러본 것과 비슷한 경험을 했다. 영화를 만들기 위해 실제 박물관과 최대한 비슷하게 세트를 지었다고 알려져 있다. 상상력을 조금 보태고 자연사박물관의 범주를 억지로 넓힌다면 인류 역사상 가장 유명한 자연사박물관은 바로 〈쥐라기 공원〉이다. 농담이 아니다. 〈쥐라기 공원〉은 자연사박물관에 관한 상상의 한 극단이다. 사실, 영화의 원작이나 리메이크작에서 모두 이 공원의 엔터테인먼트 공간으로서의 가치가 부각되는 만큼 '자연사 센터'라고 부를 수도 있을 것 같다.(만약 실제로 그렇게 지칭할 수 있는 시설이 있다면 말이다.)

다시 현실로 돌아와서 이야기를 이어 나가보자. 생명 현상의 원리 탐구에 집중하는 현대의 생물학과는 조금 다르게, 자연사라 불리는 영역은 종으로서 생존하는 자연의 구성단위들의 역사를 보여줄 수 있다. 학문의 특성상 연구방법이나 연구의 함의를 보면, 인문·사회과학적 연구들과 궤를 같이 하는 것으로 보이기도 한다. 자연사는 영어로 'Natural History'이며 자연의 역사를 탐구하는 학문이다. 대표적으로 과거에 살았던 생명체의 흔적을 탐구하는 고생물학이라는 분야는 자연사에 큰 기여를 한다. 혹시나 있을 수 있는 오해를 미리 털고 가자면 고생물학계에서 현대적 생물학의 기법이나 지식을 전혀 응용하지 않는다는 뜻은 아니다. 오히려 자연사는 현대 생물학의 도움을 받아 이전보다 더 많은 이야기를 할 수 있게 되었다.

한 가지 놀라운 사실은 한국에는 '국립' 자연사박물관이 없다는 점이다. 시립이나 대학 소속 혹은 재단이 운영하는 자연사박물관은 있지만 국가가 예산을 투여해 직접 운영하는 곳은 없다.[10] 이는 꽤나 오래전부터 한국 과학계에서 이슈가 되었다. 한국 최초의 '국립' 자연사박물관을 짓는 계획은 나왔다 들어가기를 반복했다. 거슬러 올라가면 1995년이 처음이었다. 초기에는 6500억 원을 들여 세계 2위 규모의 자연사박물관을 짓겠다는 방안이 등장했다. 그러나 논의가 본격화되어 2001년 한국개발연구원(KDI)이 진행한 예

[10] 운영 주체는 비교적 다양하지만 절대적인 수가 많은 것은 아니다. 전국 과학관 길라잡이에서 안내하는 자료를 기준으로 종합 과학관을 제외하면 10여 개가 운영 중이다.

비타당성조사 결과 부적격 판정이 내려졌다. 그리고 잊혔던 논의가 2011년 부활했다.[11]

2011년은 한창 지금의 세종특별시에 대해 다양한 논쟁이 오가던 해였다. 세종시에 국립박물관 단지를 만들겠다는 계획이 제출되면서 디지털 문화유산 상영관, 디자인 미술관, 도시건축 박물관, 국가기록 박물관과 함께 국립자연사박물관 건립을 재추진하게 된다. 관련 부처들이 세종시 국립박물관 단지 조성 협약까지 체결하며 상당히 진전되었다. 자연사박물관을 제외한 국립박물관 단지는 2023년 개관을 목표로 지금도 사업을 진행하는 중이다. 예비타당성조사 등을 거치며 초기 계획이 약간 변경되었고, 자연사박물관은 어린이박물관으로 바뀌었다. 세종시는 다시 별도로 국립자연사박물관 건립 및 유치를 추진하겠다는 계획을 내놓았는데, 국립박물관 단지 조성 계획상으로는 1단계 계획이 아닌 2단계 계획으로 미루어진 상태다.[12]

이렇게 설립을 망설이는 이유가 무엇인지 궁금증을 자아내지만, 당연한 결과라고도 할 수 있다. 국가의 재정을 관리하는 입장에서 자연사박물관은 그다지 달갑지 않은 시설이다. 그야말로 세금을 먹는 하마이기 때문이다. 애초에 상

[11] 한국개발연구원, 국립자연사박물관 건립사업 예비타당성조사 최종보고서, 2001.7.

[12] 2022년 기준, 국립박물관 단지 건립 사업이 2023년부터 2027년까지 순차적으로 결과물을 선보일 예정이다.

업시설이 아닌 공공시설인 만큼 대단한 흑자를 기대하지는 않겠으나, 이를 감수한다 하더라도 규모를 키울수록 상당한 규모의 적자를 감내해야만 한다. 사정이 이러하다 보니 경제성이라는 관점에서 자연사박물관은 운영을 지양해야 하는 시설이다. 예비타당성 조사의 결과는 협상의 여지가 없는 '운영 불가능'이었다. 국민경제 차원의 경제성은 0.3, 개인 사업자 차원의 재무성은 0.1이었다. 이 비율을 1로—수입과 지출 간의 균형을—만들기 위해 정부가 방문객 1인당 지불해야 하는 비용은 75,686원이었다.

이는 자연사박물관의 본질과 깊이 연관되어 있다. 자연사박물관은 특성상 엄청난 수의 표본과 이를 관리할 까다로운 시설 그리고 관리 및 지속적인 업데이트를 위한 연구 기반을 필수적으로 갖춰야 하는 복합시설이다. 과장을 조금 보태서 말하면, 박물관이라는 이름하에 '자연사 연구소'를 짓고 그중 일부를 공개하는 기관으로 생각해도 틀리지 않는다. 사실 이것도 엄밀히 말하자면, 자연사박물관에만 해당하는 것이 아니라 모든 박물관이 연구와 전시, 교육을 겸하는 복합시설이 되어야 하는 것이 원칙이다. 박물관이라는 시설은 그저 유리 장식장 안에 옛날 물건을 넣어 놓고 자세한 설명을 부착한 소장물을 반복적으로 늘어놓는 장소가 아닌 것이다. 모든 박물관은 전시장이자 교육장이고, 동시에 연구소가 될 때만 온전히 작동할 수 있다.

과학관 이해하기

과학관이 어떤 기관인지 역사도 간단히나마 보았고, 한국 과학관의 현재도 얕게나마 알아보았다. 그런데 아직 묻지 않은 가장 중요한 질문이 남았다. 이런 이야기를 왜 알아야 하는가? 지금까지 한 이야기는 몰라도 그만이다. 그냥 과학관에 가서 전시물들을 마음껏 보고 즐기고, 참여형 프로그램을 이용하면 안 되는 것인가? 자연사박물관의 기원이나 운영 실태에 대해 모른다고 해서 거대한 공룡뼈를 보고 경외감을 느끼지 못하는 것도 아니다.

시민들은 과학관을 이용하는 관람객이기도 하지만 동시에 과학관의 일부이기도 하다. 누가, 얼마나, 언제, 어떤 목적으로 찾아왔는지에 대한 데이터는 과학관의 콘텐츠 개선에 반영되고, 과학관에 대한 대중적 이미지나 생각, 상상들은 과학관이 어떤 공간이고 국가가 왜, 어떤 방향으로 과학관에 투자해야 하는지를 결정하는 척도가 된다. 2013년 입법조사처의 현장 조사 보고서는 이전 10년간 양적으로 두 배 이상 성장했으나 성인의 92.2%는 과학전시회나 과학관을 방문하지 않았다는 점을 지적하며 과학관의 질적 개선을 논의해야 한다고 주장했다. 결과적으로 제안된 바는 과학관 콘텐츠의 노후화 문제를 해결하고 과도한 교육 편중을 줄임과 동시에 정책적으로는 과학관 특성을 유형화하며 정체성을 뚜렷이 하는 것이었다.[13] 모두 맞는 지적이다. 그럼에도 이런 트렌드는 그저 사람들이, 특히 성인들이 과학관을 찾는 빈도가 감소하고 과학대중화에 바람직하지 않은

과학관 설립 주체별 최근 3년간 관람객 수

구분	2014년			2015년		
	중앙값	평균	N	중앙값	평균	N
국립	392,796	445,546	8	378,195	511,328	8
공립	52,231	131,752	77	57,854	126,611	80
사립	10,064	83,520	29	15,000	85,176	31
전체	40,449	141,503	114	53,000	141,680	119
ASTC[14]	209,154	-	181	214,001	-	186

구분	2016년			2016/15 비교	
	중앙값	평균	N	중앙값 증감률	평균 증감률
국립	671,846	670,876	8	77.6%	31.2%
공립	56,449	129,021	84	-2.4%	1.9%
사립	13,311	84,939	32	-11.3%	-0.3%
전체	48,294	152,603	124	-8.9%	7.7%
ASTC	174,232	-	181	-18.6%	-

출처: 2017년 전국과학관통계보고서 48쪽

현상이라는 데 그치는 문제가 아니다. 우리가 과학관이라는 기관 자체에 대해 가지는 기대와 질문이 줄어드는 것일지도 모른다.

[13] 권성훈, 과학관 운영실태와 개선방향, 국회입법조사처, 2013.

통계 수치를 통해 살펴본 한국의 과학관은 굉장히 애매한 모습을 보인다. 일단, 한국의 과학관 전체 현황에 대한 통계 정보에 접근하는 작업이 생각보다 어렵다는 점을 짚고 넘어가야 한다. 개별 과학관의 조직 구성이나 방문객 정보 등은 각 과학관의 홈페이지를 통해 누구나 찾아볼 수 있지만, 의외로 전체 과학관의 현황에 관한 정보를 찾는 것이 쉽지 않다.[15] 일반적으로 국가와 관련된 통계자료를 제공하는 'e-나라지표'라든지 통계청에서도 자료가 쉬이 검색되지 않는다. 자료가 아예 존재하지 않는 것은 아니지만 여타 자료와 연동이 잘되지 않는 상태로, 최근 몇 년간의 자료만이 보고서 형태로 담겨 있다. 가령 지난 몇 년간 과학관 관람자 수를 알고 싶다면 각 과학관 홈페이지에서 공개하는 관람자 수를 모두 더하든지, 문서 형태로 공유되는 전국 과학관 통계 보고서를 하나하나 읽는 것이 현재로서는 최선이다.[16]

[14] Association of Science-Technology Centers, 세계과학관협회. 1973년 설립되어 현재 약 50개국 600여 개의 회원 기관을 둔 국제단체. 과학관, 과학센터, 아쿠아리움, 플라네타리움, 동물원, 식물원, 그리고 자연사박물관에 이르기까지 과학 및 관련 콘텐츠를 다루는 기관들을 회원으로 한다.

[15] 사실 개별 기관도 정보를 비교적 찾기 쉽게 해놓은 곳과 그렇지 않은 곳의 차이가 심하다. 국립중앙과학관, 국립과천과학관, 국립광주과학관 등은 지난 몇 년간의 방문객 통계 정보를 보기 쉽게 제공하고 있지만, 그렇지 않은 기관이 더 많다.

다른 수많은 지표가 웹 서비스를 통해 실시간 열람 및 비교 등을 제공하는 것과 대비된다.

자료가 있으면 정보공시를 통해 게시하면 될 일이지 접근 방법이 복잡해서는 안 된다. 단순한 기술적 접근성 문제라면 홈페이지 구성을 개편하여 해결해야 한다. 하지만 유독 과학관 관련 통계수치에만 있는 문제라는 데는 이 기관의 법적, 제도적 성격과 관련성이 있다는 의심을 갖게 만든다. 단적으로 등록 현황 통계만 놓고 따져봐도 과학관은 박물관/미술관 통계에서 제외된다. 문화체육관광부의 전국 문화기반시설 총람에서는 매년 국립, 공립, 사립, 그리고 대학 박물관과 미술관의 통계 자료를 발간하는데, 여기서 과학관은 제외된다. 도서관법 상의 도서관, 박물관 및 미술관 진흥법상의 박물관과 미술관, 문예회관, 지방문화원진흥법 상의 지방문화원, 문화의 집 등은 각종 수치와 자료를—시설현황 일반, 소장 자료의 종류와 규모, 직원 현황, 재정 현황 등—총람의 형태로 둘러볼 수 있고, 향후 비교 분석을 통해 전반적인 국가 규모의 시설 운영이나 관리 방향의 참고 자료가 될 수 있지만, 과학관은 여기에 포함되지 못한다.[17]

[16] 통계청 민원실에 비슷한 취지의 질문이 2005년자로 등록된 적이 있는데, 당시 통계청에서는 "문의하신 자료는 우리 청에 수집된 것이 없습니다"라는 답변을 내놓았다.

[17] 다양한 이유가 있겠지만, 주무부처가 문화체육관광부가 아니라는 점이 한 가지 이유로 추정된다.

이는 박물관으로서 과학관의 기본 정체성에 혼란을 주며 향후 과학박물관이나 과학센터의 건립과 운영정책의 방향 설정을 어렵게 한다. e-나라지표의 '등록 박물관/미술관 현황'은 "연도별로 박물관 및 미술관의 증가 통계를 통해 박물관 및 미술관의 추이 및 동향을 분석하여 향후 박물관 및 미술관과 관련된 정책을 수립하는 데 기초자료로 활용"한다고 그 목적을 명시한다. 과학관의 통계 지표 또한 기록뿐만 아니라 연구를 위한 자료가 된다거나 정책의 참고 자료가 될 가능성이 있다. 앞서 살펴본 과학관의 뿌리, 그리고 실제 과학관이 운영되고 있는 방식, 지향하는 바를 돌이켜볼 때 현재와 같은 상태가 향후 한국 과학관의 발전에 도움이 되는 방식인지는 다시금 생각해볼 여지가 있다.

앞서 언급했던 2001년 국립자연사박물관 예비타당성 조사에서 결론 부분의 종합 평가에는 "과거지향적인 자연사(natural history)가 아니라 교육과 미래지향적인 자연과학(natural science)으로 박물관의 명칭을 바꾸고"라는 서술이 있다. 국가의 예산을 집행하는 과정에서 나온 보고서의 결과에 담긴 내용이라고 하기에는 눈을 의심케 하는 서술로서, 자연사박물관의 설립 취지나 그 성격을 전혀 이해하지 않거나 못한 채 평가를 진행했다는 의심까지도 살 수 있는 잘못된 제언이었다.[18] 과학관의 정체성에 대해 과학자나

[18] 필자들이 정부 보고서의 품질을 평가할 정도로 대단한 전문가는 아니지만, 그래도 이 부분에 있어서는 단언할 수 있다. 당시 이 보고서의

공학자뿐만 아니라 시민들 모두가 조금씩은 고민해볼 필요가 바로 여기에 있다. 20년이 넘게 지난 만큼 그때와는 달라졌으리라 믿고 싶지만, 등록 현황 통계의 현재가 보여주는 모습은 여전히 한국에서 과학관이 그 본질을 시민들에게도, 정부에게도 설득해내지 못했다는 생각을 들게 한다.

자연사박물관의 대장이라고 해도 과언이 아닌 미국 워싱턴 D.C.의 스미스소니언 국립자연사박물관(Smithsonian National Museum of Natural History)은 1910년 개관한 이래 전 세계인의 사랑을 변함없이 받고 있다. 물리적 규모가 어마어마하게 크기도 하지만, 스미스소니언이 최고의 자연사박물관으로 평가받는 이유는 규모 때문만은 아니다. 국가의 지원을 받는 스미스소니언재단에 의해 운영되는 이곳은 연구, 수집, 전시, 교육이라는 복합적 기능을 동시에 수행해 왔고, 이것이 박물관의 본질임을 스스로 강조하고 있다. 어쩌면 우리는 과학관, 과학센터, 자연사박물관 등의 문제를 떠나서 박물관이라는 시설에 대해 그다지 진지한 질문을 해본 적이 없는 것일지도 모른다. 지금까지 제시한 문제를 과학관이 아닌 다른 분야의 박물관에 묻는다면 과연 어떤 대답을 얻을 수 있을까? 좋은 대답을 얻는다면 과학관이 배우고, 그렇지 않다면 함께 고민해야 할 문제다.

해당 제언은 역사와 과학 양쪽 모두에 대한 무지, 혹은 무관심을 스스로 인정한 셈이다.

과학관은 일반적인 인식 이상으로 매우 복잡하고 입체적인 기관이다. 과학관을 새로 짓는다는 것은 그저 전시관 하나 추가하는 것이 아니라 하나의 연구소를 세우는 것에 가깝다. 전시물을 설치하고 유지·보수하는 것도 중요하지만, 연구 공간에서는 지속적인 연구를 하고 이 과정에서 나오는 결과들을 시민에게 공유하는 공간이 되어야 한다. 원리원칙을 모두 지키며 짓는다고 가정한다면, 우리가 생각하는 것 이상으로 따질 것이 많고 유지 관리 비용이 지속적으로 소요되며 이에 더해 꾸준한 투자까지도 필요한 시설이다. 현재 한국의 과학관들은 과학박물관과 과학센터 사이 어딘가에서 생존하고 있지만, 지속가능성 측면에서 많은 질문을 받아 왔고 이는 앞으로 한국의 과학관이 나아갈 방향에도 가장 큰 영향을 주는 질문이 될 것이다. 한국의 과학관이 틀렸다고 말하려는 것이 아니다. 분명 현대의 과학관은 어디에서나 과학박물관과 과학센터의 기능이 융합된 완전관을 향해 나아가고 있을 것이다. 다만, 지금은 박물관으로서의 기능이 제대로 강조되지 않고, 보여지지 않고, 회자되지도 않으며, 살펴보았듯이 통계적으로도 평가나 기록이 희미하다. 이는 앞으로 나아갈 길을 위해서라도 제대로 관리되어야 한다. 시민들이 과학관을 즐기고, 콘텐츠의 품질을 따지는 것에서 한 발짝 더 나아가서 과학관의 뿌리와 정체성에 대해 질문을 던지는 순간, 우리는 더욱 멋진 과학관을 만나게 될 것이다.

4장

떠돌이 계약 노동자

교과서나 학습만화에 등장하는 과학자와 공학자는 해맑은 얼굴로, 혹은 자신이 관심 있는 주제에만 푹 빠진 듯한 표정으로 자신의 연구주제가 얼마나 재미있는지 설명한다. 물론 이 모습은 틀리지 않다. 많은 연구자들에게 연구에 대해 물어보면 실제로 눈을 초롱초롱 빛내며 한 시간이고 두 시간이고 떠들 테니 말이다. 아무도 모르는 지식의 영역을 탐구한다는 것은 분명 아주 흥분되는 일이다. 한 번 사는 인생에서 진지하게 붙잡고 몰입해볼 만한 즐거움을 제공한다. 그런데 21세기 지구에서 과학과 공학을 하려면 미리 이것저것 따져볼 게 많다. 현실적인 의미에서 취미가 아닌 '직업'이 되어야 하기 때문이다. 보통 직업이라 함은 하루 중 대략 3분의 1 이상의 시간을 특정 업무를 하는 데에 사용하고, 이를 대가로 임금을 받는 사회경제적 활동을 뜻한다. 과학과 공학을 할 때 얻는 즐거움을 잠시 옆에 놓아두고, 과학자와 공학자를 철저하게 직업으로 대해보자. 당신은 아주 진지하게 향후 40년 정도의 '생활과 생존'을 고민하는 청년이다. 당신이 고를 수 있는 수많은 직업 중 과학자와 공학자는 어떤 특장점을 제시할 수 있을까?

모든 지적, 도덕적, 정치적 수식어를 떼고 철저하게 일하고 돈을 받는 조건만 생각한다면 과학자와 공학자는 근본적으로 떠돌이이며, 동시에 계약 노동자다. 떠도는 스케일 또한 남다르다. 전국 방방곡곡은 물론 전 세계 어디든 연구할 수 있는 환경을 제공하는 모든 곳으로 넘어갈 준비가 되어 있어야 한다. 이와 맞물려 정규직이 되는 건 쉽지 않다. 많은 연구자가 박사 후 연구원(Post Doctor, 포스트닥터, 통칭 포닥), 연구교수, 위촉연구원, 초빙교원 등 온갖 이름을 달고 일을 시작하는데, 그럴싸한 이름들에 비해 실상은 단기 계약직인 경우가 대부분이다.

이런 직업적 특성은 국가별 고용시장 상황과 사회구조에 따라 연구자 개인의 삶에 치명적인 문제들을 안긴다. 2018년의 한국은 사정이 그리 좋지는 않다.[01] 비경제활동 인구를 위한 사회안전망 합의는 제자리걸음인 데다 기본적으로 정규직 대 비정규직의 양분 구도를 견지해 온 노동시장은 아직 자리를 잡지 못한 연구자에게는 매우 팍팍한 환경이다. 어려움의 일면은—어쩌면 뿌리일 수도 있는 단면—고용시장뿐만 아니라 연구자들의 훈련 시스템에도 스며들어 있다. 이제는 각종 미디어를 통해 공론화가 많이 진척된 대학원생, 그리고 학생연구생(학연생)들의 존재와 정체성은 떠도는 것이 그저 몸만은 아니라는 사실을 보여준다.

여기서 연구자 모두의 입장을 대변한다는 오만한 이야기를 하지는 않을 것이다. 연구자 개개인은 다들 각자의 사정이 있고, 가치관이 다르고, 연구자로서의 삶에 대한 나의 생각이 너의 생각과 같지 않다. 그저 연구자라는 사람들이 어떤 이들인지 일면을 슬쩍 엿보고자 한다. 다시 한 번, 모든 연구자가 이렇다는 것이 아니다. 대략 이런 애환이 있고,

[01] 2018년 초판이 출간되고 개정판이 준비된 2022년 사이 다양한 시도들이 있었고 어느 정도 개선이 되었으나, 큰 틀에서는 같은 구조를 유지하고 있다.

그 애환은 지금 이 책을 읽는 여러분의 경험, 생각과 크게 다르지 않을 수도 있을 것이라 짐작해본다.

나의 의지로, 혹은 너의 의지로

과학자와 공학자는 자의 반 타의 반으로 이곳저곳을 떠돌아다닌다. 다양한 경험을 하고 싶다는 본인의 의지로 소속과 지역을 바꿀 수도 있지만, 애초에 중장기적으로 안정적인 연구 조건을 제시하는 자리가 흔치 않을뿐더러 어느 정도 떠도는 경험이 있어야 업계에서 인정을 받는 묵시적인 기준이 무시 못할 영향을 준다.

연구자는 특정 분야의 전문가로서 외부보다는 동료집단의 평가를 통해 자신의 가치를 인정받는다. 연구자로서 인정받고 지속적으로 지원을 받아 연구를 이어가기 위해서는 경제적인 의미에서 안정적인 직장을 가지는 것뿐만 아니라 동료 연구자들에게 자신을 어필할 수 있는 경력을 쌓는 것이 필수적이다.

일반적으로는 대학원에 들어가면서부터 연구자로서의 경력이 시작된다. 현대사회의 과학자, 공학자는 고도로 분화된 전문직이기에 그 수련 과정 또한 까다로워서 중간중간 굉장히 많은 단계들을 설정해놓았다. 완벽하게 일대일 대응이 되는 것은 아니지만, 사회적으로 널리 알려진 의사의 수련 과정을 기준으로 생각해보면 좋다. '인턴-레지던트-전문의'의 과정은 대략 '박사-포닥-교수'라는 연구자의 전형적인 경력 발전 과정과 비슷하다. 의사 면허를 딴다고 해서 모두가 전공의는 아니듯이, 박사학위를 받는다고 해서 모두 교수가 되는 것이 아니다. 게다가 교수만이 연구자인 것 또한 아니다. 물론 교수는 연구자로서 매우 탐나는 직업이지만, 모든 연구자의 경력이 교수를 향하지는 않는다.

대다수 연구자들은 직업적 조건과 경력 조건 사이에서 본인이 추구하는 최적의 조건을 찾아 헤맨다. 직업으로서 좋은 조건, 이를테면 괜찮은 연봉과 안정성이 보장된다면 취업을 하고 해당 기관에서 연구를 하는 과학자나 공학자가 되면 만사 오케이일 것 같지만 안타깝게도 이야기는 그렇게 쉽게 풀리지 않는다. 연구자는 항상 비례하지만은 않는 몇 가지 조건 사이에서 어떤 선택을 할지 끊임없이 고민해야 한다. 돈도 많이 주고 출퇴근도 자유롭고 나와 가정과 일을 다 챙길 수 있으면서 동시에 자유로운 연구를 보장해서 연구도 잘되고 개인적으로도 행복할 수 있다면 좋겠지만 그런 '신의 직장'은 결코 흔하지 않다.

좋은 경력을 쌓는 것은 한순간에 이루어지지 않고 마음대로 되지도 않는다. 괜찮은 고용 조건을 제시하는 곳 또한 내 뜻대로, 내가 원하는 시기에 찾아와주지 않는다. 좋은 경력을 쌓을 기회를 엿보는 것도, 좋은 직업에 지원해서 고용될 기회를 얻는 것도 철저하게 연구자 개인의 몫이다. 아주 운이 좋아서 어느 정도 만족할 만한 자리가 있다 해도 내가 원하는 장소라는 법은 없다. 결국 대개의 경우 많은 사람들이 구직을 위해 수많은 '자소서'를 뿌린 뒤 합격되는 곳으로 가듯이 연구자들 또한 조건에 맞는 곳으로 나를 움직여야 하는 상황에 놓인다. 국가와 국가를 넘나드는 한이 있더라도 말이다.

국가를 넘어 떠도는 삶은 직업적인 요인으로 인해 수동적으로 결정되지만은 않는다. 가령 갓 박사를 받은 이공계 연구자는 대개 본인이 있던 환경을 떠나 다른 환경에서—주로 다른 국가에서—포닥을 경험하려는 경향이 있다. 일반적으로 과학기술계는 다양한 사회·문화·경제적 환경에서의 연구 경험을 아주 중요한 경력으로 여긴다. 연구자의 경험과 지식, 그리고 다른 연구자와의 협업 등이 기관의 장기적인 발전에도 도움이 된다고 보는 것이다.

지금 이 이야기는 특정 국가에만 국한된 지엽적인 사례가 아니다. 분야별 차이, 국가별 차이가 조금씩은 있겠지만 과학자나 공학자의 길을 걷는 이들이 전반적으로 경험하는 삶은 대략 이런 형태다. 누군가는 처음 경력을 시작하는 대학원부터 떠도는 삶을 선택하기도 하고, 누군가는 박사학위를 받은 후부터, 누군가는 직장을 잡을 시점에 결단을 내리기도 하지만, 다들 급격한 환경 변화의 가능성을 열어 두고 살아간다.

떠돎과 귀환

연구자들 개개인이 떠돌이 삶을 사는 현실에는 제도적 조건뿐 아니라 지극히 개인적이면서도 복합적인 가치판단이 함께 작동한다. 공공정책의 관점에서는 굉장히 이해하기 힘들고, 때로는 비합리적 선택을 하는 듯 보일 수도 있다. 국가의 입장에서 보자면 이들은 떠돌아다닌다기보다 돌아오지 않는 인력으로 기록된다. 한국에서는 한때 이를 국가 차원의 문제로 보고 '두뇌 유출'이라는 현상으로 명명했을 정도로 심각하게 받아들이기도 했다.[02]

두뇌 유출이란 국가의 관점에서 현실을 묘사한 개념이다. 헌데 이 개념이 유통되는 과정에서 마치 현상 그 자체가 문제인 것처럼 인식되는 일이 벌어졌다. 단적으로 말해서, '두뇌 유출이 문제다'라는 명제는 국가와 연구자 양쪽 모두에게 도움을 줄 수 없었고, 앞으로도 그럴 가능성이 높다. 떠도는 연구자들을 유출된 두뇌라고 부르고 (암묵적으로) 돌아오라고 외친들, 이들의 귀국을 설득할 데이터를 모으는 일이 알아서 진행되지는 않는다. 게다가 이 현상이 한국의 사회구조가 만들어낸 독특한 문제처럼 묘사되는 순간, 우리는 과학자, 공학자의 삶으로부터 눈을 돌리게 된다.

다시 한 번 말하지만, 국가와 국가를 떠도는 일은 국적을 가리지 않고 과학자와 공학자가 공유하는 삶의 한 단면

[02] 두뇌 유출 담론은 여전히 존재하여 간혹 언론을 통해 보도되기도 한다. 다만, 이전처럼 아주 심각한 이공계 문제로서 지속적으로 집중 조명되지는 않는 듯하다. 몇 가지 이유가 있겠지만, 1970~80년대와 다르게 이공계의 몇몇 전문직종뿐만 아니라 훨씬 다양한 사회 각 분야에서 국가를 넘나드는 취업 활동이 활발해지면서 두뇌 유출이라는 프레임이 특수성을 잃어버렸다는 해석이 가능하다. 더불어, 굳이 두뇌 유출까지 가지 않아도, 1990년대 중·후반부터 등장한 이공계 위기 담론이 모든 여타 위기 담론을 무색하게 만들기도 했다.

이다. 다들 이 옵션을 선택하는 것은 아니지만, 많은 연구자들이 마음 한 구석에서 가능성을 언제나 열어 두고 있다. 자꾸 한국이 눈앞에 아른거리니 아예 한국이 제외된 글로벌 데이터 기반의 연구를 잠시 살펴보자. 아래 소개할 자료는 설문조사라는 방법의 성격상 세세한 맥락의 차이들은 적당히 뭉뚱그려져 있음을 고려해야 한다. 전 세계 연구자들의 대략적인 생각과 삶을 엿본다고만 생각하고 읽어보자.

2011년, 16개국 47,304명의 과학계 연구자를 대상으로 GlobSci[03]라는 이름의 설문이 이뤄졌다. 키아라 프란조니(Chiara Franzoni) 외 2인의 연구팀(2015)은 다양한 경력 단계—석박사, 포닥, 자리를 잡은 연구자—를 아울러 자신의 국적이 아닌 해외에서 활동하는/활동한 경험이 있는 이들의 상태와 경험 데이터를 얻고자 했다. 설문 데이터를 활용한 결과 분석에 따르면, 포닥 이상의 경력을 가진 연구자들에게 왜 해외로 나가 일할 결심을 하게 되었는지 5점 척도로 물었을 때 "미래의 경력 개발을 위해서", "뛰어난 교수, 동료, 연구팀과 함께 일하기 위해", "본인의 분야에서 해외의 연구기관이 우수하기 때문에"라는 이유가 4점을 넘겨 아주 중요하게 작용했다는 응답을 남겼다.

[03] GlobSci는 해당 연구팀이 연구자의 글로벌 이동성에 대한 연구를 수행하기 위해 설계하고 배포한 설문이다. Aldo Geuna(Ed), Global Mobility of Research Scientists: The Economics of Who Goes Where and Why, Academic Press, 2015. (https://www.sciencedirect.com/science/book/9780128013960)

같은 데이터를 활용한 다른 분석에서 만 18세 기준으로 고국을 떠나 박사과정 유학길에 올라 2000년 이후 박사학위를 받은 연구자들에게 어떤 요인들이 유학을 결정하게 했는지 물었더니 "미래의 경력 개발을 위해서", "기관의 연구 능력을 보고", "국제적 경험과 삶의 스타일의 매력에 빠져", "수여하게 된 장학금(fellowship)으로 인해" 등의 조건이 중간값 이상의 상위권에 포진해 있었다. 한편, 귀국한 연구자들에게 어째서 고국으로 돌아왔는지 물었더니 압도적 1순위는 "개인 사정 혹은 가족 문제"였다.

자료가 시사하는 바를 찬찬히 생각해볼 필요가 있다. '한국의', '한국만의'라는 뜻으로 쓰이는 'K'라는 수식어를 모두 빼고 생각해보면 전 세계 연구자들은 다들 경력 개발에 상당한 방점을 찍고 다른 나라를 향해 떠났음을 알 수 있다. 고국으로 돌아온 이유는 경력 개발을 위해서라든지 고국이 아주 대단한 연구 지원 조건을 내걸었기 때문이 아니라 개인 사정이 많았다. 굳이 한국이 빠진 설문조사를 언급한 이유는 지금 인용한 자료의 표본에는 한국인 두뇌 유출의 주요 대상국인 미국이 포함되어 있기 때문이다. 미국의 입장에서도, 세계 모든 국가에서도 지극히 같은 이야기를 할 수 있다는 뜻이다. 이른바 두뇌 유출이라는 현상은 굳이 말하자면 모든 국가에서 일어나고 있다.

연구자들이 돌아오지 않는다고 해석하기보다 나름대로 최선의 선택을 하고 있을 뿐이라고 해석해보면 조금 다른 현실을 마주할 수 있다. 연구자들이 떠도는 것은 한국 탈출이라는 측면이 분명 어느 정도는 있겠지만, 동시에 세계적인 인력 이동 현상의 일부다. 이 거대한 흐름에 한국이 국가 수준의 개입을 하고 싶다면 두뇌 유출을 부르짖기보다는 큰 흐름 속의 지류들을 한국으로 끌어들이는 방법을 고민하거나, 한국을 어떻게 큰 흐름의 유리한 길목에 위치시킬지 고민하는 것이 더욱 생산적이다. 다시금 GlobSci의 설문 결과를 상기해보자. 흐름을 타고 있는 개인들이 자의로 되돌아오는 경우는 대부분 개인 사정이었다.

국가 연구기관이나 정부의 입장에서도 고충이 있다. 연구자를 고용하는 입장에서는 우수한 연구자를 잡고 싶은 마음이 있는 한편 이 연구자가 어딘가로 옮길지 모르니 아주 좋은 조건을 무작정 제시하기에는 부담이 따른다. 게다가 정부는 과학기술계 전체, 더 크게는 국가 전체를 대상으로 하는 과학기술정책의 관점에서 연구자의 수요와 공급에 개입하려고 한다. 가령 한국의 경우, 연구자 고용시장을 상당 부분 책임지는 공공 연구기관은 개별 기관이 마음대로 고용 형태를 조절하는 데 한계가 있다. 계약직이라는 고용 형태가 어쩔 수 없다든지, 혹은 오히려 발목을 잡는다든지 하는 해석만을 고집할 수도 없다. 연구자들의 고용 형태를 정규직 대 비정규직이라는 대결 구도 안에서만 진단하는 데에는 한계가 있기 때문이다. 다만, 큰 틀에서 피고용자 신분인 연구자가 직업 안정성이라는 측면에서 마주하게 되는 문제의 성질은 같다.

안타까운 이야기지만, 우리 사회는 생각보다 과학자와 공학자의 커리어와 직업 특성에 대해 알지 못하고, 적극적인 관심 또한 없다. 과학과 공학이 사회에 유익하다는 인식은 어쩌면 국가의 발전에는 도움이 될 수 있겠지만 연구자의 삶을 사는 개인들에게는 생각보다 큰 도움이 되지 않는다. 오히려 "과학자? 아이고 일 잡기 힘들겠구나. 힘내."라고 격려라도 해주는 사람을 만난다면 정말 반가울 일이다. 박사학위를 곧 취득할, 혹은 갓 취득한 연구자들이 명절에 집에 가서 "그래서 누구누구는 언제 교수가 되는 거야?"라는 질문을 들을 때마다 치솟는 심박을 억누른 채 엷은 미소를 띠우며 "노력해야죠."라고 대답하게 되는 데에는 이렇듯 짧게 설명하기 힘든 속사정이 있다.[04] 주변에 안정적으로 취직에 성공한 연구자가 있다면 손을 잡고 정말 잘되었다고 따뜻한 말을 건네주면 좋겠다. 연구자에게는 큰 힘이 된다.

비자—연구자의 친구이자 적

작가에게 작품 목록이 있고, 영화감독에게 필모그래피가 있듯이, 연구자에게는 CV(Curriculum Vitae)라는 것이 있다. CV를 채워 가는 과정에서 본인의 선택 반, 어쩔 수 없는 조건 반으로, 여러 지역을, 또 국가와 국가 사이를 떠돈다. 국가와 국가 사이를 넘나들며 연구하는 일은 생각보다 많은 절차를 필요로 한다. 짧게 해외 여행을 갈 때를 떠올려보자. 이런저

[04] 이는 마치 이제 막 회사에 들어간 신입사원에게 "그래서 너는 언제 승진해서 임원이 되는 거야?"라고 물어보는 것과 같다.

런 심사를 거쳐 여행할 국가의 입국 심사까지 도달하면 '무슨 목적으로 왔니, 며칠 있을 거니, 얼마 가져왔니' 같은 질문들을 받아본 기억이 있을 것이다. 돌려 돌려 질문하지만 결국 묻고 싶은 내용은 '너 여기서 노동을 하고 임금을 받을 것이냐'다. 다른 나라에 가서 연구를 하게 될 경우, 어떤 방식으로든 경제활동을 하게 된다. 대다수의 경우 재정 지원을 받는다. 포닥 이상의 경력자라면 장기적으로는 정식으로 취직하여 일하게 될 가능성도 있다.

꽤나 많은 사람들이 과학기술정책을 다룰 때 연구개발 영역의 예산 분배 문제가 가장 중요하다고 생각한다. 물론 틀린 지적은 아니지만, 경력을 쌓는 과정에 있는 연구자의 입장에서는 연구비 확보만큼이나 중요한 것이 바로 이민정책이다. 만약 이민정책의 기조에 변화가 생겨 연구자가 체류하는 국가가 더 이상 해당 연구자에게 학업을, 연구를, 그리고 노동을 허락하지 않는다면 어찌해야 할까? 설마 그렇게 극단적인 일이 실제로 벌어질까 싶지만, 미국에서는 이와 유사한 사태가 벌어질 것이라는 공포가 과학기술계를 휩쓸었던 적이 있다. 도널드 트럼프 후보가 미국 대통령으로 당선된 직후, 이민정책 전반에 큰 변혁이 있을 것이라는 예측이 나오면서 연구계가 한바탕 술렁였던 것이다. 미국 국적이 아닌 유학생과 연구원의 비자 제한 조치가 취해질 수 있다는, 당시로서는 매우 신빙성이 높아 보였던 '카더라 통신'이 돌아다녔다.

이민정책의 중요성에 대한 인식은 이전에도 이따금 언론에 오르내리고는 했다. 미국의 경우에 대해서는 인터넷에서 이미 아주 유명한 미치오 가쿠를 소환해서 다시 한 번 그의 주장을 들어보자. 조금은 극단적인 면이 있어 그의 주장을 곧이곧대로 받아들일 필요는 없지만, 주목해야 할 점은 그가 자신이 이론물리학자임에도 불구하고 연구개발정책이 아닌 이민정책을 미국 과학기술정책의 핵심 요소로 언급했다는 것이다. 미치오 가쿠는 2011년 '우리는 풍요로움의 시대에 준비되어 있는가?'(Are We Ready For the Coming 'Age of Abundance'?)라는 토론에서 "미국은 비밀병기가 있다."(America has a secret weapon.)며 H-1B비자를 언급했다. H-1B 비자 덕분에 세계 각국의 전문가들을 미국에서 일할 수 있게 설득할 수 있었다는 것이 주장의 요지다.

미국에서 일하고자 하는 연구자의 입장에서 보면 H-1B 비자는 직장 그 이상의 의미를 가진다. 이 비자는 전문직에게 부여되는 취업허가 비자다. 일을 하고자 하는 특정 전문 분야의 학사 이상의 학위가 필요하고, 고용주가 비자 신청자의 고용조건에 대해 노동부에 신고하고 허락을 받아야 하는 굉장히 까다로운 비자다. 개별적으로 고용주와 합의하여 일을 하기로 해도 이 비자를 받지 못하면 결국 불법체류 해외 노동자가 되는 셈이니 '목숨줄'이라고 해도 과언이 아니다. 사실 H-1B까지 가지 않아도 미국에서 경력을 쌓고자 하는 수많은 학생들과 포닥들 또한 비자 문제를 벗어날 수 없다. 가령 J 비자는 우리가 문화교류 비자라고 부르는 것으로, 다양한 교류 활동을 위해 받는 비자다. 주로 단기적으로 오는 교환교수, 연구원, 학생 등이 이 비자를 받고, 꽤 많은 포닥들도 J 비자에 의존한다. 한편 학사·석사·박사 과정을 밟는 학생들은 F 비자를 주로 신청한다. 미국이라는 한 국가의 사례만 잠시 살펴보는데도 이렇게 머리가 아픈데, 국가와 국가를 전전해야 한다고 생각해보자. 상상만 해도 뒷골이 당기는 것 같다.

이민정책이 과학자나 공학자에게 매우 중요한 정책이라는 문제의식은 1) 누가 뭐라고 해도 결국 분야별로 선진 연구를 수행하는 몇몇 국가를 특정할 수 있다는 사실과 2) 그로 인해 많은 연구자가 해외에서, 특히 미국에서 자리를 잡거나 적어도 연구 경험을 쌓고 싶어 한다는 현실에서 기인한다. 연구자들이 온갖 국가를 떠도는 것은 맞지만 그 안에서도 허브는 있는 것이다.

마찬가지 맥락에서 브렉시트(Brexit) 사태가 터졌을 때 영국의 연구자 집단이 술렁였던 것 또한 그저 연구비나 직접적인 연구지원정책의 변화에 대한 우려 때문만은 아니었다. EU 안에서 회원국들 사이의 비교적 자유로운 연구 인력 이동을 통해 간접적으로 이득을 보던 영국의 과학기술계가 앞으로는 독자적인 자원과 정책만으로 우수한 연구자들을 끌어들여야 하는 상황이 될 수도 있다는 점은 심각한 문제로 비쳤다. 영국에서 연구 환경을 꾸려 가던 연구자들 또한 향후 이동에 제약을 받을지도 모른다는 위험을 본인의 의지와는 상관없이 떠안아야 했다. 국가와 국가를 넘나들며 학업과 훈련을 거쳐 일을 찾는 과학자와 공학자의 특성상 각국의 이민정책은 연구지원정책만큼이나 이들의 커리어와 연구 성과에 큰 영향을 준다. 게다가 전 세계 유학생들과 포닥들의 '신도림역' 같은 미국이나 유럽의 주요 국가가 이민정책을 바꾼다면 그 여파는 지하철 노선 전체에 미친다. 지하철 노선에는 물론 한국도 빠지지 않는다.

"과학에는 국경이 없다. 하지만 과학자에게는 조국이 있다." 루이 파스퇴르(Louis Pasteur)가 남긴 명언으로 알려진 이 말은 한국에서 황우석에 의해 재인용된 뒤 과학자의 애국을 상징하는 격언이 되었던 '흑역사'가 있다. 이 격언은 오히려 정반대의 맥락에서 아주 날카롭게 현실을 찌르는 듯하다. 연구자는 국경이 없는 일을 따라 과감히 국경을 넘나들며 떠돌지만 국가의 정책은 과학자의 국경을 명확히 인지하고 있다.

떠도는 몸, 떠도는 책임

국가와 국가를 넘나드는 떠돌이 삶을 포기한다면, 혹은 아직 그 단계까지 고려하지 않고 있다면, 혹은 국내에서 훈련을 받고 연구를 지속하기로 마음먹었다면 지금까지 열심히 써내려온 문제는 나와 무관한 일이 되는 것일까? 안타깝지만 그렇지는 않다. 앞서 거대하게 펼쳐진 이야기가 국제적 스케일의 일반론이라 뜬구름 잡는 것 같았다면, 범위를 좁힐수록 더욱 구체적이고 구조화된 문제들을 마주하게 된다.

국내를 보자면 2016년 즈음부터 미디어를 통해 조금씩 알려진 대학원생의 이중적 지위가 대표적이다. 과학기술계에서 훈련을 받는 과정에 임하고 있는 대학원생들은 자신들을 지탱해줄 최소한의 자격증명(즉 학위)조차 없는 상태에서 언젠가는 결국 떠나야만 하는 자리에 앉아 연구를 한다. 문제는 상당수의 대학원생들이 학생이면서 동시에 노동자인, 이른바 '경계인'의 삶을 살고 있다는 데에서 기인한다.

대학원생이라 하면 일단 학생인 것 같다. '원'만 빼면 대학생이니 말이다. 헌데 실제로 대학원생들을 만나보면 이들은 '일'을 하고 있다. 왜 일한다는 표현을 쓰는가 하면, 말 그대로 일을 하기 때문인데, 한국 이공계 대학원 연구실의 경제적 구조를 보면 쉽게 납득할 수 있다. 경우에 따라 차이는 있지만 작은 중소기업들이 먹고 사는 방법과 비슷하다. 정부나 기업에서 과제를—대학원생들은 대개 이를 프로젝트(플젝)라고 부른다—발주하면 연구실, 연구단 들이 계획서를 내고 경쟁을 하게 된다. 입찰에 성공하면 연구비가 나온다. 이 연구비라는 큰 항목 안에는 온갖 비용이 포함되어 있다. 연구에 필요한 각종 재료와 장비를 살 돈부터, 연구를 위해 활용될 인력—주로 대학원생—을 위한 인건비 등을 포함한다. 즉 대학원생들이 프로젝트를 해야 연구실이 운영되는 경제 구조다. 프로젝트를 해서 결과—대개 학회 발표, 논문, 특허, 졸업생 배출 등 수치화할 수 있는 가시적 성과—를 내야 또 연구비를 따올 수 있고, 그래야 연구실이 프로젝트도 하고 다른 연구도 하며 학술적 성과를 내고, 학생이 졸업을 하고, 새 학생이 들어오는 구조가 완성된다.

프로젝트라는 것은 연구가 아니냐고 묻는다면 온전히 아니라고 대답할 수는 없다. 프로젝트도 그 내용은 무언가에 대한 '연구'다. 웃픈 현실은 이 프로젝트가 학생 개개인의 연구에 항상 도움이 되는 건 아니라는 점이다. 카이스트 대학원 총학생회의 〈2016 연구환경 실태 조사〉 중 연구 프로젝트 및 행정업무 항목을 보면 "도움이 된다" 혹은 "매우 도움이 된다"는 답변은 44.47%를 기록했다.[05] 이 자료를 기반으로 좀 거칠게 말해보자면, 두 명 중 한 명은 본인 연구에 직접적으로 도움이 되지 않는 '일'을 하고 있는 셈이다. 그러면 이들은 언제 자기 연구를 할까? 이들이 자기 연구에 온전히 투자하지 못하는 상황에서 향후 벌어지는 일들에 대해서는—졸업, 연구 경험, 경력 관리—어떤 도움을 받을 수 있을까?

일을 한다는 개념과 배운다는 개념은 이상적으로는 상보적이지만, 법에서는 큰 차이가 난다. 법적으로 배우는 사람으로 정의될 경우, 노동자가 일하면서 보장받을 수 있는 각종 권리나 일반적 혜택—4대 보험, 단결권·단체교섭권·단체행동권, 복지혜택 등—이 모두 불확실해진다. 현재 한국의 이공계 대학원생은 제도적으로는 학생으로 정의되어 있기에 학교에 등록금을 내고 학교를 다니며 장학금 수여의 대상이기도 하지만, 다른 한편으로는 위의 권리들을 보장받지 못하는 상황에서 '일'을 하고 있다. 즉 구분은 이미 존재하여 제도는 나름대로 대학원생을 해석하고 있다. 다만 이 해석에 대학원생 스스로의 인식이 충분히 반영되어 있는지는 여전히 의문이다. 연구실의 경제적 구조는 대학원생을

[05] 카이스트 대학원 총학생회, 2016 연구환경 실태조사. (https://infogram.com/_/Mq7RadNbXl1lGA7Aydfa)

노동자와 같은 방식으로 활용하고 있고, 스스로도 일을 한다고 자각하고 있다. 국가인권위원회에서 2015년에 조사한 대학원생의 자기 인식을 보면 "학문 연구와 근로를 동시에 수행하는 학생근로자(학생+근로자)라고 생각"한다는 항목이 57.8%를 차지했다.[06]

고개를 돌리면 더 미세한 틈새를 파고들어온 시스템도 만날 수 있다. 대학원생과 비슷하지만 조금은 다른 입장에서 일을 하며 학위 과정을 밟는 존재들, 바로 학생연구생(학연생)이 있다. 이들은 공공 연구기관에서 실제 연구에 투입되어 일을 하며 연구기관 소속 박사급 연구자를 지도교수로 삼는다. 이와 동시에 기관과 협력이 된 학교의 대학원생으로 등록하여 대학원 수업을 들을 자격 또한 얻게 된다. 이에 따라 현장 연구 경력을 쌓음과 동시에 학위를 받을 수 있는 일종의 협력 과정이다.

제도의 취지만 보면 아주 좋지만 현실은 이상적으로만 굴러가지는 않는다. 학연생의 입장에서 비틀어 생각해보자면, 연구소에서 학생 인력을 활용하는 조건하에 연수 인력을 뽑아 이 인력을 노동자로 쓰고, 이 노동자들이 교육을 받을 수 있게끔 협력 대학에 위탁교육을 시키는 셈이다. 실제로 입시 과정은 대학이 아닌 (연구)기관이 주관한다. 즉 위탁

[06] 국가인권위원회, 대학원생 연구환경 실태조사 결과 발표 및 토론회 자료집, 2015.11.13.

교육을 통해서 양질의 인력을 훈련시켜 현장 연구와 산업에서 활용한다는 것을 제도의 기본 취지로 해석할 수 있다.

제도적으로는, 특히 돈 문제와 관련해서는 학연생 또한 대학원생처럼 학생 취급을 받는다. 많은 학연생이 수업료는 '학생'인 본인이 내는 한편, 연구소에서 하는 '일'에 대해서는 '연수 장려금'이라는 명목의 돈을 받는다. 이는 엄밀히 말하면 임금이 아니다. 노동에 대한 대가가 아닌, 학생의 학업을 장려하는 돈이라는 명목으로 지급되므로 임금 산출 기준이 달라진다.[07] 예를 들어보면 평균 임금 월 150만 원에 테크니션(technician)으로서 노동력을 제공한다는 가상의 기준이 있다고 할 때, 학연 과정을 통해서 석사 학위에 등록된 사람이 받는 장려금은 150만 원에 미치지 못한다.

명확한 문제가 있었다면 이미 고쳐져 있지 않겠느냐, 왜 하필 최근 들어서야 시끄러운 것이냐 하는 질문에 대해서는 그때와 지금이 다르기 때문이라는 대답을 하고 싶다. 1991년 고려대와 한국과학기술연구원(KIST) 사이의 프로그램으로 시작한 학연 과정은 이후 약 10년간 꾸준히 규모를 늘려 왔고, 학생과 기관 양쪽에 모두 득을 주는 교육·훈련 연계 프로그램으로 성장했다. 당시에는 지금 우리가 당연하게 생각하는 수준의 대학·대학원의 연구와 교육 및 장학 시

[07] 과정남, 일곱 번째 대화: 어떤 학연생과의 대화 in 어떤 대화: 청년 과학기술인의 목소리, 2017(http://www.esckorea.org/board/party/286)에서 자세한 이야기를 읽을 수 있다.

스템이 널리 자리 잡기 이전이었기에 학생과 기관, 학교 모두 회색지대에서 어느 정도 위험을 감수하며 학연 과정을 운영할 메리트가 있었다.

1999년 BK21이라는 장학 사업 겸 대학원 안정화 사업이 본격적으로 활성화되었다. 이를 기반으로 대학의 연구·교육 시스템이 자리 잡기 시작하면서 상황은 달라졌다. 완벽한 인과관계를 주장할 수는 없지만, 복합 기관으로서 대학의 사회경제적 안정화는 학연생의 운영 취지 전반에 큰 영향을 주었고 학생들 또한 진학을 다시 생각해보게 되었다. 실제로 연구자로서 훈련을 받으려는 학생들은 대학원을 우선순위에 두게 되었고 학연 과정의 경쟁률은 지속적으로 하락했다.[08]

그렇다면 지금 유지되고 있는 학연 과정은 어떤 맥락에 있을까? 이 또한 완벽한 인과관계를 주장할 수는 없지만, 비슷한 시기였던 1998년의 외환위기 이후 등장한 '연구과제 중심 예산 지원 제도'(PBS, Project Base System)가 영향을 주었다고 추정해볼 수 있다. PBS의 요지는 정부출연연구소에 대한 정부 출연금을 줄이고 스스로 먹고 살아야 하는 환경—외부로부터의 프로젝트 수주 및 유동적인 인력 운영—을 구축함으로써 연구소 경영 상황을 정상화한다는 것이었다. 이 과정에서 연구 책임자는 다수의 단기 프로젝트를 동

[08] 과학기술정책연구원, 학연교수·학연학생제도 추진 현황 및 활성화 방안, STEPI INSIGHT 139호, 2014.

시에 병렬적으로 운영하는 상황을 맞이했다. 이는 현재 정부출연연구소의 비정규직 비중 상승이라는 결과로 나타나고 있다.[09] 엄밀히 말하면 비정규직조차 아니며(제도적으로는 학생 신분) 상대적으로 가장 유동적 인력인 학연생은 '연수생'이라는 이름으로 이 자리를 메꾸고 있다.

문제는 제도가 '떠도는 몸'의 취약한 부분을 보완해주지 않는다는 점이다. 취약점은 사고가 벌어져야만 눈앞에 가시화되고, 때로는 오히려 책임을 개인에게 떠넘기는 방향으로 해석되기도 한다. 2003년, 성균관대 약대에서 모 교수가 복제의약품의 생동성 실험 결과를 조작한다. 형사소송에서는 교수에게만 유죄 판결이 났으나, 국민건강보험공단이 성균관대와 연구팀 전체를 대상으로 제기한 민사소송에서는 39억 원의 배상 판결이 났다. 성균관대는 교수와 당시 대학원생들을 대상으로 구상권을 청구했고, 재판부는 이들 4인에게 공동으로 26억 원을 배상하라고 판결했다. 이 판결은 앞서 살펴본 사례와는 전혀 다른 전제에 기반하고 있다. 교수 1인과 대학원생 3인을 법적으로 동등한 기준에서 취

[09] 최인이, 2017, 정부출연연구기관의 연구인력 비정규직화에 관한 연구: 대전 지역 과학기술 분야 정부출연연 비정규직 연구노동자 사례를 중심으로, 산업노동연구 23(1): 85~147. 위험부담을 줄이기 위해서는 당연한 선택이다. 커다란 하나에 긴 시간 집중하다가 지원이 끊겨 난처해지는 것보다는 작은 여러 개를 짧은 기간 단위로 운영하는 것이 예상되는 위험을 최소한의 비용으로 회피하는 이성적인 해결책이다. 연구원이 연구비를 통해 인건비(임금)를 지급받는다는 현실과 조합되면 단기 계약직이 늘어나는 현실이 연상된다.

급한 것이다. 아주 거칠게 말하면, 해당 판결은 돈을 줄 때는 학생이지만 책임을 질 때는 노동자라는 해석을 적용한 셈이다. 이 사태 전반에서 대학원생의 잘못이 하나도 없다고 주장하려는 것이 아니다. 그저 일관된 기준을 적용해보자는 것이다. 지급할 금액을 산정하거나 법적 권한을 따질 때처럼 학생의 기준을 적용했다면, 이에 따라 책임의 무게를 나누고 교수와 학생이라는 위계를 고려한다면 이 판결은 과연 합당할까? 결과적으로 성균관대는 구상권 집행을 철회했지만, 학생이자 노동자라는 이중적 혹은 어정쩡한 신분 사이에서 책임이 떠도는 제도적 현실은 변하지 않았다.

학연생 또한 문제가 났을 때 어느 쪽도 책임을 지지 않는, 떠도는 몸이 되어버린다. 2016년 3월 한국화학연구원에서 일하던 학연생이 실험 도중 폭발 사고를 당했다. 안전 규정을 모두 지킨 상황이었음에도 두 손가락이 절단된 큰 사고였으나, 소속 기관과 학교 어느 쪽도 책임을 질 의무는 없었다. 피해자는 학생으로 분류되었기에 산업재해 보상을 받지 못하게 되었다.

떠도는 몸은 육체적으로만 힘든 것이 아니다. 떠돌기 때문에 발생하는 부차적인 문제들이 연구자들의 삶을 불안하게 만든다. 해외로 떠도는 선택을 한 이들만 그런 것이 아니다. 국내에서 훈련을 받고 연구를 이어 가기로 결심한 이들은 국가 제도의 테두리 안에 있음에도 여전히 떠돌이 문제를 안고 있다.

대학원생 스스로도, 이들에게 일을 주고 학위를 수여하는 기관도 결국 대학원생들이 짧은 기간 내에 다른 곳으로 떠난다는 사실을 인지하기 때문에 어느 누구도 앞장서서 현재 상황을 바꾸려는 시도를 쉬이 하지 못한다. 2017년 기준, 한국의 대학원생은 총 326,315명이라는 결코 적지 않은 수의 집단임에도 대학원생 전체를 대표하는 단체를 자신있게 콕 집어 말할 수 없는 현실의 배경에는 연구자의 경력과 경력 사이에 존재하는 물리적이고 사회경제적인 이동이 있다.[10] 전국공공연구노동조합의 자료에 따르면 2014년을 기준으로 국가과학기술연구회 소속 25개 정부출연연구소의 학연생은 모두 3200명 안팎의 규모다.[11] 이는 대학원생의 총수에 비하면 굉장히 적은 숫자지만 정부출연연구소의 연구 인력을 기준으로 한다면 대략 20%에 이르는 유의미한 규모이다.

[10] 미국 등의 국가에서는 대학원생 집단이 노동조합의 형태로 사회에 목소리를 내고 있다. 이들 또한 현재의 한국과 마찬가지로 이중적 지위의 경계에서 권리 보장을 위해 목소리를 내는 움직임에서 시작했으며, 지금은 상당한 대표성을 갖는 집단이 되었다. 한국에서는 2018년 들어 '전국 대학원생 노동조합'이 출범했다.

[11] 전국공공연구노동조합, 정부의 R&D 혁신 방안에 대한 공공연구노조의 과학기술정책 7대 요구안, 2015.6.4.

안심하고 떠돌기

과학자와 공학자는 경력으로 보나 직업으로 보나 어느 정도는 떠도는 삶을 살아간다. 스스로가 원한 노마드라는 뜻은 아니다. 다만 그런 삶을 살아갈 각오를 하고 있다. 그렇다 보니 일반적인 인식과는 다르게 이민정책에 큰 영향을 받기도 하고 국가의 입장에서는 이해하기 힘든 선택을 하기도 한다. 자의 반, 타의 반의 삶의 양식으로 인해 사회적 목소리를 내기 힘들 때가 많고, 특히 아직 자리를 잡지 못한 수련 단계—주로 대학원생 혹은 포닥—에 있는 이들은 아주 기초적인 권리와 책임도 보장받지 못할 때가 있다.

떠도는 몸은 그저 육체적, 경제적 고단함을 야기하는 데에서 멈추지 않는다. 떠도는 몸들의 집단은 상대적으로 사회에 목소리를 내기 힘들어지고, 자신들의 어려움을 충분히 설명하지 못하는 상황에 처하기도 한다. 평소에는 괜찮을 수 있다. 다들 조금씩 양보하면 어찌어찌 굴러가는 시스템을 만들 수 있다. 하지만 정말 심각한 문제가 생기면 상황은 180도 돌변한다. 아무도 양보하지 않는 순간 누구도 책임을 지지 않고, 모든 문제를 떠도는 몸 스스로가 책임져야 하는 상황이 된다.

연구자들이 필요로 하는 제도적 개입은 바로 이런 상황에서 '만약'을 대비해주는 정책적 장치들이다. 최선책은 책임을 떠넘기지 않도록 혹은 떠넘길 수 없도록 애초에 구조적으로 책임 소재를 명확히 하는 것이다. 그렇다면 문제가 생겨도 주어진 규칙을 지켜 책임을 분산하면 된다. 허나 피치 못할 사정으로 사전 대비책을 준비할 수 없다면, 문제가 터진 뒤에라도 대응을 도와줘야 한다. 만약에 대한 대비가 있다면 안심하고 나갈 수도, 다시 돌아올 수도 있다.

시작하며 말했지만, 개개인마다 사정이 다르다. 연구자도 평범한 시민이고, 각자 살고 싶은 삶의 방식이 다르다. 다만 직업적 특성으로 인해 어느 정도의 경향성을 보이게 된다. 다른 직업들도 그러하듯이 말이다. 떠돌이 정체성이 있고, 돌아오는 경우의 상당수는 개인 사정이 연관되어 있다는 이야기를 잠시 했지만, 이는 연구자들이 돌아오기를 싫어한다는 의미가 아니다. 경력 개발 측면에서 조사했을 때 그런 경향이 드러났다는 것이다. 이런 선택을 좋아한다 혹은 싫어한다는 방식으로 연구자 집단을 소개하고 싶기도 하지만 그럴 수 없는 것은, 이 짧은 이야기를 통해 연구자 집단의 삶을 무리하게 일반화해버리는 위험을 피하기 위해서다.

모두의 사정은 다르기에 '떠돌이 계약 노동자'라는 가상의 신분은 그 자체로 슬프고 서러운 것은 아니다. 학생과 노동자 사이에서 택일을 하지 못해서 슬픈 것도 아니고, 한국 연구자와 미국 연구자 사이에서 미국을 택하지 못해 안타까운 것도 아니다. 비정규직이라 불안하고 정규직이라 안심인 것도 항상 참은 아니다. 연구자들은 이 모든 이분법 사이 어딘가에서 움직인다. 개인의 선호일 수도 있지만 때로는 피치 못하게 그런 자리에 앉아 있고, 또 금세 다른 자리로 움직인다. 이들을 억지로 꺼낸 뒤 "하얀색이 좋아, 검정색이 좋아?"라고 묻는 순간 책임은 개인에게 돌아온다. 간혹 "곧 떠날 거잖아. 조금만 참아봐."라는 위로 아닌 위로를 건네는 사람들을 만난다. 핵심을 찔렀지만 방향이 틀렸다. 이 모든 이야기는 '곧 떠나기 때문에' 시작된다. 그리고 곧 떠난다고 해서 떠돌아 왔던, 떠돌고 있는, 앞으로 떠돌 가능성이 높은 이들의 문제를 그냥 놔두자는 것이 정답이 아니라는 것을 우리는 잘 알고 있다.

5장

연구지원정책

[illegible]

[illegible]

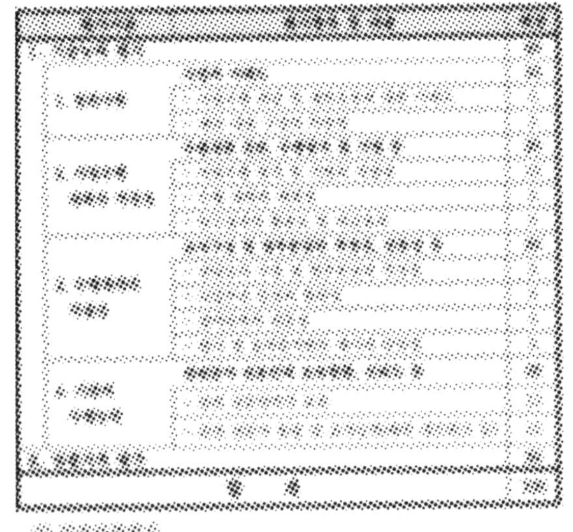

[illegible]

[illegible]

[illegible]

과학기술 지식은 도깨비방망이를 휘둘러서 한순간 뿅 하고 나오는 것도 아니고, 누군가 오다가 주웠다며 대가 없이 스윽 건네는 깜짝 선물도 아니다. 연구자 한사람 한사람이 시민이자 노동자로서 일에 대한 대가로 경제적 보상을 받고 동시에 자아실현을 해나가는 과정에서 나타나는 노력의 결과물이다. 이런 관점이 제도에 적극적으로 반영되려면 개인이 아닌 국가 정책이 과학기술자를 바라보는 시선에서 필요한 것이 무엇일지 생각해봐야 한다. 연구개발 예산이나 연구자의 고용 구조를 개편한다는 대답은 좋은 선택지가 될 수 있겠지만, 실천 방안 수준의 자세한 이야기는 세부 분야의 정책을 연구하고 실행하는 사람들이 시간과 노력을 들여 고민해야 할 문제다. 한 발 밖에 있는 입장에서는 이 실천 방안에 도달하기 위한 관점을 느슨하게 고찰해보는 것만으로도 장기적으로 현장의 연구자들과 정책 결정자들에게 큰 도움을 줄 수 있다.

고전적인 해석을 따르면, 과학기술계와 정부는 사회적 계약을 맺었다. 군주와 신하의 관계, 갑과 을의 관계가 아니라 서로가 서로에게 부족한 것을 보충해주는 상보적 관계를 전제하고 있다. 이 계약은 절대로 당연한 것이 아니다. 시대적 맥락과 여러 이해관계자의 노력이 만들어낸 당대의 최선이다. 계약관계가 제대로 성립한 것은 빨라야 2차대전을 전후한 1940~50년대의 일이다. 그전에는 과학기술이 반드시 국가와 관계를 맺을 필요 없었다. 더 이전에는 일부 재능 있는 이들이 귀족 가문이나 재력가로부터 후원을 받아 그들의 명예를 드높이는 명분으로 연구를 했고, 돈 많은 귀족들의 취미이기도 했다.

계약이 성립된 순간부터 과학기술정책은 당사자들 나름의 시선에서 해석될 여지가 생긴다. 각자의 필요를 어떻게 상대로부터 제공받을지 따져보는 것이다. 국가는 과학이 국가(정책)를 위해 무엇을 해줄 수 있는지 조금 더 생각하게 되고, 연구자는 국가(정책)가 과학을 위해 무엇을 해줄 수 있는지 관심을 가지게 된다. 잘 풀린다면 좋겠지만 대개의 경우 이 계약은 삐걱댄다. 서로가 부족한 점을 알기에 맺은 계약이지만, 그렇기 때문에 서로가 얼마나 제대로 계약을 이행하는지 검사하기 힘들다는 맹점이 존재한다.

여러 가지 어른들의 사정으로 인해 국가와 과학기술계 모두 계약이 삐걱대는 지점을 드러내기 싫어하는 경우가 많다. 업계인들은 모두 체험하고 있지만 겉으로는 잘 드러나지 않는 비밀 아닌 비밀이 만들어진다. 무언가 감추어져 있으면 살펴보고 싶어지는 것이 인지상정이다. 국가가 과학기술정책의 이름으로 연구를 지원하는 방법을 들여다보면 삐걱이는 부분을 슬쩍 엿볼 수 있다.

이상적 모델, 혹은 현실의 묘사

"과학입국 기술자립". 박정희 전 대통령이 1976년 과학기술처에 보냈다고 하여 지금까지 회자되는 이 휘호의 문구는 당대의 정치적, 경제적 시대상까지 반영해 한국 과학기술계의 역사를 보여주는 거울이 되었다. 리니어 모델을 이해하기 위해서는 제2차 세계대전의 끝 무렵 국가와 과학계가 어떤 문제에 봉착했는지 살펴보아야 하듯이, "과학입국 기술자립"이라는 여덟 글자는 당시의 시대상과 함께 읽어내야 한다. 먼저, 이 선전 문구를 '과학 : 입국 = 기술 : 자립'이라는 비례식으로 분해해보자. 과학과 기술의 성격을 분리하려는 시도와 더불어 입국에서 자립으로 가는 국가의 발전 서사를 과학과 기술 사이의 관계에 병치한다. 해석에 이견이 없을 만큼 선명하게 리니어 모델을 선언한 문구이다.

종전 이후 냉전을 거치며 정치경제적 상황이 변화를 맞이했고, 리니어 모델도 다방면에서 공격을 받았다. 기초과학으로부터 현실에서의 응용에 이르는 길은 일직선이 아니라는 수많은 논증과 현실에 도움이 되지 않을 수도 있음을 지적하는 논쟁을 거쳤다. 이후의 논의들은 정부와 학계, 그리고 산업계가 함께 나아갈 이상적인 방안을 모색하는 방향으로 발전해왔다.

리니어 모델이 이전만큼 유효하지 않다는 인식이 확산하는 과정에서 정부는 무엇을 지원해야 하는지 갈피를 잡아야 했다. 어찌 보면 리니어 모델은 과학기술계에만 도움을 준 것은 아니었다. 정부 입장에서도 굳이 전략적으로 무엇을 어떻게 지원해야 할지 복잡하게 따져보지 않고 '묻지마 투자'를 할 수 있는 명분으로 삼기에 좋았다. 허나 양쪽 모두에게 편리했던 시절은 지나갔고, 국가도 과학기술계도 새로운 방향성과 지원체계를 필요로 했다.

앞서 기초과학을 다루며 잠시 언급했던 '혁신'(innovation)은 아주 뚜렷하지는 않지만 어느 정도 형태를 갖춘 대답을 제공했다. 혁신이라는 아이디어의 대유행은 특정 국가만이 아닌 전 세계적인 붐을 만들어냈다. 단어가 해석되는 맥락은 국가별로 조금씩 달랐다. 가령 1990년대 이후 한국의 과학기술정책이 추구하고자 했던—아직도 추구하는 듯 보이는—혁신은 이른바 '탈추격'이라는 국가 개발 담론과 맞물려 일종의 도덕적 지향점이 되어버린 듯하다. 지금까지 선진국을 신속하게 추격하면서 이루어 왔던 국가 발전이 한계에 도달했으니 앞으로는 다른 어떤 국가보다도 선두에 서서 세계를 선도하는 분야를 창출해야 한다는 '탈추격'의 기치는 끊임없는 변화를 추구하며 남들과 달라야 한다는 혁신과 잘 맞아떨어지는 듯 보였다. 혁신을 목표로 하지 않는 연구라면, 혹은 얼마나 혁신적인지를 충분히 피력하지 못하는 연구라면 국가의 입장에서는 굳이 지원해줄 이유가 없다고 판단하게 되는 것은 꽤나 자연스러운 논리적 귀결이다.

20세기 초부터 1980년대 후반까지의 혁신이라는 아이디어가 어떻게 발생-확산-죽음의 과정을 거치는지 역사적 관점에서 연구한 브누아 고딘(Benoît Godin)은 혁신이 지금과 같은 지적, 사회적 힘을 가지게 된 대표적인 요인으로 모델화를 제시했다.[01] 혁신의 모델들은 현실을 필요한 만큼 단순화하고, 다양한 상황에 맞추어 가상으로 조립 및 재조립해 볼 수 있으며, 비교나 상호 적용 등이 간편하기에 많은 사람들에게 회자되고 다양해질 수 있었다. 고딘은 혁신의 모델을 시간순으로 '과정 모델'(Process Model)과 '시스템 모델'(System Model)로 나눈다. 과정 모델의 대표적 예시가 바로 리니어 모델이다. 국가가 추구하고자 하는 이상적인 과학기술 연구를 혁신 모델에 기반해 해석하고 이를 바탕으로 연구지원 방책을 수립하는 것은 지금까지 많은 국가들이 해왔던 과학기술정책의 대표적인 모델인 셈이다.

다른 한편에서는 이상향을 설정하고 이를 향해 나아갈 길을 제시하는 모델이 아닌, 과학기술 연구를 좀 더 현실적인 방법으로 재정의하려는 관점 또한 발전했다. 이 과정에서는 '과학'과 '기술'이 일방향적이고 이분법적인 진보 서사를 벗어나 좀 더 대등한 관계에서 서술될 기회를 얻었다. STS[02] 학자 브뤼노 라투르(Bruno Latour)는 테크노사이언스(technoscience)라는 개념을 적극적으로 사용하여 현대사회에서 과학과 기술이 얽혀 있는 모습을 설명하고자 했다. 테크노-사이언스라고 띄어 읽어보면 아주 익숙한 두 단어와 마주한다. 바로 과학(science)과 기술(technology)이다. 한국에서 흔히 '과학기술'이라고 부르는 개념과 테크노사이언스는 조금 다르다. '과학기술정책'이라는 용어에서 말하는 과학기술 또한 한국에서 통용되는 '과학기술'보다는 '테크노사이언스'

[01] Benoît Godin, *Models of Innovation: The History of an Idea*, The MIT Press, 2017.

[02] Science and Technology Studies의 약칭. 과학기술학으로 번역된다.

라는 개념을 통해 접근할 때 현실에 가까운 과학과 공학을 만날 수 있다.

과학기술이 과학과 기술의 덧셈에 가까운 일종의 혼합물이라면, 테크노사이언스는 혼합보다는 화합에 가까운 일련의 메커니즘을 함축하는 개념이다. 테크노사이언스는 정형화된 과학의 이미지, 즉 실험실 가운을 입은 연구자가 비가 오나 눈이 오나 연구실에 앉아 실험과 분석을 통해서 지식을 생산한다는 통념을 반박한다. “과학적 방법론에 대해 지식적으로 엄밀하게 접근하는 것”은 연구에 있어 필수적이지만, 현대사회에서 과학은 그것만으로는 절대로 지속가능하지 않다. 그리고 연구자는 연구실에만 앉아 있는 존재는 아니다.

테크노사이언스는 과학지식 생산 과정을 정치적, 경제적, 사회적 요소들이 만드는 하나의 거대한 순환고리로 이해한다. 돈, 노동력, 실험기구, 실험대상, 논쟁, 국가 규제 등이 복잡하게 얽힌 영향 관계 속에서 과학지식이 생산된다. 간단히 말해 오늘날 과학은 테크노사이언스다! 과학과 기술의 관계를 분리해서 생각할 수도 없고, 국가와 과학, 연구실과 시장, 연구자와 시민의 관계도 마찬가지다. 지금부터 우리는 한국에 위치한 가상의 모 대학 실험실을 운영하는 A 교수의 일상을 좇아보려 한다. 라투르는 실제로 자신의 저서 『Science in Action』에서 가상의 연구자가 연구를 진행하는 방식을 서술하며 테크노사이언스의 개념을 일상 수준에서 설명했다. 해당 서술을 한국 버전으로 각색했으니 한번 읽어보자.

정신이 없다. 연구실 학생의 실험 결과를 보고받는 미팅이 오전부터 있었다. 미팅 직전까지도 타 지역의 동료 연구자들로부터 몇 차례 전화를 연달아 받았다. 최신 정보를 업데이트 받으며 이메일을 고치고 연구팀에게 회람했다. 동료 연구자를 만나러 가기 위해 아슬아슬하게 기차를 탔고, 도착 이후에도 계속 다른 프로젝트 문제로 전화를 해야 했다. 동료와 만나서는 함께 진행하는 프로젝트에서 나온 특허에 대해 이야기했고, 투자자가 중간에 합류해 어떤 방식으로 일을 진행할 수 있을지 자문을 받았다. 그 와중에 잠시 보건복지부와 미팅을 가졌다. 기획 중인 R&D 계획과 관련된 제도적 문제를 검토하고 관심이 있을 법한 다른 학자들의 리스트를 넘겼다. 미팅 후에는 연구장비업체 관계자와 만났는데, 이 사람은 자기 회사의 장비가 연구에 얼마나 도움이 되는지 밥을 먹으며 열변을 토했다. 사진이나 실험 결과만 보면 괜찮아 보였다. 다음 날에는 언론 인터뷰가 있었다. 기자에게 앞으로의 미래를 대비해야 한다고 발언했고, 점심에는 동료 과학자들과 함께 협회, 위원회 등 앞으로 있을 사회적 논의에 대비한 조직 구성에 대해 토의했다. 점심 직후에는 과학자 단체의 토론회에 참여해 패널로서 학자들이 사회적으로 목소리를 더 내야 할 필요성에 대해 발언했다. 연구실로 돌아오는 기차에서는 모 저널로부터 특별호의 원고 청탁을 받았다. 원고를 어떻게 쓸지 생각하면서 학교에 도착하여 수업에 들어갔다.

학생들에게는 새로운 분야에 도전하고 연구하는 것이 개인적으로나 학술적으로 얼마나 중요한지에 대해 열변을 토했다. 시험에 나올 것 같지 않으니 자는 학생들도 보였지만 연구에 관심 있는 듯한 학생들도 몇몇 보였다. 연구실에 돌아와서는 최근에 연구실에 자리를 잡은 포닥과 처음으로 일대일로 만나 대화를 나누었다.[03]

상상 속의 교수이니만큼 조금 과하다 싶은 느낌이 날 정도로 압축해서 바쁘게 만들어봤지만, 소위 잘나가는 연구자라면 실제로 이보다도 더 바쁜 나날을 보낼지도 모른다. 라투르는 이런 모습이 과학이 실시간으로 만들어지는 현장의 모습이라 말한다. 예시 속 교수의 일상에서 일반적으로 상상하기 쉬운 과학자의 모습을 찾기 힘든 것은 A 교수가 게으르고 남에게 연구를 떠맡기는 나쁜 교수라서가 아니라, 우리가 그간 상식처럼 알고 있던 과학자의 모습이 현실과 동떨어지기 때문이다.

그래서 A 교수가 하는 활동은 과학이 아닌가라는 질문을 받는다면, 맞다 혹은 아니다의 양자택일식 답을 내리기도 어렵다. 일반적인 인식을 수긍하여 '아니다'라고 답변해도 A 교수의 과학 활동을 변호할 거리는 더 있다. 가령 연

[03] Bruno Latour, *Science in Action*, Harvard University Press, 1987. 153~154에서 본래 버전(미국 캘리포니아의 가상의 연구실 이야기)을 볼 수 있다.

구실은 A 교수가 없이 연구를 지속할 수 있을까? 아마 아닐 것이다. 앞서 서술된 일련의 '비과학' 활동들이 없다면 연구실은 곧 작동을 멈출 테고 연구를 지속할 수 없는 처지가 될 가능성이 높다. 연구 기획을 위해 사람을 만나고, 자금의 흐름을 기획하는 일은 연구의 지속성과 진행에 기여한다. 그는 직접 실험에 참여하지는 않지만, 지식 생산 활동으로서의 연구 진행 상황은 담당 학생이나 포닥으로부터 정기적인 보고를 받으며 방향성에 대한 조언을 하고 있을 가능성이 높다.

혁신 모델이든, 테크노사이언스이든 연구자 입장에서는 너무나 당연한 사실을 거창하게 이야기해야 한다고 느낄 수 있다. 그렇게 느낀다면 정말 다행이다. 첫째로, 적어도 관찰과 통찰의 산물로서 혁신 모델이나 테크노사이언스가 현실과 크게 어긋나지는 않았다는 것이고, 둘째는 모든 사람이 연구자가 되지 않아도 현대과학의 이상과 현재를 간접적으로나마 체험할 수 있는 가능성을 인정받았기 때문이다.

테크노사이언스를 적극적으로 활용한 라투르는 단순한 이분법을 좋아하지 않았다. 그에게 있어 과학이라는 지식 활동과 이를 운영하기 위한 각종 사회 활동은 하나의 집합체였다. 즉 그가 테크노사이언스라는 개념을 활용한 것은, 과학을 하기 위해서는 과학만 하는 것이 아니라 과학을 둘러싼 사회구조의 복잡한 메커니즘을 알아야 한다고 지적한 것일 수도 있지만, 동시에 이 모든 행위가 테크노사이언스라는 하나의 큰 과정으로 이해되어야 한다는 제언이다. 이를 따르자면 사실 대부분의 연구자는 테크노사이언스를 하고 있는 상태이고, 과학기술(science and technology)이라는 표현은 모든 과정이 지나간 이후 결과를 서술할 때에서야 조심스럽게 사용해볼 수 있다. 마찬가지 맥락에서, 국가가 연구지원정책을 말할 때 과학기술의 실천 방안과 테크노사이언스의 실천 방안은 필요한 시기와 맥락이 다를 수 있다.

마치 엄청나게 '핫한' 최신 연구 트렌드를 설명한 듯 되어버렸지만, 테크노사이언스는 등장한 지 오래된 개념이다. 라투르가 『Science in Action』을 출판한 1987년을 그 시작 언저리라고 해도 벌써 30년이 되었다.[04] 흔히 세상이 하루가 다르게 변한다고 하는데, 테크노사이언스로서의 과학과 공학도 지금의 현실과는 또 한 발짝 이상 멀어져버렸을지도 모른다. 일례로 라투르는 "테크노사이언스는 군사적 문제다."(Technoscience is a military affair.)라고 묘사한 바 있다. 이른바 군산복합체라고 불리는 정치경제적 맥락은 여전히 중요하게 작동하고 있지만 냉전시대와 현재의 작동 방식을 단순하게 동일시할 수 있는지는 의문이다.[05] 한편으로는 '계산

[04] 테크노사이언스 개념이 여기저기서 널리 쓰이기 시작한 데에는 라투르의 저작이 큰 역할을 했지만, 개념 자체가 쓰이기 시작한 것은 더 이전으로, 80년대 초반부터 사용되었다고 알려져 있다.

[05] 군산복합체는 국방 및 안보라는 가치가 절대적 명분으로 작용하여 숱한 공격논리를 방어하고 국가의 돈을 끌어오는 역할을 하는 정치경제적 구조를 의미한다. 그리고 이 예산이 다시 산업계나 학계 등 관련 분야로 흘러들어가 이해관계가 얽히게 된다. 산업계와 학계 등이 군과 이해관계를 공유하면서 관련 연구에 협력하는 계기를 마련한다.

센터'(Centres of calculation)라는 표현을 통해 어떻게 연구자들이 세상으로부터 온갖 필요한 정보와 자원을 얻어 연구실로 끌어들여 결국 과학으로 만들어내는지를 말하기도 했다.[06] 이는 현재의 연구소, 대학 연구실이 하는 일을 설명하는 데에도 충분히 활용될 수 있다.

미국의 고도화된 군산복합체라는 맥락을 한국에 똑같이 적용하기는 어렵겠지만, 혁신 모델이건 테크노사이언스이건, 두 접근 방식이 공히 지적하는 것은 우리가 말하는 '과학기술'이 주로 결과물에 집중되어 있다는 점이다. 미디어에서 종종 접하는 "예산 ○○원을 투자한 연구 결과, ○○으로 밝혀져"라는 기사가 그런 예다. 이는 과학기술의 결과물을 어떻게 활용할 것인가에 초점을 맞추는 서술이다. 연구의 결과물만을 독립적으로 평가대에 올려놓는다면 당연하게도 가장 접근하기 용이한 리니어 모델—○○연구의 결

가령 영화 〈아이언맨〉의 주인공 토니 스타크가 1편(2008)에서 동굴에 잡혀 있다가 탈출하며 깨달음(?)을 얻기 전에 하던 일이 바로 이 군산복합체를 유지하고 이로부터 돈을 버는 일이었다고 볼 수 있다.

[06] 라투르는 다양한 저술을 통해 과학이 연구실을 중심으로 삼아 세상을 해석하고 지식을 생산하는 체계를 설명했다. 대표적으로 1983년 『Science Observed: Perspectives on the Social Study of Science』라는 책의 한 챕터로 'Give Me a Laboratory and I Will Raise the World'(내게 연구실을 달라, 그러면 세상을 들어올려 보이겠다)라는 글을 썼다. 이후, 아주 최근까지도 계속해서 많은 학자들이 다양한 "Give me ○○ and I will ××." 시리즈를 써내는 등 과학의 작동 방식을 이해하려는 학술적 노력에 지대한 영향을 미치고 있다.

과물은 향후 ○○만큼의 경제적 효과를 산업계에 가져다줄 것으로 예상된다—에 투사되기 마련이다. 거듭 말하지만, 리니어 모델은 전시에서 평시로 전환되던 시절의 맥락에서 개발된 논리이며, 여전히 유효하다고 인정되기도 하지만, 한국을 포함한 세계 각국은 그 그늘에서 벗어나기 위해 노력하고 있다.

물론 과학기술을 지원하는 것이 결과적으로 경제발전으로 이어진다면 국가 입장에서는 반길 일이고 다방면에의 전폭적인 지원을 약속하는 것이 당연한 수순이겠지만, 상당수의 연구들은 이런 아름다운 현실을 보장받을 수 없다. 그렇다면 이 연구를 대체 왜 하는가라고 물었을 때, 테크노사이언스는 연구가 이루어지는 메커니즘 전반을 평가 대상에 올릴 필요가 있다는 현실을 상기시킨다. 그리고 결과물을 가지고 무엇을 할 수 있는지와 더불어 과학을 한다(Doing Science)는 것이 지극히 사회적인 과정임을 부각한다. 경제성의 중요함을 부정하는 것이 아니다. 오히려 그 어떤 관점보다도 돈, 즉 자본의 흐름이 과학 연구에 어떤 영향을 주는지에 가장 민감하게 반응하는 것이 테크노사이언스적 접근이고, 혁신 또한 마찬가지다.

연구자가 마주하는 일상—각종 문서 작업

아주 거대한 관점 이야기를 했으니 이번에는 아주 미시적인 영역으로 내려와서 지극히 일상적이고 경험적인 이야기를 약간의 각색을 곁들여 살짝 맛보도록 하자. 전형적인 이미지 떠올리기를 다시 해본다. 연구자 하면 떠오르는 이미지에는 보안경을 끼고 실험실 가운을 입은 채 실험에 열중하는 모습, 복잡한 수치 자료를 들여다보면서 프로그램을 돌리는 모습 등이 있다. 이제 우리는 이것이 전부가 아니란 것을 안다. 연구자들은 우리의 상상 이상으로 많은 시간을 각종 문서를 작성하면서 보낸다. 문서의 범주에서 논문을 제외하더라도 여전히 그 비중은 상당하다. 새로운 과학지식의 발견이나 기술 개발과는 직접적으로 관련이 없어 보이는 온갖 종류의 문서를 생산해내는 일은 관점에 따라서는 좋은 논문을 쓰는 것만큼이나 중요하다.

연구 결과를 찾아보는 입장이라면 정부 지원을 받은 연구와 관련된 보고서를 먼저 떠올리기 마련이다. 보고서에는 많은 자료가 담겨 있지만 연구자가 연구를 위해 써내는 문서는 보고서 하나만이 아니다. 연구가 끝났다면 누군가는 분명 시작을 했을 것이고, 보고서가 있다면 누군가는 출발선에서도 문서를 썼을 것이다. 국가에서 지원하는 연구들이 어떻게 시작하는지, 왜 시작되는지를 알고 싶다면 결승선보다는 출발선을 꼼꼼히 살펴봐야 한다. 주변에 대학원생이 있다면 "요즘 플젝하고 있어."라는 말을 이따금 들을 수 있을 텐데, 플젝의 출발선에는 '제안서'가 있다.

1년 중 정확하게 시기를 특정할 수는 없지만 연구자 생활을 하다 보면 수없이 쓰게 되는 문서가 바로 연구 제안서다. 이 문서는 논문만큼이나 연구자에게 중요하고, 그에 비례해 쓰기 어렵다. 보고서는 간혹 언론에서 인용하는 일이 생기기도 하지만 현업 대학원생과 연구자가 아닌 이상 대부분의 사람들에게 연구 과제 제안서는 평생 동안 볼 일이 없는 문서일 가능성이 높다. 그래서 그런지 보고서에 비해 제안서의 양식은 굉장히 자세하고 제한적이며 노골적이다. 양식마다 차이가 있지만 대개 다음과 같은 항목을 채워 넣어야 한다.

- **기본 정보**
  번호, 보안, 공개 여부, 사업명, 과제명, 수행기관, 책임자 정보, 기간, 비용 등

- **연구 개요**
  연구의 필요성, 연구 목표 및 내용(최종 목표, 목표의 성격, 연차별 목표 및 내용), 연구 방법, 연구 추진 전략 및 체계, 기대 성과

- **운영 계획**
  인력 구성(책임자 및 참여 연구원의 인적사항, 학력, 경력, 주요 실적 등), 전문가 초청 활용 및 연구원의 해외 훈련 내용, 주요 연구 기자재 및 시설, 추진 계획, 연구비 소요 명세서(인건비, 재료비, 전산관리비, 제작비, 연구활동비, 수당, 간접비 등)

제안서는 논문과는 다르다. 굉장히 목적지향적이고 세부, 세세부까지도 위계적으로 나뉘어 있으며, 그렇기에 대부분 서술형을 용납하지 않는다. 구체적인 질문들에 대해 비교적

짧고 굵은 대답을 요구하는 경우가 많다. 연구자들은 양식을 채워 넣으면서 1) 어떻게 작성해야 읽는 이가 연구의 큰 그림을 유추해낼 수 있는지를 고려하는 동시에 2) 아직 계획만 있는, 어디로 튈지 확신할 수 없는 연구의 불확실함을 최대한 반영할 수 있는지 끊임없이 스스로에게 질문하게 된다. 사정이 이러하다 보니 엄밀히 말하자면 제안서는 하나의 글이 되지 못한다. 물론 보고서도 완전한 글이라고 하기는 힘들지만, 제안서는 보고서보다도 더욱 주장을 담기 힘든 양식이다. 연구 개요에 해당하는 몇 가지 항목을 위한 제한된 공간을 제외하면 대부분 주어진 표를 채우는 형태로 작성되어야 하고, 비교적 자유로운 개요 항목 또한 암묵적으로 개조식으로 작성할 것을 요구받는다.[07]

특히 개별 연구실이 아니라 컨소시엄 단위로 제안서를 작성하게 될 경우 취합 후 조정하는 과정을 거쳐야 하기에 사정은 더욱 복잡해진다.[08] 기한이 임박해서야 작업 능률이 올라가는 것은 대학 과제만이 아니다. 제안서 작성도 전형적인 지수함수형 능률 곡선을 따라가기에 결국 여러 항목을 한정된 인원이 급하게 밤을 새우며 작성하는 일이 일어난다. 양식의 특성상 독립 항목들을 병렬적으로 취합하는

[07] 글머리 기호로 시작되어 '~함'으로 끝나는 짧은 문장들의 나열. 각종 정부 문건이나 보도자료 등에서 흔히 볼 수 있는 양식이다.

[08] 규모가 큰 과제의 경우 여러 연구실, 산업체, 연구소 등이 컨소시엄이라는 형태의 연합체를 구성해 지원하게 된다.

형태로 일을 하는 경우가 많아 여러 집단이 모여 짧은 시간 안에 일을 하는 것이 기술적으로 가능은 하지만, 오히려 그렇기 때문에 굉장히 이상한 물건이 나오는 불상사가 발생하는 경우도 잦다.

양식이 허락하는 영역 안에서 전공 지식을 동원해 연구의 당위성과 실현 가능성을 설명해내는 작업은 해당 분야의 전문 연구자만이 할 수 있는 일임이 분명하지만, 빈 칸을 일일이 채워넣는 문서 작업이라는 점에서는 대부분의 회사원이 겪는 일상과 비슷하다. 채워 넣는 내용, 사용하는 지식이 조금 특수할 뿐, 과학자나 공학자라고 해서 아주 특별히 다른 형태로 일을 진행하는 건 아니다.

그렇다면 어찌 되었든 이렇게 제안서를 열심히 아무 때나 써서 내면 즉결 심사를 통해 연구비를 지원해주는 것일까? 당연히 그렇지 않다. 무작정 연구 제안서를 써서 돈 많은 개인이나 단체를 붙잡고 연구비를 후원받는 계약을 시도하는 과학자가 세상 어디엔가 있을 법하지만, 한국 정부의 연구지원정책이 연구자들에게 요구하는 제안서는 '연구자 상시 모집 ○○명' 같은 형태는 아니다. 정부에 제출하는 제안서는 아주 제한된 조건, 지정된 기간하에서만 유효한 문서다. 정부는 최대한 통제 가능한 조건에서 다양한 후보군을 살펴본 후 몇몇의 우수한 연구팀에게 지원을 하는 시스템을 구축했다.

이 시스템은 요즘 한국 대학생들이 다들 한 번쯤은 해본다는 공모전과 아주 비슷한 방식으로 진행된다. 공모전에 제출하는 각종 콘텐츠를 연구 제안서라고 한다면, 정부는 좋은 제안서를 받기 위해 공모전의 콘셉트를 잡고 공모 기간, 평가 기준, 상금 등의 세부 규칙을 정해 공지하는 주최의 역할을 맡는다. 바로 이 공지가 연구과제 제안 요청서, 줄여서 RFP(Request for Proposal)[09]라 불리는 문서다. RFP는 정부가 자금을 지원하는 입장에서 어떤 연구를 원하는지, 어떤 조건의 연구자들이 지원했으면 좋겠는지, 연구 기간과 연구비 지원 규모는 어느 정도인지를 서술하는 문서로, 연구자들에게 '관련된 연구 아이디어가 있으면 한번 지원해보라'는 메시지를 던진다.

제안서는 단어를 통해 어떤 문서인지 상상이라도 해볼 수 있지만, RFP라는 것은 대체 어떤 문서인지 이름만으로는 짐작조차 하기 힘들다. 이럴 때는 어떤 주제라도 좋으니 실제로 일이 진행되는 과정에서 생산된 문서를 읽어보면 모든 것을 이해할 수는 없어도 구조를 짐작해볼 수는 있다. 보건복지부가 2015년 2월에 발표했던 '응급의료 모니터링 시스템 구축을 위한 연구 사업 입찰 공고'를 훑어보고 적당히 상상의 나래를 펼쳐보자.[10] 필자들도 그리고 지금 이 글을 읽고 있는 여러분도 (아마도) 이 영역의 전문가는 아닐 테니

[09] 과정남, 쉽게 푸는 과학자를 위한 연구제안요청서(RFP), 슬로우뉴스, 2015.(http://slownews.kr/42730)

[10] 보건복지부, 응급의료 모니터링 시스템 구축을 위한 연구 사업 입찰 공고, 2015. 이 사업을 언급하는 데에는 어떠한 특별한 이유도 없다. RFP의 실제 예시를 제시하기 위해 구글링을 통해 무작위로 선정했을 뿐이다. 관련 문서는 보건복지부 홈페이지의 입찰 안내

구체적인 내용을 이해하려 애쓸 필요는 없다. RFP라는 문서가 어떤 양식인지, 어떤 종류의 정보와 주장을 담고 있는지 감만 잡으면 된다. 한 가지 팁은, 이 문서를 형식적인 것이라 무시하지 말고 아주 중요한 계약을 위한 '계약서 초안'이라고 가정해보는 것이다.

계약서라는 관점으로 해석하면 RFP는 과하다 싶을 만큼 친절하다. 별첨 양식을 빼고도 12쪽 분량의 요청사항 및 법적 안내사항들이 문서를 채우고 있다. 요약해보면, RFP는 '응급의료 모니터링 시스템 구축을 위한 연구 아이디어를 가져오세요'라는 메시지를 전달함과 동시에 '정부가 원하는 종류의 응급의료 모니터링 시스템은 이러이러한 것이다'라는 일종의 가이드라인을 암묵적으로 제공하고 있다. 연구자에게는 계약서의 항목이 자세한 것이 항상 좋은 것만은 아니다. 연구란 본질적으로 무엇인지 모르기 때문에 탐구해보겠다는 행동이고, 그렇기에 어느 방향으로 진행될지 아무도 장담할 수 없다. 자세한 가이드라인은 연구자와 연구를 보호하는 장치가 되어주기도 하지만 경우에 따라서는 연구의 진행을 가로막을 수도 있다.

RFP는 공개 입찰과 경쟁적 평가를 통한 계약이라는 규칙을 제시한다. 그렇기에 계약 대상으로 누가, 어떤 연구가 적합한지에 대한 평가 항목을 구체적으로 명시한다. 우

게시판에서 누구나 볼 수 있다. 실제로 문서를 다운받아 읽어본 뒤 책의 본문을 읽는 것을 추천한다.

리가 지금 읽고 있는 RFP의 경우, 총 평가점수 합계 100점 중 기술능력 평가에 80점, 입찰가격 평가에 20점이 부여되어 있다. 세부 항목은 다음과 같다.

- 기술능력 – 일반 사항 - 사업의 이해도(10)
- 기술능력 – 사업 수행 계획의 적정성 – 수행 계획 전반, 수행 방식 및 기법 등(20)
- 기술능력 – 수행 체계의 적절성 – 조직 구성 및 업무 분담의 적정성, 전문성 등(20)
- 기술능력 – 기관의 수행 능력 - 관련 분야 전문 인력 보유 현황, 신뢰도 등(30)
- 입찰가격 평가(20)

입찰가격 또한 평가 대상이라는 점을 주목해야 한다. '얼마까지 알아보고 왔는지'를 직접적으로 물어보는 것인데, 이런 면에 있어서는 공모전보다는 중공업계나 건설업계의 수주 경쟁과 비슷하다. 구조가 유사하니 장단점이나 부작용 또한 비슷하다. 직접적으로 얻는 바가 없더라도 프로젝트를 수행했다는 경력 자체를 위해서 '적자 수주'를 감행하는 일이 실제로 벌어질 수 있다는 뜻이다. 다만, 현실적으로는 연구를 위해 필요한 최소한의 예산이 존재하고, 연구 결과 평가에 따라 페널티도 부여될 수 있기 때문에 상식적인 선에서 가격을 조금이나마 낮추어보는 경쟁이 된다.[11]

한편, 더욱더 잔인하고 웃픈 현실을 이야기해보자면 때에 따라서는 한발 앞선 문서도 존재한다. 공모전 기획서쯤 되는 문서가 존재한다는 뜻이다. RFP 요청서라고 비공식적으로 불리는 이 (환상 속의) 문서는 우리말로 번역하면 '연구과제 제안 요청서 요청서'라는 기괴하고도 긴 이름을 뽐낸다. 연구를 하는 입장에서 대략 어떤 연구를 할 수 있고, 하고 싶고, 국가에도 도움이 될 여지가 있으니 관련된 공모를 열어 달라고 요청하는 내용을 담고 있다.

여기까지 오면 머릿속에 물음표가 떠오르는 분들이 많을 것 같다. 이럴 거면 공모전은 도대체 왜 하나 싶기 때문이다. 지금까지 주욱 거꾸로 추적해온 문서 더미가 바로 정부와 과학기술계의 암묵적인 합의점이다. 관료 조직과 연구계 사이의 현실적인 절충점이라고 할 수도 있을 것 같다. 나아갈 목표를 확실히 정하고 이를 실제로 수행하기 위한 엄밀한 계획을 세운 뒤 계획에 맞추어 진행이 잘되는지 감시해야 하는 관료 조직과, 아직 모르는 영역 중 나아가고 싶은 방향을 정하고 실제로 가보기 위해 이런 저런 시도를 하는 중 높은 확률로 발생하는 예기치 못한 상황에서 유연하게

[11] 지극히 상식적인 선에서 그렇다는 뜻이다. 적자 수주를 감행하겠다는 전략적 선택을 취하는 제안서의 제출 자체를 막을 수는 없다. 제출이 되면 주어진 기준에 따라 평가를 받을 뿐이다.

대처하는 것이 생명인 연구계는 서로 융납하기 힘든 영역이 존재한다. 헌데 과학기술정책은 이 둘이 사이좋게 손을 잡고 있기를 바라고 있기에 서로 어느 정도 눈감아줄 필요가 있었던 것이다.

몇 가지 중간 절차들을 만들고 이에 해당하는 문서들을 기록으로 남김으로써 서로에게 적당한 핑계거리를 줄 수 있게 되었다. 관료조직은 최소한 돈이 쓰이는 과정과 연구에 대한 기록을 얻게 되었고, 연구는 투자에 대한 결과를 어느 정도는 증명하며 불확실함을 감수해야 하는 명분을 확보하게 되었다. 물론 여기에는 양쪽 모두 알지만 굳이 말하지 않는 현실이 있다. 이상적으로는 RFP를 보고 연구 아이디어를 짜내 지원하고 합격한 뒤 연구하고 보고서를 써내야 하지만 때로는 어느 정도 (혹은 상당히) 진행된 연구를 적당히 RFP에 맞게 각색하여 제출하고 합격한 뒤, 지원받은 금액으로는 다른 연구를 하고(…), 이미 완성된 연구로 보고서를 써서 마무리하기도 한다. 그 다른 연구가 잘 진행된다면 다시 또 각색되어 또 다른 RFP를 위해 사용될 것이다.[12] 이 절충점은 분명 어딘가에 존재한다. 분야마다, 국가마다 위치가 조금 다르고, 그에 따라 정부와 연구자의 입장에도 차이

[12] 이는 한국만의 문제가 아니다. 해외에서도 연구비를 지원받는 과정에서 연구자들이 같은 문제를 겪고 있다. 주로 영미권의 학계 현실을 묘사하고 때로는 풍자하는 PhD Comics에서도 〈The Grant Cycle〉이라는 이름으로 이 문제를 다룬 적이 있다. (http://phdcomics.com/comics/archive.php?comicid=1431)

가 생긴다. 제안서나 RFP는 얼핏 보면 그냥 읽기 귀찮고 쓰기는 더 귀찮은 양식 덩어리지만 절충점의 위치를 알려주는 좋은 지표가 된다.

제안서와 RFP는 연구지원정책의 '실체'다. 연구자들의 일과는 관련이 영 없어 보이는 문서 양식들이 사실 수많은 연구와 연구자들의 운명에 굉장히 큰 결정권을 가진다. 문서 더미를 앞에 두고 연구자는 이상과 현실 사이에서 마음 속 줄다리기를 시작한다. 무엇이 쓰여 있고 무엇이 쓰여 있지 않은지에 따라 연구자들의 행동과 생각에도 영향을 미치고, 결국 어떤 지식이 생산되고 어떤 기술이 살아남는지에도 영향을 주게 된다.

연구지원은 정치적이다

지원은 계약 관계를 인정하는 것, 그리고 그에 따르는 갈등의 존재를 인정하는 것에서 시작한다. 연구개발 예산이 매년 늘어난들 이를 통해 연구자가 하고자 하는 바와 국가가 원하는 방향이 합의를 이루지 못하면 백약이 무효하다. 물론 이 둘은 어지간해서는 정확히 합치할 수 없다. 그렇기에 '취한다'보다는 '지원한다'는 관점에서 서로를 바라볼 필요가 있다. 이를 인정할 때, 비로소 다양한 가치가 평가대에 올라올 수 있고, 이는 그 어떤 경제적 후의보다도 국가와 연구자 양쪽 모두에게 도움이 되는 지원이 된다.

연구지원정책이라는 이름에서 정말로 필요한 것은 정책을 함부로 비-정치화하지 않는 것이다. 혁신 모델이 꿈꾸듯이, 테크노사이언스가 현실을 잘 보여주듯이 현대사회에서 국가가 과학을 지원하는 과정에는 과학지식뿐만 아니라 각종 상품들이 함께 탄생하고, 돈이 흐르고, 그 흐름에서 새로운 연구자들이 훈련을 받고, 훗날 자신의 연구를 진행하는 독립 연구자가 될 기회를 얻기도 한다. 구체적으로는 연구 제안서도, RFP도 이런 현실을 모두 반영하고 있다.

한국사회에서 '정치적'이라는 단어가 정당 간의 정략적 다툼을 묘사하는 데 자주 쓰이다 보니 부정적인 의미로 고착되어버렸다. 물론 정쟁 중 발생하는 정치적 행위들이 모두 옳진 않지만, 정치적인 것을 모두 나쁜 것으로 치부해서는 안 된다. 정치적 해결의 과정에서 법을 어기거나 윤리적으로 문제가 되는 발언이나 행위를 했다면 그 사회적 타당성이 심판대에 올라야 한다. 이해관계자가 많은 문제에서 갈등이 나타나는 것은 자연스러운 이치다. 자신의 입장을 주장하는 것은 민주사회에서 정당한 정치적 행동이다. 어떤 연구를 어떻게, 얼마나 지원하는지 결정하는 체계는 아주 많은 돈과 다양한 이해관계가 얽히는 의사결정 시스템이고, 당연히 그 자체로 매우 정치적인 과정이다.

진짜 문제는 정치적인 문제를 비정치화할 때 벌어진다. 연구지원정책에서 정치의 존재를 지우는 순간, 대다수 사람들은—심지어 현장의 연구자들까지도—연구지원정책에 의견을 낼 명분을 잃어버린다. 정치적 문제가 비정치화되고 '객관성'이라는 개념이 오용될수록 실제로 그 정책의 끝단에서 일상적 차원의 영향을 받는 당사자들의 목소리는 배제된다. '무지'의 영역이, 수행되지 않은 과학이 만들어지는 과정이 다양한 방식으로 정치적임을 기억해야 한다.

온갖 혁신 모델들을 접함으로써, 테크노사이언스를 통해 현대사회의 과학이 만들어지는 장면들을 엿봄으로써, 연구자가 현실에서 어떤 문서들을 작성하는지 굳이 읽어봄으로써 우리는 비록 현업 연구자가 아닐지언정, 연구지원정책이 매우 정치적인 결단의 연속으로 만들어진다는 사실을 깨닫게 되었다. 그리고 이에 동의하는 순간 시민으로서 연구지원 체계에 대해 '정치적 입장'을 가지는 것 또한 정당하다는 점을 알게 된다.

6장

과학기술과 여성

'왜 여성과 과학기술인가?'라는 의문을 던지는 분들이 있을지도 모르겠다. 여성주의의 역사가 꽤 오래된 것만큼이나 여성과 과학자 그리고 과학기술에 대한 이야기 또한 이제는 어떤 사람들에게는 식상한 이야기일지 모른다. 실제로 한국 대다수의 학회들은 정기 학회 때 여성 과학자를 위한 세션을 따로 열고, '여성과학기술인단체총연합회'라는 단체가 별도로 있어 여성 과학자들을 위한 지원을 독자적으로 하기도 한다. 또, 각 학문 분과별로 아예 여성으로만 구성된 별개의 학회, 예를 들자면 한국여성수리과학회 같은 곳이 존재하기도 한다. 제도적인 장치뿐 아니라 우리의 언어 생활과 교육 또한 성평등을 지향하는 방향으로 점점 바뀌고 있고, 알게 모르게 성차별적이었던 우리의 인식과 지식체계 또한 점점 개선되어 가고 있다. 그러나 오래도록 군부 독재 국가였던 나라에 민주적 선거가 실시되고 절차적 민주주의가 정착되었다고 해서 민주화가 완성된 것이 아니듯, 이런 단체들이 존재하고 여러 측면에서 의식이 개선되고 있지만 여성 과학기술인들의 처지와 형편은 한국사회가 성취한 평균적인 성평등 수준을 넘어서지 못한다. 전통적으로 과학기술계는 '남초'의 영역으로 존재한 시간이 길다. 제도적 장치와 실질적인 연구 환경은 말할 것도 없고, 보편적 인식과 잠재의식에까지 상당한 변화가 나타나려면 여전히 갈 길이 먼 형편이다.

이 책의 모든 장이 그렇지만, 이번 장에서 다루는 내용은 박사 논문의 연구주제로 손색이 없을 만큼 방대하고 깊은 분야이다. 더해서 최근의 여성주의 담론은 여성의 인권

뿐 아니라 동성애자, 퀴어, 트랜스 젠더, 인종, 종교, 문화 등 다양한 영역을 포괄하는 담론으로 확장하고 있어 본격적인 연구가 필요하고, 실제로 수행되고 있다. 때문에 필자들은 과학기술계 내부의 여성 이슈를 대략적으로 스케치하여 독자들과 공유한다는 데 더 의미를 두고 이야기를 풀어보려 한다. 과학기술과 여성의 관계에 관심 있는 독자들에게는 이 글이 관련 이슈에 지속적으로 관심을 기울이게 하는 계기가 되기를 바란다.[01]

과학기술과 여성: 이미지의 재생산

현대 학문들의 지식체계가 대부분 그러했듯, 과학적 발견 혹은 과학의 지식체계 또한 주로 남성에 의해 이루어진 것으로 기록되어 왔다. 로버트 보일(Robert Boyle), 아이작 뉴턴(Isaac Newton) 같은 유명 인사들이 속해 있던 17세기 왕립학회를 굳이 들먹일 필요도 없다. 과학의 옛 이름은 '자연철학'이었다. 이는 신이 만들어낸 세계의 질서를 알아내는 고귀하고도 어려운 일이었다. 오랜 세월 서구 사회에서 이와 관

[01] 아직 여성을 제외한 과학기술계 내의 다른 소수자들에 대한 연구는 사회 내의 다른 소수자들에 대한 연구가 지지부진한 것과 비슷한 상황이다. 한국사회 내의 소수자에 대한 연구를 보려면 실태 파악 및 여러 연구를 수행하고 있는 〈레인보우 커넥션 프로젝트〉(www.rainbowconnection.kr)를 참고할 것.

련된 지식을 궁구하는 일은 남성에게만 허용되었다.(동양권 문화에서도 이런 사정은 별반 다르지 않았다.) 이런 탓에 초기 과학이 성립되었던 풍경 속 주인공은 당연히 남성이었다. 과학과 기술과 남성의 끈끈한 동맹은 지금까지 이어져내려와 영향을 미친다. 이는 21세기라는 현대에도 과학과 과학자라는 개념에 각인된 이미지에 남성적 서술이 기본값으로 세팅되어 있다는 데서 어렵지 않게 확인된다.[02]

우리가 보통 과학, 과학자 하면 떠올리는 이미지들의 연원은 뿌리가 깊다. 1957년 저명한 과학잡지 《사이언스》에 실렸던 〈고등학생들이 본 과학자의 이미지〉(Image of Scientist among High-School Students)란 글을 보자. 마거릿 미드(Margaret Mead)[03]와 로다 메트로(Rhoda Metreax)[04]는 약 35,000명의 고등학생에게 과학자에 대해 갖고 있는 이미지에 관한 에세이를 써서 제출하게 하고 이를 샘플링하여 분석했다. 미드와 메트로가 도출한 결론 중 몇 가지를 발췌하면 다음과 같다.

[02] 다행히 사회에 다양한 과학자의 이미지가 통용될 필요가 있다고 이야기하는 사람들이 있다. 고정된 성역할 관념, 성차별 등을 주입하지 않는 삽화와 인포그래픽을 확산하려는 시도들도 있다.

[03] 사모아에 관한 연구로 유명한 미국 인류학자.

[04] 마거릿 미드와 공동연구를 많이 한 미국 인류학자. 하이티와 파푸아뉴기니에 대한 비교문화 연구를 했다.

> 과학자는 남자이며 하얀색 코트(랩코트)를 입고 연구실에서 일한다. 그는 나이가 들었거나 중년이며 안경을 쓴다. … 그는 대머리이거나 수염이 길 수도 있다. 수염을 깎지 않거나 정돈이 잘 되어 있지 않다. … 그는 한 시험관에서 다른 시험관으로 화학약품을 옮긴다.[05]

우리가 가지고 있는 과학자의 이미지와 놀랍도록 비슷하지 않은가! 1957년의 이 연구 이후 수많은 비슷한 연구가 다른 문화권(미국, 한국, 유럽 등)과 다른 연령대(초등학생, 성인, 중학생 등)를 대상으로 행해졌음에도 불구하고[06] 위에서 발췌 번역한 초기의 연구 결과에서 크게 달라지지 않았음을 많은 연구자가 반복적으로 지적하고 있다. 특정 시기에 행해진 연구만 이런 결과를 보였다면 이는 비단 학생들만의 문제는 아닐 것이지만, 긴 세월 동안 여러 조사 방법론으로 테스트를 했음에도 나이, 문화권, 성별을 불문하고 과학자의 이미지는

[05] Margaret Mead·Rhoda Métraux, Image of the Scientist among High-School Students, *Science* 30 Aug 1957.8.30., Vol.126, Issue 3270, 384~390. 386~387면에서 발췌 번역.

[06] Kevin D. Finson, Drawing a Scientist: What We Do and Do Not Know After Fifty Years of Drawings, *School Science and Mathematics* Vol.102, Issue7, 2002.11, 335~345; Jinwoong Song & Kwang-Suk Kim, How Korean students see scientists: the images of the scientist, *International Journal of Science Education*, Vol.21, Issue 9, 1999. 두 논문을 보면 몇 십 년간 비슷한 연구가 많이 진행되었음을 알 수 있다.

항상 남성으로 상상되고 있다는 점은 특기할 만하다. 더욱 흥미로운 점은, 교사를 대상으로 한 동일한 설문조사에서도 비슷한 답을 얻었다는 것이다. 미드와 메트로의 연구는, 사회적 문화적 차이에도 불구하고 '과학자는 남자다'라는 인식이 얼마나 무차별적으로 유포되어 있는지 보여준다.

과학자라는 표상에서 여성이 배제되어 온 이유는 무엇일까? 하버드 총장까지 지낸 로렌스 서머스(Lawrence Summers)의 문제적 발언, "여자는 선천적으로 수학이나 과학에 재능이 없기"[07] 때문은 결코 아니다! 돌이켜보면 우리는 모두 어렸을 때부터 교과서와 일반 도서를 비롯한 미디어 곳곳에서 과학자와 남성을 동일시하는 정보와 이미지에 무방비로 노출되어 왔다. 정확히 묘사하면 '유럽의 귀족이거나 신흥자산가인 백인 남성' 과학자라는 매우 제한적인 이미지였다. 그러나 8장에서 만나게 될 '보이지 않는 기술자'는 물론이려니와, 과학의 역사에서 드러나지 않은, 혹은 드러날 수 없었던 수많은 이들이 있었음을 기억해야 한다. 라부아지에는 사후에 그의 부인이 남편의 업적을 정리함으로써 비로소 근대 화학의 아버지로 칭송될 수 있었다. 우리가 과학하는 여성들을 적극적으로 발굴하고 호출하여 과학

[07] 2005년 로렌스 서머스 당시 하버드 총장이 국립경제연구국(NBER) 비공개 세미나에서 한 발언의 요지. 당연하게도 과학적으로 증명할 수 없는 주장이다.

의 현장에 남자만 있었던 것이 아님을 보일 때에야 과학의 제 분야에 만연한 남성편향적 이미지를 극복할 것이다.

여성의 사회 진출이 다방면으로 확대되면서 사람들이 특정 직업군에 대해 갖고 있던 고정관념도 꾸준히 변해왔다. 사회적 의미에서 '여자가 원래 할 수 없는 것' 혹은 '여자가 해서는 안 되는 것'이 있을까? 어처구니없게도 여성이어서 가로막혀 있던 일들 중에는 마라톤도 있었다. 불과 1960년대의 상황이었다. 당시 여성에게 마라톤 대회 출전이 허락되지 않았던 이유는 "◆ 다리가 굵어지고 ◆ 가슴에 털이 날 수 있으며 ◆ 자궁이 떨어질 수도 있다"[08]는 것이었다. 여자 마라톤이 올림픽 정식 종목으로 채택된 것도 1984년이었다.[09] 현재까지 어땠는가? 많은 여성이 해마다 무사히 마라톤을 뛰고 있다. 아무런 타당한 근거 없이 그저 사회의 지배적 통념에서 생산된 '금녀의 영역'이라면, 여성들이 참여했을 때 아무런 문제가 벌어지지 않는다는 것을 보여주는 수밖에 없다.

사회에는 편견, 무지, 잘못된 고정관념이 예상 외로 많다. 미국의 교육학자 케빈 핀슨(Kevin D. Finson, 2002)은 마거릿 미드의 1957년 연구 이후 50년간 수행된 많은 비슷한 연

[08] 여자라는 이유로 42.195km를 뛰는 데 걸린 120년, 한국일보, 2017.3.29.

[09] 보스턴 마라톤 261번 세상을 바꾸다: 첫 공식 여성 마라토너, 캐서린 스위치, 한국일보, 2017.4.18.

구들을 소개한다. 그중에는 처음 과학자의 이미지를 남성으로만 그리던 학생들이 실제 여성 과학자들의 학교 방문 행사 이후 과학자를 여성으로도 그리는 사례를 소개하며 남성편향적인 고정관념이 바뀔 수 있음을 보여주었다. 한국의 어른들은 '남자가 부엌일 하면 고추 떨어진다'는 말을 아무렇지 않게 내뱉곤 했다. 하지만 세상은 많이 변했고, 실제로는 아무 일도 일어나지 않았다. 남자의 일로 여겨지던 많은 일들을 여성이 하고 있는데도 한국사회는 망하지 않았다. 세상일이 이러한데, 하물며 과학기술계의 일만 예외일 이유는 없다.

현대과학의 근간을 이루는 남성중심적 전통은 끈질기게 살아남아, 과학의 지식체계를 구성하는 언어나 생산되는 기술에 여전히 스며들어 있다.[10] 이 과정에서 남성이 생각하는 사회적으로, 생물학적으로 평범한 것이 과학에서조차 '평범한 것'이 되어버렸다. 이처럼 일단 제도나 체제 안에 흡수된 후에는 자연스러운 것으로 간주되어 좀체 발견되기 힘들지만, 여성에게는 다층적인 불편함을 안기고 더 나아가 차별을 당연시하는 요인으로 작용한다.

여성주의의 관점에서 본 과학기술이란 여성성 혹은 직접적으로는 여성의 몸을 유린해온 주체였다. 또한 많은 사

[10] 윤정원, 어떤 여자들은 자기 병명을 아는 데 12년이 걸린다, 시사IN, 2018.5.2. 이 기사에서 볼 수 있듯, 근거중심 의학이 점점 뿌리내리고 있는 현대의학에서조차 젠더 편견에 따른 진단 기준과 치료 방식의 변화가 필요하다는 이야기가 많이 나오고 있다.

회에서 여성에 대한 근거 없는 이미지들—약하고, 수동적이고, 자애로운—이 퍼지도록 만든 주범이기도 했기에 강력한 비판의 대상이었다. 실제 여러 여성학자들은 과학기술계의 언어가 젠더 편향적인 비유들을 내포하고 있음을 밝혀내기도 했다. 대표적인 것이 정자와 난자의 상호작용을 설명하는 방식이다.[11] 실제 벌어지는 현상은 난자가 정자를 '유혹'하는 상황이 아닌데도, 마치 여자가 남자를 유혹하듯[12]—남자도 여자를 유혹하는데도—난자가 정자를 유혹하여 수정이 일어나는 듯한 묘사를 일삼았다. 의인화하여 해석할 여지가 없는 자연(생리) 현상임에도 불구하고 정자와 난자의 행동을 마치 '남자가 진취적으로 대시하여 여자를 쟁취하는' 듯한, 고전적인 로맨스 서사를 흉내냈던 것이다. 그 표현은 정자가 난자를 "파고들고" "공격하여" 결국은 수정을 "쟁취한다"는 식이다. 남성들끼리 모여, 남성들만의 언어로, 자신들이 당사자가 아닌 일들에 대해 이야기하고 자신들의 욕망을 일방적으로 투사하는 것이 남성중심적 미디어의 문제이듯, 과학기술 또한 이런 문제에서 자유롭지 않다.

[11] Emily Martin, The Egg and Sperm: how Science Has Constructed a Romance Based on Stereotypical Male-Female Roles, *Signs*, 16(3), 1991, 485~501.

[12] 이는 고전적인 창녀/성녀의 이분법적 성역할을 재생산하는 서술이기도 하다.

특정 방향의 기술개발 촉진(진흥) 혹은 규제는 직·간접적으로 우리 사회를 지배하고 있는 시대정신과 다수의 사람들이 무엇을 원하느냐와 관련이 있다. 제도가 직접적으로 무언가를 바꾸지는 않지만, 규제/진흥책은 연구계와 시장에 분명한 신호를 보내게 되고, 이는 연구의 방향성에 영향을 준다. 예를 들어, 사회에서 장애나 노화와 관련된 기술들이 어떤 방향으로 개발되는가, 또 어떤 기술들이 정부의 지원을 받거나 받지 못하는가를 보면, 한 사회가 장애인과 노인을 어떻게 대상화하는지 역추적할 수 있다. 서구 선진국에 나가본 한국인들이 외국에는 장애인이 많다는 생각을 했다가, 나중에 한국은 구조적 이유로 인해 공공장소에서 장애인이 잘 보이지 않을 뿐이라는 사실을 깨달았다는 글이 SNS에서 화제가 된 적이 있다.[13] '장애' 혹은 '노인'이란 키워드에 '여성'을 대입하면 제도가 여성을 어떻게 대상화하는지 이해할 수 있다.

일본은 기술적 측면뿐만 아니라 담론, 대중문화, 제도 등 여러 면에서 로봇 문화라 이를 만한 사회적 분위기가 형성되어 있다. 인류학자 제니퍼 로버트슨(Jennifer Robertson)

[13] 물론 그 반대의 케이스도 있다. 한 복지재단의 사무총장은 유럽인들의 시선에서 한국은 장애인이 없는 나라처럼 보이는 사회 인프라를 운영하고 있음을 지적한다.(외국인 친구들이 한국엔 장애인 없는 줄 알았다고…, 노컷뉴스, 2017.9.24)

은 이런 일본의 로봇 문화를 연구하는데, 그에 따르면 일본의 로봇들은 가부장적 가족상과 전근대적 성역할 관념이 부여하는 역할을 수행한다.[14] 미래기술의 결집체인 로봇에서 보이는 시대착오적 역설은 2006년 9월 아베 신조 전 일본 총리가 의회 연설에서 발표했던 〈이노베이션 25〉[15]라는 보고서에서도 발견된다. 보고서 발표로부터 20년이 지난 일본의 가족 구성으로 이성 커플, 남자쪽 부모, 아이 둘, 그리고 로봇을 상정한다. 이 미래 가족의 구성원인 로봇의 주 역할은 가사일과 아이 돌보기이고, 이 로봇과 가장 밀접한 상호작용을 하는 주체는 '부인'이다.

2016년 12월 29일, 한국의 행정자치부(현 행정안전부)는 〈대한민국 출산 지도〉를 작성하여 발표했다. 이는 20~44세 여성이 전국적으로 얼마나 어떻게 분포되어 있는지 조사한 것을 지도로 만든 것이다. 지도가 공개된 직후 격렬한 비판과 조롱이 빗발쳤다. 아무리 출생률(출산율)이 심각한 수준으로 떨어졌다 해도 그에 대한 해결책이 가임 여성의 숫자를 통계 내어 전국 분포 지도를 제작하는 것이었다는 데 대한 분노였다. '인구 절벽'의 구조적 원인을 분석하는 관료들의 인식이 핵심에서 얼마나 벗어나 있는지를 적나라하게 보

[14] Jennifer Robertson, Gendering Humanoid Robots: Robo-Sexism in Japan, *Body & Society* 16, 2010, 1~36.

[15] 아베가 총리대신으로 첫 지명된 후 자민당 정권의 공약 중 하나로 발표했던 장기전략지침이었다. 아베는 2012년에 총리로 취임했다.

여준 사건이었다. 왜 아이를 낳으려 하지 않는지, 출산 이전에 경력단절을 원치 않는 여성의 처지, 결혼조차 회피하는 젊은 세대들의 고민을 들여다보았다는 흔적은 보이지 않았다. 그 대신 마치 어느 지역에 가면 어떤 천연자원이 얼마나 매장되어 있는지를 보여주는 것처럼 가임기 여성을 자원화

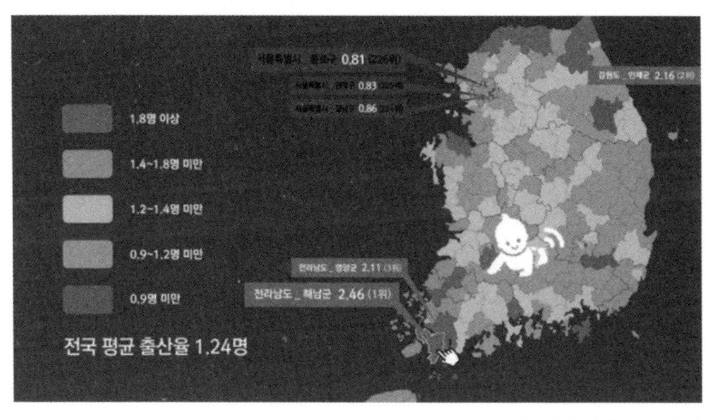

출처: 행정자치부 누리집

하여 전시한 듯한 지도는 남녀노소를 막론하고 공분을 자아내기에 충분했다.

더욱이 지도에는 ‘지자체 저출산 극복 프로젝트’라는 부제가 달려 있고, 사업 취지는 ‘출산율 저하로 인구 감소 위기에 대응하기 위해 국민들에게 지역별 저출산 문제의 심각성을 알기 쉽게 알려주고 저출산 극복을 위해 다함께 참여하는 분위기 조성’이었다. 그렇다면 이 지도를 받아든 지자체는 어떤 행동을 취해야 할 것인가? 지자체 단위로 20~44세 여성의 주민등록상 주소지를 가가호호 찾아다니며 임신을 했는지, 할 예정인지 따위를 조사하고, 임신·출산

계획이 없다면 이를 지자체 차원에서 독려해야 하나? 연초가 되면 지자체별로 임신·출산 장려 계획 목표를 설정하고, 연말이면 이 계획이 얼마나 달성되었는지 평가해야 하는 것인가?

행자부가 이런 예민한 통계조사를 실시하여 '지도화' 했다는 것도 비판받아야 한다. 지도는 예로부터 강력한 통치 '기술'로 사용되었다. 〈대한민국 출산 지도〉는 국가가 여성의 몸을 향해 권력의 본성을 드러낸 것이었다. 수많은 여성들이 '저출생이 여성 탓인가', '여성은 걸어다니는 자궁이 아니다' 등의 손팻말을 들 수밖에 없었던 이유다. 남녀의 사회 진출 연령이 늦어지면서 결혼은 물론, 출산 연령이 높아지는 것은 세계적인 현상으로 보고되고 있다. 뿐만 아니라, 의학계 연구에 의하면 여성의 노산 못지않게 남성의 연령도 아이의 육체적, 정신적 건강에 영향을 준다고 한다. 그런데도 남성을 향해서는 '가임기(?) 남성 지도' 같은 출산 장려 캠페인이 일어나진 않는다. '출산 지도' 사태를 지켜보면서 마거릿 애트우드의 SF 『시녀 이야기』가 자연스럽게 떠오른다. 여성의 몸을 국가가 자원으로 삼아 철저하게 통제·관리하면서 가임 여성을 수용시설에 가두어 원치 않는 임신을 계획적으로 강제한다는 애트우트의 시나리오가 현실에서 가능하다면 이런 방식으로 시작될 수도 있지 않겠는가? 여기에는 필시 지도를 위시한 각종 과학지식과 기술 산물이 동원될 터다. 과학기술이 여성, 여성성, 여성의 몸에 대해 생산해온 지식과 그 공유 방식을 비판적으로 반성해보아야 하는 시점이다.

여성 과학인들은 어디로 갔을까?

과학기술계에서 여성 과학자를 다루는 방식 중 하나는 영웅 신화의 서사와 흡사하다. 역사에 이름을 남긴 위대한 여성 과학자 혹은 현재 세계적 위상에 올라선 여성 과학자의 삶을 조명하며 이들을 '유리천장을 깬 위인'으로 치켜세우는 장면을 흔히 마주친다. 여성의 성공담을 다루는 이런 뻔한 레퍼토리가 여성 과학기술인에게도 똑같이 적용되는 것이다. 한데, 혹시 우리는 이런 성공담에 너무 식상해진 나머지, 정작 중요한 것을 간과한 건 아닐까? 이를테면 과연 그 영웅은 '결혼을 했을까?', '아이도 있을까?', '육아나 가사를 도와준 사람들이 주변에 있었을까?' 같은 이야기들, 제 아무리 영웅이라도 비켜갈 수 없는 생활인으로서의 현실들 말이다.

과학자와 공학자는 별나라에 사는 존재가 아니다. 한국에서 살아가는 같은 세대 같은 연배의 직장인이나, 다른 분야의 다양한 한국인이 겪는 문제를 과학기술인도 비슷하게 직면한다. 직장인의 어려움을 알고자 한다면 재벌그룹 회장의 생활방식이나 노동환경이 아니라, 당연히 평범한 '직딩'의 이야기에 귀기울여야 한다. 마찬가지로 영웅 서사의 주인공인 몇몇 여성 과학자가 존재한다면, 다른 한편에 평범한 여성 과학자들이 다수 존재한다. 여성 과학기술인의 현실을 제대로 파악하고자 한다면 당연히 다수인 후자들에 주목해야 한다. 대다수 여성 과학기술인의 현주소를 파악하기 위해 여학생이 얼마나 이공계로 유입되고 얼마나 살아남는지 보도록 하자.

> *〈2016년 여성 과학기술 인력 현황〉에 따르면 2000년대 초반부터 2016년까지, 한국의 자연·공학계열 여학생의 입학·졸업률은 평균 30% 초반 대로 큰 변동 없이 이어지고 있다. 그에 반해, 2016년 대학, 공공 연구기관, 민간기업 연구기관의 중간관리자급 이상의 여성 보직자와 연구과제 책임자는 조금씩 증가하는 추세를 보이고 있으나 여전히 10%를 밑돌고 있다. 또한, 비취업 여성 중 경력단절 여성은 59.5%에 이르며, 이들 중 30~40세의 연령이 가장 높은 경력 단절률을 보이고 있다.*[16]

먼저 30%의 입학·졸업률부터 보도록 하자. 대다수 여성들은 여자는 남자보다 수학이나 과학을 못한다거나, 조립이나 공구를 다루는 행동은 남자가 하는 것이 걸맞다는 등등의 말을 듣고 자란다. 남자인 필자들도 그런 말들을 들으면서 자랐다. 상술했던 과학자의 이미지에 대한 연구들이 말해주듯, 초등학교 혹은 그보다 더 어릴 때부터 우리는 과학자는 남자가 하는 것 혹은 남자에게 더 어울리는 것이라는 편견 속에서 자란다.

[16] 문성실, 〈과학협주곡 2-3〉 언니들이 사라졌다, BRIC 오피니언, 2018.6.25에서 인용.

『평행 우주 속의 소녀: 평등한 과학을 꿈꾸다』[17]라는 책을 쓴 아일린 폴락(Eileen Pollack)은 예일대에서 최우등으로 물리학 학위를 받고도 과학자를 포기하고 과학계를 떠나야 했던 자신의 경험을 담담하게 풀어놓는다. 폴락은 가족과 주변인, 진로 상담교사로부터 과학은 여자와 어울리지 않는다는 말을 들으며 성장한다. 대학에 가서도 "너는 이공계에 재능이 없다." "수학적 재능을 가지고 있지 않다."는 교수들의 부당한 발언을 견디다 못해 이공계를 떠나 작가가 되었다. 한국의 여자아이들이 현재도 듣고 자라는 말들을 그녀가 경험한 것은 1970년대였다. 고도로 전문화된 과학계에서 연구직으로 종사하려면 분야를 막론하고 대학원에서 학위를 따는 것이 필수인데도 여성들은 "여자가 대학원 가서 공부를 많이 하면 안 된다." 같은 말들을 심심찮게 들어야 한다. 이런 말들은 쌓이고 쌓여 여성에게는 진입장벽이 된다. 이공계 혹은 과학기술계로 유입되는 여성 비율은 일반고/과학고 선택 시→고2 문과/이과 선택 시→대학교 진학 시→대학원 진학 시→대학원 졸업 시까지 꾸준히 떨어지는 구조가 될 수밖에 없다.

중간관리자급, 그리고 30~40세의 연령대에서 경력 단절률이 가장 높다는 것은 많은 여성이 학위를 따고 나서 이공계에 종사하다가도 일을 그만둔다는 의미다. 이런 현실이

[17] 아일린 폴락, 한국여성과총 옮김, 평행 우주 속의 소녀: 평등한 과학을 꿈꾸다, 이새, 2015.

버젓한데도 과학기술 분야에서 유리천장을 뚫은 소수의 여성을 조명하는 것이 과연 어떤 의미가 있을까? 한국사회에서 노력과 열정과 근성으로 성공했다는 마치 신화와도 같은 이야기들이 가져온 폐해를 생각해보면, 우리에게는 더욱 많은 평범한 여성 연구자의 목소리가 필요하다. 말하자면 과학기술계 여성 중 경력단절이 일어나기 직전인, 혹은 일어나는 중인, 사회적인 통념상 성공하지 못한, 원로 또는 책임자급이 아닌, 젊은 연구자들의 '미생' 이야기 말이다.

평범한 여성 연구업 종사자가 일을 그만두게 되는 경로

20대 후반부터 30대 초반의 평범한 한국 여성 A를 상상해보자. A는 고등학교에서 이과를 선택한 후, 학부 4년, 석사 2년, 박사 4년까지 10년의 교육과정을 마치고 스물아홉이 되어 연구소에 취직했다.[18] 몇 년 지나지 않아 결혼을 하고, 아이를 낳고, 출산휴가에 이어 육아휴직까지 수개월을 쉬려고 한다.[19] 특별한 전문직이 아니라면 육아휴직을 받기 힘들고, 육아휴직을 쓰겠다고 회사에 신청했다가 해고되는 경우

[18] 박사 후 연구원 과정까지 밟는 것이 요즘 추세이긴 하나, 상상의 편의를 위해 생략했다.

[19] 법정 산전후 출산휴가 기간은 90일(다태아일 경우는 120일), 육아휴직 기간은 1년 이내이다.

도 있다고 들었지만, 다행스럽게도 A는 박사학위를 받고 연구직으로 취직한 덕분에 육아휴직을 받을 수 있었다. 여직원을 뽑을 때 결혼 계획이 있는지부터 물어보는 회사도 있다던데, A는 박사급 연구원이어서 그런 험한 상황은 면했다. 천만다행으로 육아휴직 후 복직도 잘되었다. 그러나 아이는 자기 혼자서 알아서 크지 못한다. 고맙게도 친정어머니와 시어머니가 어린이집에 가기 전까지 번갈아 가면서 아기를 봐주기로 했지만, 그렇다고 가사노동이 줄어들지는 않았다. 아기는 하나만 낳을 줄 알았는데 둘째를 갖고 싶다는 마음이 들었고 결국 둘째도 낳았다.

A는 박사 졸업 후 해당 연구소에서 연구자로서의 경력을 잘 쌓았다고 할 수 있을까? 어떤 조직이든 중간관리자가 되기 위해 가장 치열하게 일해야 하는 시기는 20대 후반~30대 초중반일 것이다. 그러나 A는 임신, 출산, 육아휴직 및 복직까지 대략 1~2년 동안 현업을 떠나 있었다. 결혼 계획이 없는 연구원들이 밤새 실험을 하고 해외 학회도 다니면서 추가 성과를 만드는 동안 A는 자신의 경력에 집중하는 시간이 상대적으로 적을 수밖에 없었다. 밑에서 어린 연구원들이 치고 올라온다고 하면 A는 아무래도 중간관리자로 진급이 힘들어질 수 있다. 이처럼 과학기술계에 속한 직장이라고 해서 다를 건 없다. 한국 기업들에 상존해온 문제점들—직장 내 부조리, 성희롱, 성차별, 휴가 쓰기 힘든 문화, 일상화된 야근, 주말 출근, 위계적인 상하관계 등등—을 똑같이 겪는다. 필자들이 만났던 한 여성 연구자는 더 이상 연구원으로 일하고 있지 않지만, 석사 후에 기업 연구소에서

근무하던 때의 경험을 들려주었다. 그는 당시에 아기를 낳아 기르기 시작하면서 '남초'인 회사 연구소의 조직문화 때문에 눈치를 봐야 하는 상황이 자주 발생했고, 이를 못 견뎌 퇴사했다고 했다.

이처럼 한국의 여성 과학인들이 일을 포기하고 '경단녀'가 되는 과정은 다른 분야의 한국 여성이 겪는 양상과 크게 다르지 않지만, 한편으로는 과학기술계에서만 보이는 독특한 양상도 있다. 연구, 특히 이공계 연구라는 건 현업에서 조금이라도 멀어지면 따라가기가 쉽지 않다. 반 년씩 기다려야 저널에 논문이 실리는 시대가 아니라 아카이브(arXiv)[20]에 바로바로 프리프린트(pre-print)[21]를 업로드하는 시대에는 더더욱 그렇다. 연구자들은 트위터, 페이스북, 유튜브 등에 누가 어떤 논문을 썼고, 어떤 연구를 했는지 실시간으로 업데이트도 한다. 인터넷 덕분에 다른 연구실과 협업하는 것 또한 예전에 비해 훨씬 쉬워졌다. 실험을 중점적으로 하는 연구실이라면 새로운 실험 장비의 출시 또한 자주 일어나며 실험 테크닉도 자주 업데이트된다. 학회에 가서 동료 연구자들과 네트워킹하지 않는다면 어느샌가 학계가 주목하는

[20] https://arxiv.org. 코넬대학교에서 운영하는 출판 전 논문을 수집하는 웹사이트. 처음에는 수학, 물리학, 천문학 분야에서 먼저 시도되었고, 최근에는 다수의 분야에서 일반적인 출판 관행으로 자리 잡았다.

[21] 논문 출판 전, 연구의 핵심 내용을 미리 공개하는 일종의 연구 요약본. 출판(print)되기 전(pre-)의 것이라는 의미.

연구 동향에서 밀려나기 십상이다. 기실 이렇게 빠르게 돌아가는 현재의 연구 생태계는 결혼 계획이나 사회적 책무로부터 상대적으로 홀가분한 독신의 젊은 연구자들조차도 견뎌내기 버겁다고 이따금 호소하기도 한다. 이런 시대에 결혼, 출산, 육아휴직, 가사노동의 부담을 떠안고, 동시에 뛰어난 연구자가 되고, 중간관리자가 되고, 연구팀을 이끌 사람이 되어 달라고 하는 것은 기적을 바라는 것과 같다. 유리천장을 깬 여성 과학자로 존경받는 사람들은 주변의 도움과 본인의 의지로 끝까지 버텨내고 살아남은 극소수의 생존자일 뿐인지도 모른다.

그렇다면 이런 상황에서 집안의 도움을 기대하기 힘들고, 보유 자본도 별로 없는 한국의 여성 과학자가 자신의 경력을 지키기 위해서 결혼을 포기한다거나, 결혼을 하되 출산을 포기한다고 했을 때 듣게 되는 말은 무엇일까? 앞에서는 훌륭한 연구자라고 치켜세워줄지 모르나, 이들을 훌륭한 역할모델로 꼽을지는 미지수이다. 우리 사회가 바라는 여성 과학자는 연구 성과도 웬만한 남자들보다 뛰어나면서, 요리도 잘하고 육아도 잘하는 원더우먼이다. 본인이 노력하면 주변에서 알아주고, 응원해주고, 장려해주는 『미생』의 장그래보다도 버거운 인생이다. 아니라고 생각한다면 다시 한 번 이 사회에서 훌륭한 여성 과학자라고 소개된 이들의 인터뷰를 읽어보길 권한다. 거듭 강조하고 싶은 건, 뛰어난 개개인을 내세워 이들을 역할모델로 삼길 바라는 건 이 사회에 해악만 끼쳤던 '노오오력' 담론과 그다지 다를 바 없다는 점이다. 자신을 필요 이상으로 소모하고 '번아웃'을 감수해

야만 어느 정도 성공할 수 있는 업계는 절대 지속가능하지 않다.[22]

더 포용적인 과학과 사회를 꿈꾸며

지금까지 살펴본 바와 같이 과학기술과 여성의 관계는 마치 기나긴 터널을 지나온 것처럼 어둡고 암울했는데, 이런 상황은 현재진행형인가 아닌가? 배제와 왜곡, 착취와 몰이해라는 비정상적 관계를 끊어내고 환골탈태하기 위해서 우리는 무엇을 해야 할까?

제도적으로는 다양한 포지션에서 여성 과학자의 절대적인 숫자를 늘리기 위한 노력이 있어야 한다. 과학기술계 어디에서나 심심찮게 주니어급, 중간관리자급, 매니저급 여성을 만날 수 있어야 한다. 여성들이 "여자가 그런 걸 한다고요?" "여자가 그런 걸 하면 힘들지 않나요?" "애는 누가 봐요?" 따위의 말을 듣지 않을 때에야 조직문화와 사회적 분위기가 달라졌다고 할 수 있을 것이다. 이를 위해서는 영웅적인 여성 과학자 몇몇보다는 일선에서 평범하게 하루하

[22] 현재의 구조에서 성공한 여성 과학자를 깎아내리는 서술이 아니다. 오히려 이들은 열악한 상황에서 살아남은 '생존자'에 가깝다. 이 글에서 계속 이야기하고자 하는 것은, 장기적으로 여성이 과학기술계에 남기 위해서는 영웅이나 원더우먼이 아닌, 그저 '평범한 옆집 과학자'로서의 역할모델과 가능성이 더 중요하다는 뜻이다.

루를 살아가는 여성 연구자들의 이야기가 널리 유통될 필요가 있다.

여성 할당제 또한 여러 분야로 확대되면 될수록 지금보다는 훨씬 더 포용적인 사회를 만드는 데 기여할 것이다. 학회의 발표자나 중요 패널의 성비를 동률로 맞추려고 의식적으로 노력하고, 최고 결정권자의 자리도 성비를 맞추도록 노력해야 한다. 아예 행사의 발표자나 패널을 여성으로만 채워볼 수도 있는데, 만약 이 시도가 불가능에 그친다면 자신이 속한 분야나 업계가 어딘가 잘못된 것이 아닌지 돌아볼 필요가 있다. 여성들에게 왜 중간관리자, 매니저, 발표자 포지션에 도달하지 못했느냐고 탓하지 말자. 그전에 그만한 경력을 쌓을 수 있도록 여건을 조성해줬는지 자문해야 한다. 적어도 국가정책을 논할 때 출산 장려의 당위성에 옳다며 찬성하다가, 직장 내 유연근무제 도입을 논할 때는 '그런 게 왜 필요해?' '경력은 각자 알아서 관리해야지' '우리 집 아이는 그런 거 안 해도 컸다'며 모순적인 태도를 취해서는 안 된다.[23]

더욱 포용적인 과학을 하기 위해서는 지금까지 제출된 적 없는 낯선 이야기들이 나와야 하고, 그런 낯선 제안이 단기적으로는 성과가 나오지 않을지라도, 장기적 의제로서 고

[23] 그 집 아이가 유연근무제, 출산휴가 등이 없던 시절에도 잘 컸다면, 알아서 큰 것이 아니라 분명히 주변인 중 누군가가 희생한 덕분일 가능성이 크다. 대단한 담론을 논하는 것이 아니라, 그저 현실을 직시하자는 말이다.

려해볼 만하다면 실천적 방안들을 수립하여 실험해보아야 한다. 단기적 성과에 집중하는 결과중심적 사고도 배척해서는 안 되겠지만, 여러 가지 방향성과 가능성을 최대치로 상상하는 일이 더 많아져야 한다. 일례로, 과거라면 사람의 성별에는 남과 여 두 가지만 존재하는 것이 당연했지만, 많은 연구들이 남녀의 성차가 칼로 무 자르듯 구분할 수 있는 게 아니라는 걸 과학적으로 밝혀내고 있다. 최근의 학술 연구는 "젠더는 스펙트럼"[24]이라고 정의하는 것이 합당하다는 데에 합의한다.

생물학적인 성, 그리고 그것과 무관한 개개인의 성적 정체성에 관한 연구 또한 인간의 성차에 대해 새로운 사실들을 알려주고 있다. 이러한 연구들의 성과는 당장 나타나지는 않지만 연구의 다양성에는 물론 사회적으로도 건강한 영향을 줄 가능성이 크다.

왜 과학과 그 산물을 이야기하는데 굳이 다양성과 포용성을 언급하는지 묻는 사람들도 있을 것 같다. 답은 간단하다. 이런 이야기가 필요한 시대이기 때문이다. 더욱 식상하게 말해보자면, 과학과 기술이 우리 사회의 구석구석으로 스며들었기 때문이다. 당장 과학기술계 이슈를 독점하다시피 하는 인공지능 연구가 편향된 데이터셋으로부터 영향을

[24] Louise Ridley, Sex Survey Names 33 Kinds Of Gender Identity, Suggesting It Is 'More Nuanced' Than Some Believe, Huffington Post UK, 2016.7.30.

받고 있다. 2018년 7월 《네이처》에 실린 〈AI는 성차별주의자거나 인종차별주의자가 될 수 있다—이제 그걸 공평하게 만들 때이다〉[25]라는 기사는 컴퓨터과학자들과 AI 연구자들 모두에게 사회의 편향된 인식과 고정관념이 AI에 영향을 끼치지 않게 하자고 촉구했다.

우리는 민주사회를 살아가고 있고, 이전과는 달리 누구나 과학자, 공학자가 될 수 있는 기회를 가질 권리가 있다. 하지만 지금까지 살펴본바, 현실에서는 정말로 '누구나' 가능한 것인지에 대한 의문이 여전히 남아 있다. 실제로 최근까지도 여성은 신입생으로 받지 않는다는 연구실의 존재가 입소문을 타고 퍼져나가기도 한다. 이런 상황에서 과학기술이 스스로의 다양성과 포용성을 이야기하는 것은 사회의 큰 가치 구현에 함께한다는 의미를 지닌다. 누구나 원한다면 과학자와 공학자를 꿈꿀 수 있는 사회를 향해 조금씩이라도 나아가는 것은, (성과 측면에서 우수한) 과학기술의 다양성을 추구하는 것과는 또 다른, 하지만 그 이상으로 중요한 의미가 있다. 우리가 현재 목도하고 있는 차별적이고 불공평한 사회상이 지속되기를 바라는가, 아니면 보다 더 평등하고 포용적인 사회를 원하는가? 만약 우리가 지향하는 바가 후자라면 사회가 지향하는 과학기술과 이를 만들어내는 과학기술계 또한 평등하고 포용적이어야만 할 것이다.

[25] James Zou & Londa Schiebinger, AI can be sexist and racist-it's time to make it fair, *Nature* 559, 2018, 324~326.

우리가 학교에서 내내 배웠듯이 과학은 객관적이고 가치중립적인 학문이 아니다. 과학자라는 '사람'들이 하는 학문이고, 정부의 정책과 규제는 다양한 정치 행위자의 협상과 합의의 산물이다. 한국사회의 형성과 변화에 과학기술의 영향력이 컸던 만큼 앞으로의 입장과 태도 역시 중요하다. 우리가 살아가야 할 곳이 모두에게 더 공평하고 정의롭고 행복한 사회가 되길 바란다면, 과학기술도 그러한 가치를 실제로 반영하고 수행해야 한다. 우리는 모두 새로운 출발선 앞에 서 있다.

7장

재난

국가는 과학기술에 투자하고 그 결과물을 활용하고 운영함에 있어 위험(risk)의 문제를 항상 고려할 필요가 있다. 위험은 다양한 형태로 발생한다. 물리적인 피해가 큰 폭발사고부터 시민의 건강에 장기적 영향을 미칠 수 있는 환경문제에 이르기까지 스펙트럼이 매우 넓다.

위험을 관리하는 입장에서 국가가 재난을 다루는 전략은 다양하다. 제도적으로 사후 대응책을 마련하기도 하고, 과학기술의 도움을 받아 사전 예측이나 현장 대응의 최적화를 대비하기도 한다. 위험은 본래 어떤 형태로 언제 나타날지 모르는 것이기에 아주 구체적인 대비를 하기 힘들고, 그렇기 때문에 언제나 제한된 자원을 얼마나 어디에 투자해야 하는지에 대한 논쟁으로부터 자유로울 수 없다. 여기에 과학기술은 어떻게 관여하고 있는지, 혹은 관여해야만 하는지에 대해서도 전문가나 각종 단체들마다 입장이 다르다.

국가 차원의 예방 및 대응책은 대개 매뉴얼의 개발과 그 매뉴얼의 있는 그대로의 재현에 초점을 맞추고 있다. 이것이 실제로 활용 가능한 접근인지에 대해서는 여전히 논란이 있다. 지진이나 대형 화재로 인해 상당한 재산 피해가 발생하고 더욱 심각한 경우 인명 피해가 발생했을 때, 매뉴얼의 '품질'에 문제가 있는 것일까, 아니면 매뉴얼을 똑바로 실행하지 않은 사람들한테 문제가 있는 것일까? 아직 명확한 답이 내려진 적 없는 질문이지만, 우리는 임의로 해답을 내놓은 것 같다. 다양한 과학기술 분야의 연구개발 사업을 진흥해야 한다는 해답을 말이다. 당연한 접근이라 수긍이 되면서도 다른 한편으로는 고개를 갸우뚱하게 된다. 연구개발

진흥이 해답으로 나왔다는 것은 뒤집어 말하면 적절한 과학적 지식이 부족했기에 문제가 커졌다고 진단했다는 뜻인가? 혹은 지식을 활용하고 공유할 적절한 기술적 장치들이 부재했기에 빠른 해결에 이르지 못했다고 판단한 것인가?

세월호 이후, 지난 몇 년간 한국 과학기술(정책) 최고의 화두는 단연 '안전'이었다. 연구개발 관련 예산에서 갑자기 안전 관련 지원 비중이 커졌을 뿐만 아니라 그 자체로 하나의 큰 분과가 되었으며, 안전이라는 이름을 직접 내세운 다양한 연구 프로젝트가 시작되었다. 이런 연구 프로젝트들은 보통 1) 국민 안전 증진을 위한 첨단 안전 관련 과학기술 연구이거나 2) 이 결과물의 산업화 도모 및 안전 기술 관련 시장 개척을 지향한다.

우리는 정말로 첨단 과학기술의 부재와 관련 산업 기반이 취약했다는 이유로 큰 재난을 겪은 것일까? 물론 새로운 과학기술적 해법은 상황을 지금보다 나은 방향으로 개선하겠지만, 우리가 지금까지 겪은 재난을 통해 배운 것은 혹은 배워야 했던 것은 대체 왜 그런 해법이 지금까지 준비되지 않았는지(혹은 못했는지)를 여전히 모른다는 사실 정도였다. 새로운 과학지식, 더욱 발전한 기술적 해법이 존재했다면 상황이 달라졌을 것이라는 사후적 회고는 때로는 우리가 정말로 돌이켜봐야 하는 사실을 흐리게 할 때가 있다. 과연 우리가 재난으로부터 무엇을 배우고 있으며, 특히 과학기술은 어떤 피드백을 받았는지 되돌아보자. 재난 이후의 과학기술 발전 말고, '재난으로부터 무언가를 배우는' 작업은 얼마나 체계적으로 고찰되고 수행되고 있는지, 과학기술은 이러한 '학습'과 어떤 영향을 주고받는지 생각해봐야 한다.

발전하는 과학기술, 복잡해지는 위험, 변화하는 재난

현대사회에서 우리를 위험에 빠뜨릴 가능성이 있는 요인들을 떠올려보면 일상 영역에 속하는 것이 많다는 사실을 깨닫는다. 교통사고가 대표적이다. 교통사고는 차와 사람이 부딪치거나 차와 차가 충돌해 발생한다. 그런데 교통사고의 개념은 우리 생각보다 훨씬 느슨하게 정의될 수 있고, 시간이 흐르며 변해 왔다.

대략 100여 년 전의 사람들에게 비슷한 질문을 던진다고 상상해보자. 그때도 자동차라고 할 만한 기계가 있었지만, 지금처럼 자동차라는 기계가 일으킬 가능성이 있는 일상적 위험을 그때 사람들도 인식하고 있었을까? 이보다 더 욱 옛날을 상상하면 애초에 자동차와 사람이 부딪치는 일 자체를 아주아주 예외적인 상황으로 간주했을 것이다. 지금처럼 자동차가 많지도 않았거니와 규칙성을 보장하는 전자식 신호 체계의 보호 아래 아주 빠르게 달리는 환경도 아니었을 것이기 때문이다.

홍수에 대해서도 이야기해볼 수 있다. 2005년 8월 허리케인 카트리나가 덮쳐 발생한 미국 뉴올리언스의 재난은 천재지변이기도 했지만, 동시에 인재이기도 했다. 당시 뉴올리언스는 재정 악화 등의 이유로 제방을 포함한 도시 인프라 일부를 제대로 관리하지 못하고 있다가, 결국 홍수를 버티지 못해 한 번에 큰 피해를 입었다. 게다가 간척사업으로 확보된 지역이 주거 지역으로 활용되면서 사람들이 사는 곳의 상당 부분이 해수면보다 낮았다는 사실도 재난 피해가 예상 이상으로 확대되는 데 영향을 주었다고 알려져 있다.

이처럼 현대사회에서 우리가 겪는 여러 가지 사건, 사고, 재난은 과학기술 및 그 부산물들과 관련이 있다. 과학기술이 사회 전반에 스며들어오는 과정에서 문화나 제도, 미시적으로는 생활양식에 이르기까지 사람들이 살아가는 방식에 다층적 영향을 주었다. 우리가 겪고 있는 각종 사고와 재난 또한 과학기술이 지금처럼 발전하고 스며들지 않았던 때에는 없었던 개념이었거나, 단어는 같아도 그 피해 양상이 달랐을 것이다.

과학기술의 발전이 사고와 재난을 막을 수 없다고 말하는 것이 아니다. 과학기술의 발전과 함께 우리가 잘 다룰 수 있게 된 위험이라든지, 존재는 하지만 더 이상 위험으로 치부되지 않는 위험, 혹은 정말로 사실상 사라진 위험도 있다. 이 이야기의 핵심은 과학기술의 발전을 통해 사라지는 위험들도 많지만, 동시에 새롭게 정의되는 위험이나 이전에는 전혀 인지하지 못했으나 사실 존재해왔던 위험을 깨닫게 되는 경우도 있다는 점이다. 이것들은 사라지는 위험보다 더욱 인지하기 힘들고, 그렇기에 의식적으로 찾아내기 위해 노력해야 한다.

양날의 검이라는 유명한 비유를 떠올려보면 좋다. 최근 드론은 각종 미디어에서 활용된다. 심지어 무인 택배 배달에 드론을 활용하는 방안이 점점 현실화되고 있다. 그러나 이와 동시에 어디까지가 공공장소이고 어디까지가 사적 공간인지를 흐릿하게 만들어 프라이버시에 관한 법적 논쟁이 벌어지고 있다. 폭탄 택배 배송기가 될 가능성 또한 진지하게 검토되고 있다.

극단적으로 말하자면 우리는 위험에 둘러싸인 사회에 살고 있다. 제도와 윤리적 기준에 의해 관리되고 있고 편리함과 삶의 질 등을 위해 암묵적으로 합의한 수준의 위험을 감수하며 살아가기에 그 위험에 직접적으로 노출되는 재난을 겪을 확률은 크지 않다. 독일의 사회학자 울리히 벡(Ulrich Beck)은 위험이 우리 사회의 법, 제도, 문화, 그리고 과학기술 사이의 관계에서 어떻게 작동하는지 고찰하고 '위험사회'(Risk Society)라는 개념을 주조했었다. 벡에게 있어 위험이란 현대사회의 작동 방식을 설명하는 데 필수적이면서도 가장 대표적인 개념이었다.[01]

벡의 해석으로부터 힘을 빌리면 재난이라는 현상뿐만 아니라 위험이라는 '문제'를 직접 마주할 수 있다. 특히 현대사회의 위험을 이야기함에 있어 과학기술은 굉장히 중요한 화두가 된다. 벡은 그가 말하는 위험의 주요 생산자 중 하나로 과학기술을 지목했다. 특히 과학기술이 군사, 안보나 경제 문제와 관련성이 깊을수록 더욱 위험의 경향성이 짙어짐

[01] Ulrich Beck, *Risk Society: Towards a New Modernity*, Sage Publication, 1992.

을 지적하며 각종 환경문제가 대두되는 현실이 이를 방증한다고 보았다.

과학기술의 발전과 함께 심화되는 위험사회에서 우리는 모두 예외 없이 위험에 노출되어 있다. 사회 이론가들이 부(wealth)가 어떻게 생산되고 분배되는지 면밀히 지켜보는 것처럼 위험사회에서는 위험이 어떻게 생산되고 분배되는지를 통해 사회를 이해한다. 위험사회에서 과학기술은 위험의 생산자이며 분배자라는 이중적인 지위에 있다. 위험사회에 대한 인용 중 가장 많이 등장하는 표현은 "스모그는 민주적"이라는 문구인데, '스모그'의 대척점에는 '빈곤'이 등장하고 '민주적'의 대척점에는 '위계'가 등장한다.

물론 스모그는 발생에만 초점을 맞춘 단순화된 사례다. 이를 실제 현실의 분석에 적용하면 훨씬 복잡한 문제가 된다. 스모그가 주로 발생하는 지역의 인구 구성, 인구의 이동 경로에 따른 영향, 조금 더 복잡하게 분석하자면 같은 지역 안에서도 스모그에 대처할 수 있는 이들과 없는 이들은 사실 사회경제적으로 전혀 다른 계층이라는 현실 등 다층적인 문제를 지적하게 된다. 실제로 같은 종류의 위험에 노출되어도 그 영향을 받는 정도가 사회적 경제적 상황에 따라 다르다는 분석은 재난 관련 연구에서 매우 중요한 발견으로 통용되고 있다. 이런 연구들의 발전 덕분에 우리는 재난 취약계층까지 모두 고려한 재난 대비 및 대응책을 마련할 수 있게 되었고, 더욱 근본적으로는 위험을 어떻게 분배해야 하는지 더 세밀하게 고민할 수 있게 되었다.

이와 같은 이론적 이해가 발전한다고 해서 위험의 존재가 재난으로 이어지는 것을 언제나 막을 수 있지는않다. 그렇다면 이를 막지 못하는 것은 제도이든 과학기술이든 어디엔가 문제가 있기 때문이라는 생각을 하게 되는데, 미국의 사회학자 찰스 페로(Charles Perrow)는 이런 현실적 한계가 필연적이라는 '정상사고(Normal Accidents)론'을 주장했다. 페로가 보기에 현대사회에서, 특히 과학기술과 밀접한 관련이 있는 분야에서 사고가 나는 것은 굉장히 당연한 일이었다. 많은 이들이 어떻게 하면 사고를 시스템에서 배제할 수 있을지를 고민할 때 그는 애초에 사고의 존재를 차단한다는 목표를 잡는 것이 정말로 우리 모두에게 도움이 되는 접근인지를 고민했다. 그는 현대사회가 기술적으로도, 제도적으로도 너무나 복잡해져서 모든 것을 파악하는 것이 힘들어졌고, 이것들이 서로 긴밀하게 연결되어 있기 때문에 사고가 나는 것은 그 자체로 매우 자연스러운 것으로 보아야 한다고 주장했다.[02]

얼핏 들으면 수긍이 되는 주장이지만, 사실 페로의 정상사고론은 상당히 극단적인 주장이다. 페로의 주장을 있는 그대로 해석하면 우리는 스스로가 설계한 시스템을 100% 파악하는 것이 아님을 인정해야 한다. 그렇기에 대책을 세우고 집행하는 것 또한 최소한도로 행해야 하는 입장이 될

[02] Charles Perrow, *Normal Accidents: Living with High Risk Technologies*, Princeton University Press, 1982.

수도 있다. 사고의 근원이 어디에 있고 어떤 경로를 통해 퍼졌는지 모르기에 대책을 잘못 설계하면 오히려 시스템을 더욱 복잡하게 만들어 사고를 악화시킬 수 있다는 의미이기 때문이다. 이전의 사고들은 문제의 범위가 독립적으로 작동하는 개별부품이나 기능에 종속되어 있었고 빈번하게 발생했지만, 정상사고는 한번 발생하면 딱히 원인을 특정할 수 없는 시스템 전체의 참사로 이어지는 문제를 뜻한다.

페로는 오늘날 우리 사회가 활용하는 각종 장치들이 대부분 복잡한 시스템이기에 사고 또한 대부분 정상사고의 형태를 띤다고 했다. 시스템이 복잡해지고 고도화된 만큼 각종 문제에 대비하고 대응하기 위한 안전장치들 또한 발전했지만 이 장치들도 시스템을 복잡하게 만드는 데 일조했다. 비록 아주 낮은 확률이지만 사소한 몇 가지 문제가 복합적으로 발생할 때, 그리고 누구도 이를 눈치 채지 못한 채 문제1이 문제2로 넘어가고 문제2가 3과 4를 야기하면서 어느새 눈덩이처럼 불어나, 대체 무엇부터 손을 봐야 하는지 알 수 없는 상황이 되어버리는 양상을 지적하는 것이다. 정상사고의 발생은 엔지니어의 잘못도, 관리자의 잘못도, 그렇다고 기계의 잘못도 아니다. 이런 특징으로 인해 정상사고론이 현실에서의 책임소재를 흐린다는 비판도 존재한다.

정상사고의 개념이 대형 사고 및 재난의 이해를 위한 새로운 방향을 제시하며 1984년 등장했다는 점, 그리고 위험사회 개념 또한 비슷한 시기에 등장했다는 점을 기억할 필요가 있다. 가장 대표적인 관점을 소개하기 위해 두 가지 커다란 예시만을 들었지만 이후에도 다양한 연구가 착실하게 진행되어 왔다. 각 연구들이 말하는 바는 조금씩 다르고 때로는 서로를 강하게 비판하기도 하지만, 한 가지 확실한 것은 과학기술을 '재난을 막는 도구'로만 해석하지는 않는다는 점이다.

제도, 재난, 과학기술

학자들이 산업화 이후부터 우리가 위험을 끌어안고 발전해 나간다는 이야기를 했다거나, 사고가 난다는 것이 그다지 특별하거나 예외적 상황이 아니며 그야말로 당연하고 정상적인 것임을 주장했다거나 하는 내용은 굉장히 거시적인 관점이다. 이런 분석이 존재한다는 사실을 염두에 두고 현실의 재난과 제도와 과학기술을 비판적으로 살펴보자. 한국에서는 최근 몇 년간 재난과 안전 관련해 많은 담론이 형성되었고, 다양한 제도적 변화와 과학기술 분야에의 지원이 있었다.

한국에는 〈재난 및 안전 관리법〉(이하 재난안전법)이라는 유서 깊은 법이 있다. 재난안전법은 떠올릴 수 있는 대부분의 사고, 재난 등을 모두 포괄해서 관리하는 법이다. 이 법에 따르면 재난은 자연재난과 사회재난으로 나뉜다. 자연재난은 태풍, 홍수, 강풍, 해일 등 모든 자연재해를 포함한다. 사회재난에는 화재, 건물붕괴, 교통사고, 전염병 등이 속하며, 종종 언급되는 인재도 사회재난에 포함된다.

재난안전법은 역사가 오래된 법이다. 그만큼 여러 차례 개정되었다. 재난의 종류를 자연재난과 사회재난으로 나누는 것도 다른 제도들, 시대상, 학술적 해석 등을 반영해 수차례 개정을 거친 결과다. 바로 직전까지만 해도 자연재해, 인적 재난, 국가 기반 재난의 삼분법을 취했는데, 2013년의 개정에서 인적 재난과 국가 기반 재난이 사회재난으로 통합되었다. 재난안전법의 개정 기록을 보면 재난을 정의하는 제3조가 지금까지 무려 11차례 개정을 거쳤다는 사실이 확인된다. 그만큼 재난의 정의는 유동적이다.

세부적인 항목들뿐만 아니라 법의 구조 또한 시대적 변화와 환경에 맞추어 형태를 바꿔 왔다. 『재난관리론』[03]의 정리에 따르면 한국에서 재난과 관련된 법안이 정식으로 만들어진 것은 1970년대가 처음으로, '민방위 기본법'을 통해 재난 관련 법의 기초를 만들었다. 이후 80년대와 90년대를 거치며 농어업이나 소방, 철도 등 지역 단위 이상의 피해를 입는 큰 재해와 재난에 대해 유형별 법령이 정립되었다. 이는 추후 90년대 후반에 이르러 통합법의 필요성을 주장하는 근거가 된다. 이후 자연재난은 '자연재해 대책법', 인위재난은 '재난관리법' 아래 관리되고 있다. 여기서 멈추지 않고 2000년대 들어서는 더욱 상위의 통합 법령의 필요성을 인정하고 2004년 3월 현재의 '재난 및 안전 관리법'이라는 형태를 갖추게 되었다.

[03] 이재은 외, 재난관리론, 대영문화사, 2006.

법이 제정되고 개정되는 과정에서 의사 결정 체계도 변화를 겪었다. 큰 틀에서는 의사 결정이나 관리 권한을 각 지자체나 위원회 단위로 분배하는 방향으로 나아갔다. 국무총리를 위원장으로 하는 중앙안전관리위원회, 그 아래의 중앙재난안전대책본부가 총괄하는 입장에 있고, 현장의 지휘감독은 각 시도의 재난안전대책본부가 시장과 도지사를 본부장으로 하여 대응체계를 조직하도록 했다. 사실 이런 자세한 이름들을 우리가 기억할 필요는 없다. 이상적인 그림이고 실제로 어떻게 돌아가는지는 또 다른 이야기이기 때문이다. 요지는 의사 결정 권한이 완벽히 중앙 집중화되어 있는 것이 아니라 다원화된 협력 구조를 지향한다는 점이다.

법과 대응체계의 역사를 간단히 추적하면서 알 수 있는 점은 한국의 제도가 재난을 인식해 온 역사가 '유형화'에 기반하고 있다는 점이다. 각각의 사고, 재난에 대응하는 법이나 제도를 만들고 운영하는 과정에서 통합법을 구축했기에 통합법 안에서도 다시 재난을 유형화하고 있고, 이는 재난과 관련된 다양한 법·기관·제도, 그리고 나아가서는 과학기술 연구개발의 시작점이자 분류 기준이 되고 있다.

구체적인 법령 안에서 살펴보면, 현행 재난안전법에서는 자연재난을 '태풍, 홍수, 호우, 강풍, 풍랑, 해일, 대설, 낙뢰, 가뭄, 지진, 황사, 조류 대발생, 조수, 화산 활동, 소행성 유성체 등 자연우주물체의 추락 충돌'로 정의한다. 사회재난의 경우에는 대통령령으로 정하는 예방사업 범주에 의해 집합적으로 정의하는데, 대통령령 제7조에 따르면 사회재난을 다루는 관련 법령은 '기상관측 표준화법, 농어촌 정비

자연재난	분류	사회재난
태풍 폭풍해일 지진해일 조수 급경사지 재해 황사 산불 한파 폭염 화산폭발 지진해일	유형	감염병 유행 가축전염병 유행 화학 생물 테러 교통 수송 건축물 붕괴 에너지 기반시설 파괴 정보통신 기반시설 파괴 보건의료 시설 파괴 폐기물 처리시설 파괴 용수 기반시설 파괴 화재 폭발 사고 가스 사고 방사능 사고 교통 사고 환경오염 사고

출처: 국립재난안전연구원 홈페이지로부터 필자가 재구성

법, 댐 건설 및 주변지역 지원 등에 관한 법률, 도로법, 산림기본법, 사방 사업법, 어촌 어항법, 연안 관리법, 지진화산재해대책법, 하천법, 항만법' 등이 있다. 정책의 성격이나 주무부처에 따라 조금씩 달라지기도 하지만 분류 방법은 일반적인 상식을 크게 벗어나지는 않는다. 조금 더 단순하게 보고자 한다면, 국립재난안전연구원이 제공하는 정보가 좋은 예가 된다.

유형별 재난 구분은 개별 사건·사고에 대한 기록과 관리를 용이하게 하고, 책임 소재를 분배할 때에도 편리한 기준이 된다. 다수의 시민을 대상으로 한 매뉴얼이나 교육 프로그램을 만들 때에도 유용하다. 이렇듯 효율성 측면에서 장점이 있다는 사실은 쉽게 짐작할 수 있으니, 겉으로 잘 드러나지 않는 문제에 초점을 맞추어보자.

유형화 접근은 시스템으로서 재난을 이해할 경우 오히려 걸림돌이 되기도 한다. 재난은 대개 제각각 고유한 사례이기 때문에 기존의 분류에 명쾌하게 들어가지 않는 경우가 많다. 이럴 때는 새로운 항목을 추가해야 하거나, 항목의 개념을 새로 정의하게 되고, 그 과정에서 기존 자료의 누적을 통한 분석이 힘들어진다. 법률 이야기를 조금 더 해보자면, 2015년을 기준으로 12개 부처와 1개 위원회에서 관리하는 개별법은 총 120건이었다. 위에서 언급한 기본법들을 제외하고서 말이다.[04] 얼핏 봐도 상당히 많다. 때문에 제도적 장치로서 현실에서 기능해야 할 때도 문제가 생기고는 한다. 가령 산불이 나면 어떻게 대응할까? 산림청은 산불을 '화재'보다는 '산림 관리'의 틀에서 바라봐야 하는 문제로서 관리하고 유관부서와 협력해 대응한다는 원칙을 고수한다. 소방본부의 입장에서 이는 엄연히 '화재'이므로, 화재 대응에 전문성과 권한이 있는 소방 측에서 관리하는 것이 피해를 최소화하는 방안이라 주장한다. 기록과 책임 분배를 하기 위한 시스템이 바로 그 이유 때문에 문제를 겪는 것이다.

[04] 장성희 외, 재난안전교육체계 정립을 위한 재난 유형체계 분류 및 표준화, 국립재난안전연구원, 2015.

하나 짚고 넘어갈 점이 있다. 재난의 대분류와 세부 분류는 딱히 엄밀한 과학적 기준에 따라 나뉘지 않았다. '인종'의 개념이 그저 피부색 차이에 문화적, 역사적 배경 차이가 적당히 더해진 상태로 고착화되었듯이, 재난의 분류는 겉으로 보이는 현상에 기반한 분류일 뿐이다. 예시로 살펴본 한국의 분류체계는 범국가적인 글로벌 표준이 아닌, 한국의 법이 사용하는 체계다. 이 분류는 결과적으로 재난 관련 정책에 대한 투자나 심지어 결과에 대한 평가에도 영향을 미치는 기준이 된다.

연구개발에서도 같은 장단점이 작용한다. 국가가 재난을 정의하는 방식에 따라 연구개발 계획과 투자 역시도 같은 틀 안에서 이루어지게 되니 너무나 당연한 귀결이다. 유형화에 기반한 체계는 재난을 결과론에 기초해 이해한 뒤 문제를 정의하고 이를 해결하려는 연구개발을 추진하는 방향으로 진행될 가능성이 높다. 이 연구개발에 대한 평가를 수행하고 피드백을 넣어 다음 계획을 세우는 과정 또한 같은 틀에서 진행된다. 이는 연구개발 사업을 위해서는 매우 효과적인 틀을 제공한다. 또 예산 배분이라는 관점에서 접근해도 누구나 수긍하게 된다. 정부의 연구개발 지원은 필요한 쪽에서 수요를 추정하여 신청하면 이런저런 검토를 거쳐 결과적으로 이만큼 주겠다는 것을 결정하는 심사 및 심의 과정이다. 최종 도장은 국회에서 찍는다. 예산의 종류에 따라 누가 어떻게 심의하는지 조금씩 다른데, 대부분의 예산이 꼭 검토해보는 항목이 바로 국가의 재정 건전성에 기반한 평가다. 이 평가가 중시하는 것은 바로 중복을 최소화한다는 기준이다. 중복의 범위를 어떻게 설정하는지에 따라 심사 결과는 요동칠 수 있다. 재난의 유형화는 바로 이 과정에서 큰 기여를 한다. 언제 닥쳐올지 모르는 다양한 재난에 대비하기 위해 원칙에 따라 위험을 중복 없이 분배하게 되는 것이다.

허나 이 접근에 대해서는 180도 다른 해석도 가능하다. 유형화란 원하든 원하지 않든 복잡한 재난이 일어나는 현실을 단순화하여 분류하는 작업을 의미한다. 위험사회나 정상사고에 대한 논의를 되새겨본다면 이런 '단순화'가 또 하나의 '위험'이 될 수 있다. 물론 법과 제도의 테두리 안에서 적당한 수준의 유형화와 분류를 거치지 않기는 힘들다. 다만, 유형화에도 차이가 있다. 방재 선진국이라고 인정받는 일본도 국가가 재난의 종류를 구분하지만, 이는 현상으로서 재난을 구분하고 이에 따라 각각의 대응책을 강구하기 위해서가 아니라, 피해 범위와 발생 확률에 따른 대응방식을 수립하기 위해서다.

조금 더 비판적인 시선을 견지한다면, 연구개발 사업과 재난안전정책의 본질이 충돌할 가능성을 경계할 필요도 있다. 최근 한국의 재난 관련 연구개발 중 가장 진지한 사회적 논의가 진행되었던 사안은 아마도 세월호 사고 이후 발표된 2015년의 계획이었을 것이다. '2015년 재난 및 안전관리기술 개발계획'(205쪽 표)을 보면 크게 다섯 가지의 전략을 선정했음을 알 수 있다.[05]

다섯 가지 전략에서는 맞춤형, 피해 저감, 선제적, 효율화 같은 키워드들이 경제적 관점의 진단과 접근이 전제된

듯한 뉘앙스를 풍긴다. '재난안전기술 활용 기반 구축 전략' 항목에는 재난안전산업 육성도 추진 계획에 포함되는데, 장기적으로는 관련된 시장을 만들고 싶다는 바람이 읽힌다. 이 계획을 재난안전정책의 틀에서 분석한 연구진은 '재난안전'이라는 키워드를 달고 있지만 '기술 개발'이라는 정체성에 더 초점이 맞춰져 있으며, 실제 예산은 개별 첨단연구에 집중된 현상을 지적했다.[06] 주로 신기술 개발에 주력하고 있고, 기존 기술의 활용 계획이나 사회적 약자를 위한 기술 등은 서류상에 존재하지만 배정된 예산들 간의 편차가 상당히 크다. 혹은 세부 예산에서 항목만이 존재한 채 실제로 예산은 배정이 되지 않은 경우도 있다.

계획의 평가 기준 또한 SCI[07]급 논문, 특허, 기술료 징수액 등을 주요 지표로 삼고 있는데 이는 전형적인 연구개발 계획의 평가체계여서 이것이 재난안전정책의 관점에서도 적합한 접근인지는 확신할 수 없다. 연구개발 사업으로서는 기존의 성공 모델을 따르고 있으나, 재난에 대응하는 정책

[05] 국가과학기술심의회 운영위원회, 2015년도 재난 및 안전관리기술개발 시행계획(안).

[06] KAIST 문술미래전략대학원/미래전략연구센터, MESIA 新산업 추격 전략, 지식공감, 2016.

[07] Science Citation Index, 과학기술 논문 인용 색인. 미국과학정보연구소(ISI)가 매년 전 세계의 중요 과학학술지를 선정해 발표하는 학술지 색인으로, 수록 논문은 영향력과 권위를 인정받게 된다.

전략	추진 계획	예산 (백만원)	비고
맞춤형 기술 개발로 재난 피해 저감	주요 재난재해 위험 분석 및 예측	15,966	
	반복적 재난재해 저감기술 개발	98,742	
	지역정보 기반의 재난재해 관리시스템 구축	139,344	
선제적 기술 개발로 신종 재난 대비	미래형 재난재해 예측 및 대응기술 개발	92,106	
	복합형 재난재해 예측 및 대응기술 개발	42,305	복구기술 개발 투자 계획 없음
	창조형 기술 개발을 위한 학제간 융합기술 개발	1,378	
생활밀착형 기술 개발로 국민 안전 확보	국민 공감 기반의 재난 안전사고 대응력 제고	4,840	
	생활 중심형 재난안전관리 기술 개발	130,597	
	사회적 약자를위한 안전관리기술 개발	0	전략은 있으나 투자 계획 없음
기술 개발 역량 강화로 재난관리 효율화	재난안전관리 인프라 구축	24,140	산학연 협력 기반 마련 투자 계획 없음
	인적 역량 강화로 재난안전관리 수준 고도화	1,840	인력 확보 투자 계획 없음
	범국가적 재난 대응을 위한 국제사회 협력 강화	500	기술이전 협력 계획 없음
재난안전기술 활용 기반 구축	재난안전기술 활용을위한 지식 DB화	1,320	현장 적용 계획 투자 없음
	기술 개발 성과의 현장 적용을 위한 기반 구축	300	재난안전 표준 분류 투자 계획 없음
	재난안전산업 육성 및 지원체계 구축	799	

출처: KAIST 문술미래전략대학원/ 미래전략연구센터, 『MESIA 新산업추격전략』, 2016.

으로서는 사회적 학습에 충분한 투자를 하지 못한다는 지적으로부터 자유롭지 못한 구성이다.

다양한 형태로 최신 연구 계획을 수립하는 것은 연구개발정책이 추구하는 당연한 방향이지만 재난안전정책이라는 틀에서는 생각해볼 여지가 있다. 기존의 재난 관련 연구개발이 과학지식의 생산이나 관련 기술 개발에 어떻게 활용되었는지 혹은 어려움을 겪었는지 알아보고 싶어도 자료를 찾기 힘들고, 각 연차별 성과와 새로 진행하는 사업의 중요성을 강조하는 연구개발 사업의 특성은 때로는 뒤를 돌아보는 일을 어렵게 만든다.

과학기술은 재난을 막는 '비브라늄 방패'가 아니다

재난안전정책은 공공정책 중에서도 굉장히 흥미로운 위치에 있다. 대부분의 정책이 국가가 잘 돌아가는 상황을 유지하려는—혹은 정상 상태보다 더 낫게 만들려는—목표하에 설계되지만, 방재 및 감재 정책은 국가의 시스템이 잘 작동하지 않는 상황에서 이를 최대한 원래대로 되돌리기 위한 목적하에 설계된다. 때에 따라서는 극단적인 접근을 시도하기도 하는데, 덕분에 국가가 과학기술을 이해하는 방식을(혹은 원하는 것을) 꾸밈없이 볼 수 있는 기회가 되기도 한다.

재난안전정책이라는 렌즈를 통해 간단히 리뷰해본 한국의 재난 대응체계와 그 테두리 안에 포섭된 과학기술은 특정 영역의 고장을 고치는 문제 해결사라는 독립적인 역할을 요구받고 있는 듯하다. 2018년의 재난안전기술 연구개발 사업은 여전히 2015년과 비슷한 관점을 견지하고 있다.[08] 시행계획 공고에 따르면 사업의 목적은 "각종 재난으로부터 국민의 생명과 재산을 보호하기 위해 과학기술에 기반한 재난안전기술 연구개발을 추진하고 안전산업 활성화를 통한 일자리 창출로 국민의 삶의 질을 향상하기 위함"이며 437억 원이 투자될 예정이다.

우리가 재난을 맞닥뜨릴 때 큰 피해를 입는 이유는 과학기술적 지식과 수단이 충분치 못해서만은 아니다. 기존의 인프라를 제대로 사용할 줄 몰라서일 수도 있고, 새로운 과학기술 성과들이 그야말로 '신'기술이어서 현장에서 써오던 기술들과 함께할 때 삐걱대기 때문일 수도 있다. 이미 되어 있어야 하는 것들이 되어 있지 않아서일 수도 있다. 또, 전략은 짜여 있었으나 예산이 배분되지 않아 사실상 실행되지 않은 계획들이 누적된 결과일 수도 있다. 정확히 말하면, 이것들이 모두 얽혀 있기 때문일 것이다.

새로운 과학기술을 개발해서 다가올 재난을 막겠다는 접근은 유효하지만 한계가 있다. 애초에 질문이 무엇인지 모르는데 정답이 나올 수는 없다. 2007년의 허베이스피리트호 유류 오염 사고[09]를 보며 우리 사회가 생각해야 했던 질

[08] 행정안전부, 2018년도 행정안전부 재난안전기술 연구개발사업 시행계획.

[09] '태안 기름 유출 사고'라는 이름으로 널리 알려졌다.

문은, 선박의 강판을 강화할 방안이나 기름 유출을 막을 이중 삼중의 공학적 대안들, 자동 충돌방지 기술의 유무와 성능에서 그치지 않는다. 우리에게 필요한 것은 적절한 질문이다. 어떤 맥락이, 어떤 사회경제적 구조가 이 사고가 발생할 환경을 조성하는 데 일조했는지부터—왜 나쁜 기상상황에도 운행을 해야만 했는지, 항만 당국과 선박 간의 교신체계와 권한 및 책임 분배는 어떠했는지, 배의 운항 수명은 어떻게 결정되는지—캐물어야 비로소 이와 대응하는 과학기술적 대안을 논할 수 있다.

우리는 더욱 '다양한' 질문을 할 필요가 있다. 어떤 재난은 지금까지 ○○명의 사상자를 냈으며, 그렇기에 A재난보다는 B재난이 위험하다는 방식의 접근은 관련 연구개발비의 배분에 관여할지언정 해당 재난 상황에 놓인 이들과는 거리가 먼 데이터를 생산할 뿐이다. 다양한 질문은 현상으로서의 재난이 아닌 재난 상황과 맥락을 향하고, 어떤 사람들이 피해를 입었는지 살펴보고, 정말 필요한 지식을 생산하는 데 기여할 수 있다. 미국 사회학자 에릭 클리넨버그의 연구가 좋은 본보기가 된다. 1995년 7월, 시카고에 극심한 폭염이 덮쳐 한 달간 무려 700명 이상의 인명이 목숨을 잃었다. 질병관리본부는 이처럼 피해가 컸던 원인을 파악하기 위해 조사를 벌였고, 중요한 사실을 밝혀냈다. 폭염으로 인해 사망 위험을 증가시킨 여러 요인 중 하나가 지역민들의 '사회적 고립'이었다. 혹서라는 자연재해가 사회경제적 요인에 의해 취약계층에 더 큰 피해를 준다는 연구 결과는 세계적으로도 주목을 받았다.

클리넨버그는 이와 더불어 취약계층의 고립 과정에서 지역단위 사회의 영향에 주목했다. 론데일 북부와 남부 지역을 비교한 그의 연구에 따르면 다른 조건들이 비슷함에도 북부에서 피해가 심했던 데에는 지역 공동체 붕괴의 영향이 컸다. 치안 문제는 사람들이 공동체를 형성하는 데에 악영향을 주었고, 결국 폭염에도 이웃이나 사회안전망에 도움을 요청하지 못한 채 집 안에서 고스란히 피해를 입거나, 주변을 돕지 못한 것이다. 클리넨버그의 연구 이후 시카고시는 보다 더 적절한 대책을 수립해 인명 피해를 대폭 줄일 수 있었다.[10]

사회역학자 김승섭은 재난, 국가, 그리고 개인의 건강 사이의 관계를 보여주는 하나의 사례로서 클리넨버그의 연구를 제시한다.[11] 재난을 막는 과학기술의 부재가 아니라, 우리가 재난으로부터 무엇을 배우고 기억해야 하는지 묻는 것이다. 한국의 경우, 각종 재난 교육이나 매뉴얼에서는 장애인에게 재난 상황에서 '도움을 요청해라, 기다려라', '엘리

[10] Eric Klinenberg, *Heat Wave : A Social Autopsy of Disaster in Chicago*, University of Chicago Press, 2002.

[11] 김승섭, 아픔이 길이 되려면, 동아시아, 2017. 시카고 혹서의 사례는 〈불평등한 여름, 국가의 역할을 묻다〉라는 제목으로 소개되었으며, 책의 첫 번째 장 "말하지 못한 상처, 기억하는 몸"의 한 부분이다. 이 장 전반에 걸쳐 일견 추상적으로만 느껴지는 사회적 불평등이 어떻게 개개인의 몸, 건강에 실제로 영향을 주고 흔적을 남기는지 이야기한다.

베이터를 타지 말라'고 권고한다. 하지만 장애인에게 엘리베이터는 사실상 유일한 자력 탈출 수단이다. 원칙적인 권고만 되풀이한다면 현실에서 이들에게 남는 옵션은 대체 무엇인가?[12] 이는 우리 사회가 재난의 차별적 특징을 잘 모르거나 외면한다는 방증이다. 더 많은 과학기술이 자연스레 차이를 좁혀준다는 보장은 어디에도 없다.

과학기술 연구와 생산물은 국가가 재난으로부터 무언가를 학습하는 데에 기여할 수 있다. 그리고 이를 실제로 수행하는 전문가에게 적극적인 사회경제적 지원을 해야 한다. 하지만 과학기술은 스스로의 힘만으로 재난을 예측하고 대비하고 대응까지 해내는 만능 방패가 되지는 못한다. 혼자 알아서 재난의 사회적 차별을 줄여 사회정의를 실천하는 방향으로 작동하지도 않는다. 이는 현실적이지도 않거니와 연구자들에게 실현 불가능한 대안을 짜내라는 압박을 넣어 온전한 연구개발을 가로막는 장벽이 된다. 2018년의 한국 시민들이 공유하는 재난에 대한 인식 방향과도 동떨어진다.

지난 몇 년간을 거치며 시민들이 재난을 이해하고 받아들이는 방식에는 꽤나 큰 변화가 있었다. 우리 사회는 짧은 간격으로 세월호 사고와 메르스를 겪었다. 기존의 접근법을 따르자면 배가 침몰하는 것과 감염병은 다른 재난이다. 헌데 메르스가 퍼져나가고 이에 대응하는 과정에서 시

[12] 재난 때 엘리베이터 타지 말라고 하는데, 그럼 휠체어 탄 사람은요?, 비마이너, 2018.7.5.

민들은 세월호를 떠올렸다. 우리 사회는 더 이상 세월호와 메르스를 해상재난과 감염병이라는 현상 기반 분류체계 안에서 이해하지 않게 된 것이다. 사람들은 그보다는 재난이 제도적으로, 사회적으로 진행되는 양상의 유사성을 지적하며 같은 재난이 반복되고 있다고 느꼈고, 언론은 이를 바탕으로 이전보다는 조금 더 방재정책의 구조에 대한 이야기를 다루었다.

두 재난은 특성상 발생부터 수습에 이르기까지 과학기술에 연관된 해석과 개입, 논쟁이 많았다. 이 과정에서 다양한 종류의 지식과 전문가가 서로 대립하고 논쟁하는 모습이 널리 노출되었다. 국가 시스템뿐만 아니라 과학기술 또한 현재 상태와 평소의 진짜 모습—빠른 시간 안에 결단을 내리기 힘들고, 전문가들끼리도 한 사안에 대해 입장 차이가 극명하고, 같은 현상을 해석하는 방법도 다르다—을 드러내 보였다. 시스템이 고장난 것이 아니라 평소에 잘 내리고 있던 가림막이 사라진 모습을 다들 보게 되었을 뿐이다.

현대의 재난은 '독립적인 사고'로 판정되지 않는 특성이 있다. 사고와 사고가 연결되고 피해가 피해를 부르는 식의 연쇄가 일어나 재난이 된다. 허리케인이나 산불 같은 재해가 그 자체로 사회적 기억을 남기지는 않는다. 그것이 연관된 사회 시스템의 (오)작동들과 직간접적인 피해들이 발생하면서 고통이 증폭되는 과정에서 기억이 생겨난다. 따라서 과학기술을 통해 재난에 대비한다는 전략 또한 시스템 관점의 접근을 필요로 한다. 개별 연구를 진행하는 연구자들에게 만능 방패를 만들어내라는 과도한 부담을 떠넘기면 재난 상황에서 그 피해는 사회 전체에 미치게 된다. 일본의 경우, 정부와 과학기술자들은 재난을 해석 가능한 탐구 대상으로 보았을 뿐만 아니라, 한편으로는 이것이 지극히 불확실하고 현장 중심적인 시스템이라는 점을 인정했다. 일본 정부는 과학기술자들이 일본의, 지구의 데이터를 모아 실험실로 가져와 재현해내는 과학적 작업을 지원했으며, 이 모든 노력이 방재 및 감재를 위한 작업이라는 점 또한 명확히 했다. 연구개발과 재난안전이 서로를 수단화하지 않고 함께 갈 수 있는 길은 어딘가에 분명히 있다.

일본의 방재정책이 고민했던 것은 지극히 지엽적이고 일반적이지 않으며, 재현이 가능한지 판별할 수 없는 데이터를 어떻게 하면 최대한 많은 사람들에게 조금이라도 경험시킬 수 있는지였다. 숙고 끝에 방재정책은 각 지역의 상황을 잘 아는 지역 커뮤니티를 기본 단위로 설계되었다. 일본의 전문가들은 대중에게 계몽적인 태도를 취하지 않았다. 대중은 물어야 한다. 또한 전문가들은 대중으로서는 묻기 힘든, 하지만 재난과 관련해 굉장히 중요한 질문들을 끊임없이 만들고 유통하는 역할을 했다.[13]

어쩌면 우리는 아직 정상사고나 위험사회의 논의, 그리고 그후의 연구들이 전달하려는 바를 현실의 방재정책이나 과학기술정책의 영역에서 유의미한 논의로 인정하지 않

[13] 이강원, 공공의 지구: 일본 방재과학기술과 지진 재해의 집학적 실험, 서울대학교 대학원 인류학과 박사학위논문, 2012.

고 있는 건 아닐까? 인정했다 하더라도 잘 흡수하지 못한 것 같기도 하다. 사고와 재난을 뭔가 굉장히 예외적이고 커다란 문제로 보고 있는 것이다. 그리고 이를 빠른 시간 내 원래 상태로 되돌리기 위해 과학기술을 총동원한 수리에 급급했을 뿐이라는 '느낌적인 느낌'을 받는다.

재난과 과학기술의 관계는 그저 일방적이지만은 않다. 방재를 위한 과학기술정책인지 혹은 과학기술정책 진흥을 위한 방재인지 헷갈릴 수도 있다. 사실 헷갈린다는 부분이 바로 포인트다. 헷갈리는 관계 덕분에 방재의 명분으로 연구개발이 진행되기도 하고, 연구개발의 힘을 빌려 시장성이 전혀 없는 방재 관련 과학기술 연구를 진행할 수도 있는 셈이다. 우리에게는 이 줄타기를 잘하는 노하우가 필요하다. 언제나 그렇듯 아주 식상한 이야기지만 문제는 균형이다. 연구자가 슈퍼히어로가 되기를 기대받고, 과학기술이 재난을 막는 비브라늄 방패[14]로 환원되는 순간, 우리는 환상 뒤에 숨어 있는 진짜 재난의 위험에 노출된다.

[14] 마블 코믹스 원작의 슈퍼히어로 영화 〈캡틴 아메리카〉에서 주인공이 들고 있는 '절대 깨지지 않는다'는 방패. 비브라늄이라는 가상의 금속이 '지구상에서 가장 단단한 물질'이라는 설정이다.

8장

보이지 않는 기술자
Invisible Tehnician

모든 집단이 그렇겠지만, 과학기술계에도 꼭 필요하지만 잘 보이지 않는 사람들이 있다. 연구라는 것이 그저 박사급 연구원'만' 잔뜩 모여 있다고 훌륭하게 완성되지는 않는다. 하나의 연구를 완성하기 위해서는 이를 돕는 수많은 인력이 필요한데, 이들의 '연구 참여, 연구 기여'는 잘 보이지 않고 잘 드러나지도 않으며, 기록조차 잘되지 않는다.

이는 과거로부터 오래 이어져온 고질적 문제다. 우리는 위대한 과학자, 예를 들자면 보일의 법칙(Boyle's Law)의 로버트 보일(Robert Boyle)은 알고 있지만 그의 실험들—누가 비커에 용액을 넣었고, 누가 옆에서 초시계를 들고 화학반응까지 몇 초가 걸렸는지를 쟀고 등등—을 정확하게 '누가' 했는지는 모른다. 당연히 보일이 했겠지 혹은 적당히 보일이 뭔가 했겠지라고 짐작할 뿐이다. 과학사적 연구에 따르면 이는 전혀 사실이 아니다. 보일은 대개 실험의 개념과 '이렇게 저렇게 하면 될 것 같은데?' 정도만을 제시했다. 연구의 기반이 되는 실제 실험—손과 몸으로 하는 육체노동—은 주로 하층계급에 속하는 그의 조수들이 수행했으며, 이들은 논문에 이름을 올리지도 못했다. 과학사 연구자들이 과거의 과학 연구를 수행했던 보이지 않는 존재들을 호명하지 않았다면, 우리는 우리가 철석같이 믿고 있는 진실이 반쪽짜리라는 사실을 영영 알지 못했을 테다.

현대 화학의 아버지라 불리는 라부아지에 또한 그의 연구실에 실험을 돕는 많은 조수를 두었고, 다시 이 실험의 기록을 돕는 그의 부인이 있었다. 과학사가들의 연구에 힘입어 이제는 많은 이들이 라부아지에 부인의 간략한 인생사와 재능, 그리고 라부아지에의 업적에 그녀가 기여한 공로를 알게 되었다. 뒤집어 말하면, 역사가들이 파헤치고 파헤쳐 이 같은 사실을 알아내기 전까지는 놀랍게도 표면에 드러나는 제대로 된 가록이 없었다.

더욱 문제는 이러한 인식이 알게 모르게 지금까지도 이어져 오고 있다는 점이다. 가령 과학 기사를 쓸 때 'A교수가 B를 규명했다'는 식의 보도는 우리가 아직도 라부아지에에게서 한 발짝도 벗어나지 못했음을 드러낸다. A교수가 아무것도 하지 않았다는 뜻이 아니다. 과학기술 분야의 연구 과정을 어느 정도 아는 사람이라면 'A교수는 연구의 어느 과정에서 어느 과정까지 참여했을까' 하는 궁금증을 갖지 않을 수 없다. 연구 아이디어도 내고 실험 설계와 데이터 해석의 논리적인 토론에 참여했다는 데까지는 다들 인정할 수 있다. 하지만 해당 연구의 핵심을 이루는 실험 과정 그 자체라던가 데이터 해석[01]은 아마도 A교수 연구팀의 어떤 학생이 주로(때론 모두) 했을 것이다. 이런 일반적인 상황을 감안한다면 기사의 제목에서 연구를 주도했던 1저자의 이름과 연구에 도움을 준 사람들의 이름을 PI[02]이자 교신저자[03]인 A교수의 이름과 함께 언급해야 하는 것이 아닐까?

다소 큰 이야기이지만 우리가 누리고 있는 현재의 인권은 지금까지 쉽게 무시되고 보이지 않던 이들의 실태를

[01] 이른바 '코딩 노가다'라든가, 엑셀로 실험 데이터를 정리한다든가 등등.

드러내고 그들의 처지를 개선함으로써 포괄적으로 개선되곤 했다. 역사학은 이 흐름과 함께 인류 역사상 의도적으로 무시되거나 숨겨졌던 이들의 이야기를 밖으로 끄집어내어 세상을 바라보는 시선을 다양하게 만들어줬고, 과학사학 또한 이 거대한 흐름에 동참했다. 이를 통해 학자들은 과학으로부터 소수의 천재가 가진 영감과 노력의 결실이라는 영웅 신화를 부단히 걷어낼 수 있었다. 과학은 종종 노동집약적이었고, 완벽하지 않은 인간의 특성상 숱한 실패를 동반할 수밖에 없었던 집단적인 노력의 산물이었다.[04]

[02] Principal Investigator의 줄임말로 보통 연구 프로젝트의 책임자를 가리킨다. 대부분 교수가 맡는다.

[03] 교신저자(corresponding author)는 학술지 편집자 또는 다른 연구자들과 연락을 취할 수 있는 저자를 말한다. 교신저자를 지정하는 이유는 논문과 관련하여 질문이 있거나 문제점이 발견되었을 때 연락을 취하여 조치하기 위해서다. 이 또한 보통 지도교수나 연구책임자인 PI가 맡는 경우가 많다. 세부적인 사항으로 들어가면 학계 안에서도 각 분과의 전통과 문화에 따라 1저자, 교신저자 없이 알파벳순으로 나열하는 경우도 있다.

[04] 김태호, 영웅담의 포로가 된 과학기술사: 대중문화 상품 속의 한국 과학기술사에 대한 사례 분석, 한국과학사학회지, 제35권, 제3호, 2013, 481~498; 김태호, 근대화의 꿈과 과학 영웅의 탄생: 과학기술자 위인전의 서사 분석, 역사학보 제218집, 2013, 73~104; 임태훈·이영준·최형섭·오영진·전치형, 한국 테크노컬처 연대기-배반당한 과학기술입국의 해부도, 알마, 2017; 김미향, 한 용접공의 노력이 '19년 관행' 바꿨다, 한겨레, 2015.9.3.

한국에 수많은 직장인이 있지만 윤태호 작가의 웹툰 『미생』이 등장하여 직장 생활의 실상과 이 시대의 삶과 노동에 대해 더 풍부한 논의가 이루어질 수 있었듯, 내로라하는 유명 과학자 몇 명의 이야기보다는 언론에 보도될 가능성이 낮은 보통 과학인들의 이야기를 발굴해 그들의 이야기를 들어보는 것이 어쩌면 현실의 과학기술정책에 더 중요한 참고자료가 될 수 있지 않을까? 이 장에서는 대중매체를 통해 과학을 접해서는 쉽게 보이지 않는 사람들에 대한 이야기를 좀 더 해보도록 하겠다.

보이지 않는 그들, 인비저블 테크니션

상술한 보일의 이야기로 돌아가보자. 보일은 프랜시스 베이컨의 영향을 받아 실험을 중시했다. 그의 업적으로 전해지는 $PV=k$, 즉 '일정한 온도에서 일정량의 기체의 부피(V)는 압력(P)에 반비례한다'는 보일의 법칙이 실험 없이 도출되기 힘들었으리라는 건 분명하다. 그렇다면 누가 기체의 양과 온도를 일정하게 맞추면서 압력과 부피를 재고 그때마다 기록을 했던 것일까? 보일은 귀족 자제였고, 왕립학회의 초기 멤버였다. 때문에 아무리 실험을 중시하는 성향이었다 해도 그가 몸소 실험을 했으리라고는 믿기 힘든 것이 사실이다.[05]

과학사학자 스티븐 셰이핀은 「The Invisible Technician」[06]이라는 글에서 과거에 과학이 행해졌던 실험실은 어떤 공간이었는지 자세하게 서술한다. 그중 한 대목을 보자.

> *보일의 연구실은 과학 지식을 생산하기 위해 상대적으로 뚜렷이 구별된 일을 각자 맡아서 하는 사람들로 꽉 들어차 복작복작한 작업 공간이다. 연구 초기부터 보일은 직접 글을 쓰는 일조차 드물었기에 한쪽 구석에서 대필자들 중 한 명에게 구두로 지시를 내리고 있을 뿐이었다. 보일이 보고, 지시하고 있는 연구노트조차 사실은 다른 사람들의 손으로 만들어진 것이다. 조수는 주인(보일)의 눈이 피로해지는 것을 피하기 위해 과학책들을 읽고 요약 정리해서 주기도 한다. 바쁜 날에는 여러 명의 화학 실험 조수들이 보일을 위해 실험실에서 증류, 아말감화, 정류 작업을 관찰하고 기록한다. 다른 조수들은 공기펌프와 유체역학 실험기기(hydrostatic instrument)들을 가지고 실험을 했다. 보일의 집에 사는 약제상은 약으로*

[05] 비록 정확한 기록으로 남아 있지 않지만, 셰이핀에 따르면 보일은 본인이 직접 작성한 문서들에서 "건장하고 성실한 조수들"에 대해 감사의 말을 남겼다. 기체와 압력과 진공을 다루는 보일의 실험의 특성상 이런 실험들이 그저 한두 명이 붙어서 했다고 보기는 어렵다. 또 힘을 써야 하는 실험이었기 때문에 대부분 남자가 했을 것으로 추정된다.

[06] 1989년 학술지가 아니라 대중잡지에 발표했던 글. Steven Shapin, The Invisible Technician, *American Scientist*, Vol. 77, No. 6, 554~563.

쓰기 위해 약초 추출물들의 팅크(tinctures)[07]*를 만들었다. 기술자들은 보일의 지시에 따라 밖으로 나가 실험과 관찰을 하고 그 결과물들이 담긴 노트를 가지고 돌아온다. 때로는 기구를 만드는 사람들이 관찰·실험도구—펌프, 기압계, 온도계, 현미경, 망원경 등—를 개선하거나 수리해서 연구실에 방문하기도 한다. 보일의 동료이자 한때 조수였던 로버트 훅은 기계장치, 화학약품, 과학 출판물을 가지고 일주일에 여러 번 연구실에 방문하거나, 가끔은 여러 날 동안 머무르며 연구실에서 일하기도 한다. (2년 후, 훅은 건축설계사로서 역량을 발휘해서 보일을 위해 완전히 새로운 연구실을 설계해준다.) 여종은 보일에게 식품 저장실에서 찾은 빛나는 고깃덩이에 대해서 보고한다. 하녀들은 보일의 실험을 위해 도축업자에게 받아 온 동물의 피가 담긴 얕은 사발, 공기펌프의 수신부에 놓일 과일, 생선, 파리, 그리고 대필자들이 보일에게 읽어줄 우편물을 가지고 드나든다.*

초·중·고등학교를 거치며 조그마한 실험이라도 해본 이라면 안다. 실험이란 게 생각보다 그렇게 쉽지 않고, 심지어 결과를 알고 있는 실험일지라도 단번에 동일한 결과가 나오지도 않는다는 것을 말이다. 이미 많이 검증된 실험들을, 쉽게 구

[07] 알코올에 혼합하여 약제로 쓰는 물질.

할 수 있는 실험장비와 시료를 가지고 교과서가 시키는 그대로 재현해보려 하지만 잘되지 않는다. 보일이 했던 실험들은 훨씬 더 어렵고 막막했을 법한데, 그런데도 보일은 자신의 실험실에서 명령과 지시를 내리는 입장이었지 무언가를 직접 하지는 않았다. 일정한 온도를 유지하기 위해 솥 앞에서 연료를 쉬지 않고 넣는 일을 직접 하지 않았을 것이고, 갖가지 실험기구들을 직접 고치러 다닐 일도 없었을 것이다. 위에 인용한 셰이핀의 글에 따르면 보일은 논문이나 연구노트도 직접 쓰지 않고 대필가를 고용했다. 더욱 놀라운 사실은, 비록 신분제가 존재하던 시절이긴 했지만, 귀족이었던 보일은 다소 귀찮은 작업인 '글쓰기', '사전 문헌 조사' 따위를 몽땅 누군가에게 맡겼다는 점이다. 그렇다면 보일은 연구를 한 것이라 할 수 있을까?[08] '보일의 법칙'의 어디부터 어디까지를 보일의 기여라고 할 수 있을까? 과연 이것을 보일의 법칙이라고 이름 붙이는 것은 타당할까?

이러한 이야기는 지금 우리 주변에서도 발견된다. 최형섭의 〈진격의 독학자 5. 초자 장인 김종득, 김진웅〉[09]을 보면 한국의 연구소와 대학에서 쓰이던 실험장비들을 직접 만들었던 장인들이 등장한다. 이들 또한 보일의 연구실에서

[08] 보일이 자신이 생각하는 법칙에 대해서 전반적인 설명은 할 수 있겠지만, 실험에서 필수 불가결했을 불떼기를 통한 미세한 온도 조절에 관해서는 전혀 전문성이 없을 것이다.

[09] 최형섭, 1200도 불꽃 자유자재로…과학 한국 우리 손에 달려, 한국일보, 2016.1.31.

이뤄지던 일과 사뭇 비슷한 일을 하고 있다. 보일의 포지션에 앉아 있는 현재의 교수와 연구원들이 초자로 실험장비나 기구를 만들어 달라고 주문하면 장인들이 이를 제작한다. 비록 연구자들은 마치 보일처럼 자신들의 연구에 대해 잘 설명할 수는 있겠으나, 그 연구에 사용되는 실험장비를 어떻게 제작하는지에 관해서는 전혀 문외한일 수 있다.

> *자기가 하라는 대로 딱 하라는 거여. 그런데 그 물건은 백 번 해도 안 되는 거여. 선배(교수)들이 다 해봤던 거고. 나는 안 되는 걸 알아.*

이 초자 장인은 이제는 학생들이 말하는 것만 들어도 어떤 실험을 하려는 것인지 대강 알겠다고 한다. 도대체 말이 안 되는 요구를 하면 몇 가지 조언을 해주고, 지도교수와 의견을 나눈 뒤 다시 찾아오라고 조언하기도 한다. 숨은 지도교수 역할을 하는 것이다.

긴 세월 동안 초자를 만져온 장인들은 어느새, 비록 이론적인 지식은 부족할지 몰라도, 경험과 학습을 통해 쌓아 올린 암묵지(tacit knowledge)를 통해 특정한 실험의 성패를 예측할 수 있게 된 것이다. 실제로 이런 테크니션(technician)들의 조언과 예측은 그 자체로 연구자들에게 도움이 되어 연구설계 단계부터 시행착오를 줄여주기도 한다. 로버트 보일의 '조수'들 또한 말 그대로 조수들이 아니라, 현 시대의 초자 장인들처럼 그들이 쌓아 올린 나름의 암묵지를 바탕으로 보일의 실험을 주도했으리라. 허나 이 장인들의 노하우와 암묵지에 나름의 전문성이 있다는 사회적인 인식이나 공감대는 몹시 희소했고, 그런 사정은 지금도 마찬가지여서 애석하게도 그들은 점점 사라지고 있다.

연구보조 인력의 중요성

연구기관은 연구를 하는 곳이지만 박사급 연구원만으로는 굴러가지 않는다. 실험 재료 공급자, 실험실 관리자(유독물질 관리자, 실험동물 관리자 등)는 물론이고 청소부도 반드시 있어야 한다. 뿐만 아니라, 한 연구실에서 구매하기에 너무 비싸 여러 연구실이 공동구매한 고가의 장비가 있다면 이를 관리하는 사람도 필요하고, 연구소의 서버실이나 인트라넷을 관리하는 사람까지 다종다양한 인력이 있어야 하나의 연구기관이 제대로 돌아간다.

필자들도 연구자가 되기 위한 교육을 받았던 경험만 있지, 연구를 지원하는 사람들과 접할 기회가 많이 없었다. '보이지 않는 테크니션'이라는 학술적인 주제와 연구 결과를 접하고 나서 필자들은 연구자들을 만날 때면 학술 연구를 하기 위해 반드시 해야 하는 연구 외의 일들—장비 구매, 시약 구매, 재료 수급, 장비 수리, 안전 관리 등—에 대해서도 물어보곤 했다. 탐문을 통해 알게 된 건, 연구기관이 제대로 굴러가기 위해서는 뛰어난 박사급 연구자뿐만 아니라 연구자들이 연구에 집중할 수 있게끔 그들을 지원하고 보조하는 인력이 생각했던 것보다 훨씬 중요하다는 사실이었다.

연구보조 인력하면 갖가지 행정 및 관리 업무를 지원하는 인력을 떠올리게 되는데, 이들 외에는 없을까? 필자들이 만나보았던 국내 한 연구 중심 대학의 시설관리팀장의 가장 큰 관심사는 어떻게 하면 연구원들이 내놓는 음식물 쓰레기 처리 및 분리 수거를 잘할 수 있을지와 정부 시책에 맞춰 기관 차원에서 전기 사용량을 줄이는 일이었다. 정부기관에서 실내 온도를 특정 온도로 제한하고, 에너지 사용량을 줄이라는 공문을 계속 내려보내고 있지만, 이공계 연구기관의 특성상 24시간 365일 항온 항습 상태를 유지해야 하는 경우가 많다. 연구자들이 제대로 연구하기 위해서는 시설이 상시 이용 가능해야 하지만, 에너지 절약이 최우선 목표인 상급기관의 입장은 그것이 아닐 수도 있다. 이럴 경우 시설관리·운영의 노하우가 있으며 연구자들의 고충을 이해하는 시설관리자가 있을 때와 없을 때 기관의 대처 방식은 매우 달라진다. 전자의 경우라면 '연구자들의 입장은 이해하지만, 정부 방침이라 어쩔 수 없다'는 입장을 고수하려 들 것이다. 연구 진행과 시설 운영을 조화롭게 병행하려는 관리자라면 다른 부문의 절약을 통해 정부 방침에 맞추려고 할 것이다. 이런 대처 방식의 차이는 별것 아닌 것 같아 보여도 향후 연구 결과에 크나큰 차이를 가져올 수 있다.

시간을 조금 더 거슬러 올라가보면 색다른 연구보조 인력과 만나게 된다. 바로 연구소 건설 책임자다. 연구소를 짓는 일은 연구소를 운영하는 것과 비슷하면서 다르기도 한데, 연구소 운영 관리자는 이미 지어진 연구소를 연구자들에 맞춰 여러 규제와 법을 지키며 운영하면 된다. 연구소 건설 책임자는 미래에 이곳에서 연구할 연구자들이 향후에 필요하게 될 시설 및 장비까지 고려해야 하는 입장이다. 게다가 아파트나 오피스텔 건물처럼 어느 정도는 정해진 틀이 있는 건축물과는 달리 연구소나 연구기관은 대부분 범용성이 그다지 크지 않은, 특정한 연구를 목적으로 지어지는 건축물이라는 점에서 연구에 미치는 영향력이 항구적이다.

연구자들은 대부분의 경우 연구에 필요한 장비와 도구를 쓰는 데 익숙하고, 어떤 이들은 그런 연구용 장비나 도구를 만드는 것을 연구 분야로 삼기도 한다. 그러나 막상 본인이 연구를 하는 공간이 어떻게 만들어지는지에 대해서는 그다지 궁금해하지 않는다. 사실 그럴 수밖에 없는 것이, 대부분의 경우 연구실과 연구소는 이미 지어져 있고, 연구자들은 몸만 들어가서 연구를 하기 때문이다. 그렇지만 그곳은 어느 누군가가 미리 다음과 같은 가정과 계산을 한 뒤에 만들어진 곳이다.

연구소의 규모는 정부에서 이 특정한 목적의 연구소를 설립하기 위해 내어준 자금과 규제에 따라서 대략 정해지기 때문에 4층을 넘길 수 없다. 특정한 실험을 하기 위해서는 2층 높이의 냉동 창고가 필요하기 때문에 이 건물의 오른쪽 부분의 설계에는 천장을 트는 구조를 생각해야 한다. 4층 건물과 주어진 부지와 수용해야 하는 연구원의 수를 고려하면 필수적으로 있어야 하는 시설-로비, 남녀 화장실, 창고, 회의실, 휴게실, 식당 등-을 제외하고

실질적으로 들어갈 수 있는 연구실의 개수는 n개이다. 이를 위해서 전기, 수도, 전화선, 냉난방 시스템, 환풍 시스템, 인터넷 공사가 각각 진행되어야 한다. 연구를 위해서는 특정한 온도, 습도, 기압, 환경을 만들어줘야 하는 경우가 있다. 무향실, 잔향실, 암실, 항온항습실, 무균실, 음압실, 클린룸 같은 특수 목적의 실험시설이 들어올 경우가 있는지에 따라 추가로 고려해야 할 사항들이 있다. 전기는 연구실의 연구원들이 주로 사용할 장비들이 무리 없이 돌아갈 수 있도록, 그에 더해 추후에 추가로 장비를 들여올지도 모르므로 넉넉히 끌어와야 한다. 24시간 안정적으로 돌아가야만 하는 장비가 있는 경우, 전기선 공사를 따로 해야만 하는지도 확인이 필요하다. 연구실 안에서 수도를 쓸 일이 있는지, 고온의 혹은 저온의 수도를 쓸 일이 있는지도 확인해야 한다. 날씨와 기후를 고려하여 내부 공사는 특정한 계절에는 하지 못하므로, 이 또한 조정해야 한다. 실험실 내 안전을 고려하여 유독물질이나 유해물질 처리 공간을 따로 만들거나 이를 정제할 시설이 필요할 수도 있다.[10]

이는 국가마다 1~2개 정도의 제한적인 수효로 지을 만한 연구소를 가정하고 가상으로 써본 것이다. 대부분의 건축물을

[10] 팟캐스트 〈과학기술정책 읽어주는 남자들〉, 인터뷰 54화 어떤 연구소 건설 책임자와의 대화, 2017.9.1 업로드분을 참고하여 재구성.

짓는 데 신중히 고려되는 안전사고 방지 설계, 재난 대비 시설, 기본적인 편의시설 외에도 연구실의 목적과 연구의 방향성에 따라 건설 초기 단계부터 고려해야 할 사항이 정말 많다. 그렇다면, 연구자들이 연구소 건설에 적극적으로 개입하면 되겠다고 생각할 수도 있다. 허나, 애석하게도 연구자들의 전문성은 연구소 건설에 있지 않으며, 훌륭한 연구소를 '건축'한 것이 연구자로서의 경력에 그다지 도움이 되지는 않는다. 이런 까닭에 현실에서 연구자와 연구소 건설 전문가 사이의 협업은 거의 일어나지 않는다.

연구실, 연구기관, 연구 인력, 연구보조 인력 등은 만들고 싶다고 해서 바로 만들어지지 않는다. 연구자가 연구에 몰입하게 도와주려면 훌륭한 연구보조 인력들이 필요하다. 허나 앞서 초자 장인이나 보일의 연구실의 예에서 보았듯 연구에 있어 중추적인 역할을 하는 연구보조 및 지원 인력들에 대한 처우는 한국에서 그다지 조명받지 못하는 현실이다. 비록 연구 분야의 세세한 전문성은 떨어질 수 있어도 암묵지를 기반으로 연구 분야를 확실히 조력하는 연구보조 및 지원의 중요성은 아무리 강조해도 모자람이 없다. 한국에서는 이러한 인력들이 전문성과 암묵지를 쌓기 힘든 형태의 고용계약을 맺고 있을 뿐만 아니라, 대부분의 경우 실제로도 전문성을 인정받지 못한다. 연구소 건설 책임자의 경우, 연구소들은 그 존재 이유와 목적상 특수한 목적을 지니고 건축되기 때문에 하나의 연구소를 지었다고 해서 이 건설 책임자가 '연구소 건설 전문가'가 된다고 보기 힘들다. 이러한 연구지원 인력들의 처우와 그들에 대한 인식 개선이 없다면, 이는 필연적으로 연구자들이 연구 외적인 업무에 신경을 더 쓰게 만들어 전반적인 연구의 질적 저하를 초래할 가능성이 크다.

한국은 이공계 연구비를 많이 사용하는 나라에 속하는데, 그에 비해 한 분야에 축적된 연구성과나 남들이 하지 않는 연구를 해보는 도전적인 연구가 없다는 말을 자주 듣는다. 또, 이웃나라 일본의 정밀함과 세밀함에 비해 신뢰성이 떨어진다는 평가를 자주 듣기도 한다. 이 차이는 아마 그다지 중요해 보이지는 않지만 자세히 보지 않으면 보이지 않는 기술자들과 그러한 전문성을 키우려는 노력의 부재에서 오는 것은 아닌지 살펴볼 문제다. 아무리 시뮬레이션 기술이 좋아졌다 하더라도 실제 손으로 뭔가를 만들어본 사람의 전문성은 절대 무시할 수 없기 때문이다.[11]

과학 영웅의 서사를 뛰어넘기 위해

인터넷에서 유명한 과학 관련 밈(meme) 중 하나로, 5×5 빙고판의 각 축에 학부생, 대학원생, 포닥, PI(주로 교수), 테크니션을 놓고 각각 서로를 어떻게 바라보는지를 표현한 그림이 있다. 이 빙고판에서 테크니션은 학부생부터 포닥까지를

[11] 새로이 좋은 시뮬레이션 기술을 만들려고 하더라도 결국은 그 일을 실제로 해본 사람의 피드백이 절실하기 마련이다.

모두 유치원생으로 보고 있으며, PI는 '스크루지 맥덕'쯤으로 여긴다. 그에 반해 학부생은 테크니션을 강한 어머니로, 대학원생은 내비게이션으로, 포닥은 비밀을 이야기해주는 절친한 친구로, PI는 램프의 요정 지니로 바라보고 있다. 실제로 과학 연구에서, 특히 실험을 기반으로 하는 분야에서 각각의 실험기기들과 실험 절차와 다른 사람들은 잘 모르는 구전되어온 꿀팁과 노하우를 제대로 아는 사람은 테크니션일 가능성이 높다. 이론적인 깨달음과 배움은 대학원생이나 포닥이 더 뛰어날지 모르나, '실제로 일이 되게 하는 부분'에 있어서는 테크니션이 훨씬 나은 경우가 많기 때문이다. 무언가를 실제로 만들어내야 졸업할 수 있도록 커리큘럼이 짜여 있는 기계공학과라던가 산업디자인과 학생들에게 졸업 작품을 만들 때 어떠했는지 물어보면 자세한 설명을 들을 수 있다. 프로토타입의 제작에서부터 설계까지, 대학가의 선배들로부터 구전되어 내려오는 '○○공업사 사장님'이나 '목업(mock-up) 제작소 사장님'의 내공은 뛰어나다. 멀리 갈 필요 없이, 포스터나 명함, 현수막 등을 제작할 때에도 제작처 사장님의 노하우에 따라 결과물이 하늘과 땅만큼 차이가 나기도 한다.

이게 도대체 과학자가 아닌 시민들에게는 어떤 의미가 있느냐고 물을 수 있다. 그렇다. 어느 정도 공감대가 형성이 되어 있는 과학계에 비해 굳이 이공계, 그것도 연구소와 관련된 업종에 종사하는 사람이 아니라면 보이지 않는 기술자들에 대한 이야기는 너무 생소하다. 심지어 "그래서? 어찌 됐건 최종 논문은 A교수가 없었으면 안 나오는 거 아냐?"라고 반문할지도 모른다. 그렇다면 대학생들에게 자주 주어지는 조별 과제에서 최종 발표자로 낙점된 사람이 A이기 때문에 그 발표 자료를 만드는 데 들어간 나머지 조원들의 공을 무시해도 되는 것이냐고 되묻고 싶다. 혹은 회사에서 팀 단위 프로젝트를 열심히 해낸 뒤 최종보고서에 팀장의 이름만 들어가는 것에 대해서는 어떻게 생각하는가? 기여도의 차이는 있을 수 있겠지만, 아마 A를 제외한 나머지 조원들의 공을 무시하자고 얘기하는 사람은 아무도 없을 것이다.

초자 장인, 실험실 청소부, 식당 주방장 등이 모두 과학 연구에 기여했으니 논문의 저자로 올라가야 마땅하다는 주장은 아니다. 그저 과학이라는 활동이 광범위하게 수행되는 과정에서 이 사람들이 없으면 분명히 문제가 생기거나, 연구가 제대로 수행되지 못할 것이 분명함에도 말해지지 않는 사람들의 존재를 자각하고 인정하는 것이 사회적으로 바람직하다는 이야기를 하려는 것이다.

현대과학이 우리 모두가 아는 모습을 갖추기 시작할 즈음으로 되돌아가보아도 한 명의 천재가 혜성처럼 등장하여 처음부터 끝까지 모든 것을 해냈다고 말하기 어려운 장면이 많다. 설령 천재의 활약이 있었다 해도 그가 무인도에서 온 것이 아닌 이상, 그는 자신이 살고 있는 시대와 사회의 지배적인 교육과 사상의 기반 위에서 과학을 하고 있었다. '실험실 안에 처박혀 연구하는 미친광이 과학자'라는, 사회적 통념이 만들어낸 이미지는 실제 과학의 현장과는 한참 거리가 멀다.

과학을 마치 소수의 선택받은 천재들만이 번뜩이는 영감을 가지고 하는 지적 행위로 여기는 한 과학은 점점 더 별나라의 이야기가 될 것이다. 과학이 여러 사람들이 힘을 합해 각자 자신들의 역할을 하는 협동의 학문으로 느껴질 때 시민들은 오히려 과학에 대한 경계심과 두려움을 약간이나마 버릴 수 있다. 뜨거운 불을 계속 공급하여 기체의 온도를 동일하게 유지했을 것으로 짐작되는 로버트 보일의 조수와 입으로 바람을 불어가며 유리관을 만드는 초자 장인을 기억했으면 한다. 그리고 이런 사례들이 더욱 많이 발굴되고 회자되길 바란다. 누군가에게는 지적 호기심 충족의 현장이지만, 누군가에게는 자신의 흥미와는 무관하며 오히려 장기적으로는 몸을 해치는 일터인 곳이 과학기술의 영토다. 그러므로 이러한 다층적인 과학의 면면들을 알아가면서 과학기술을 대하는 우리의 시선을 바꾸고, 과학기술과 사회의 관계에 대한 이해를 성숙시키길 바란다.

9장

사이언스 픽션
Science Fiction

SF를 직역하면 '과학소설'이다. 소설은 소설이되, 과학과 밀접하게 연관된 상상이 짧은 이야기나 작품 속 세계관의 중심에 존재하는 소설이다. 소설은 허구(fiction)임에도 불구하고 그 어떤 비-허구(non-fiction)보다 큰 파급력을 가지고 독자가 속한 현실 세계의 단면을 보여준다. SF는 본질적으로 문학 작품이다. 첨단기술의 변화 양상만을 상상하여 그럴듯하게 플롯을 짰다고 해서 곧바로 SF가 되는 건 아니다. 기술이 달라지면 그 내용과 정도에 따라 의식주, 언어, 제도, 문화 전반이 변해야 한다. 가령 2080년 즈음의 미래, 휴머노이드와 사람이 섞여 살고, 사람들의 의식을 실시간으로 연결하는 기술이 구현된 세계다. 작품 속 등장인물이 누군가에게 "이번 달 전화요금이 너무 많이 나왔어."라고 한다면 독자가 작품에 집중할 수 있을까? 합당한 배경 설명이 없다면 당연히 고개를 갸웃거릴 것이다. 단순화한 예시이지만, SF 속 과학과 기술은 현실에서와 마찬가지로 물질문명의 모든 요소뿐만 아니라, 문화와 의식의 전 내용과도 불가분의 관계에 있다.

해서 SF는 '이런 세상이 되면 좋겠다' 혹은 '이런 세상은 두렵다'는 당대인들의 바람을 엿보게 하는 것은 물론이고, 먼 미래의 현실을 그리는 작품에서도 현재의 잔영들을 마주하게 한다. 특히 SF 세계 안의 국가—혹은 이와 유사한 모종의 사회조직체—가 그 세계의 과학과 기술에 대해 취하는 태도는, 새로운 기술을 정밀하게 구현하는 것만큼이나 흥미로운 일이다.

이번 장은 문학의 한 장르인 SF를 다루기 때문에 책 전체에서 조금 독특한 색채를 띤다. SF가 과학기술과 인간과 사회의 얽힘을 이해하고 전망하고 답을 찾으려는 노력이라는 점에서는 필자들의 시선과 유사한 면이 있어 즐겨 읽는다. 작품 비평의 관점은 언감생심이고, 과학기술정책을 연구하는 SF 애독자로서 보고 느끼는 범주 안에서 이야기해 보려 한다.

프랑켄슈타인과 로봇

『프랑켄슈타인』[01]은 1818년 영국 작가 메리 셸리(Mary W. Shelley)가 발표한 작품으로 SF의 고전이라 일컬어진다. 게다가 의외일지 모르겠지만, 19세기 초 과학의 발전상과 시대상을 폭넓게 담고 있어, 과학사 분야에서 많이 연구된 작품이기도 하다.

『프랑켄슈타인』만큼 유명하면서도 사람들에게 널리 고르게 '잘못' 알려진 작품 또한 흔하지 않다. 원작이 워낙 유명하고 오랜 시간이 흐르면서 숱한 재창작과 패러디가 양산되는 과정에서 원작의 본모습은 흐려지고 캐릭터의 이미지만 남은 탓이다. 실제로 많은 사람들이 프랑켄슈타인을

[01] 메리 셸리, 김선형 옮김, 프랑켄슈타인, 문학동네, 2018.

초록색 괴물, 혹은 머리에 못이 박힌 괴물의 이름으로 잘못 알고 있는 데서 이름난 고전들의 숙명과 마주친다.

프랑켄슈타인은 괴물을 만든 이의 이름이다. 프랑켄슈타인 가문의 후계자인 빅터 프랑켄슈타인이라는 인물이다. 때로는 프랑켄슈타인 박사라는 표현도 등장하는데 원작에서 빅터는 박사학위가 없다. 물론 빅터 프랑켄슈타인이 이른바 '미치광이 과학자'(mad scientist)의 원형이라 할 만한 존재이기는 하지만, 작중 그는 대학생으로 추정된다. 이런 지적은 해둘 만하지만 다소 부차적이니 본론으로 넘어가자. 『프랑켄슈타인』에서 가장 중요한 것은 바로 이 소설의 '실제 제목'과 그 배경이다.

소설의 원제는 『프랑켄슈타인: 또는 현대의 프로메테우스』(Frankenstein: Or the Modern Prometheus)다.[02] 프로메테우스는 주지하다시피 그리스로마 신화에 나오는 티탄족의 일원으로 인간에게 불을 전해준 신이다. 소설의 핵심 서사는 빅터 프랑켄슈타인이 개인적인 이유(어머니의 죽음)와 시대적 상황(당대의 신학문인 화학을 공부하느라 유학하던 학생)하에서 무생물에 생명을 부여하는 과학 연구를 수행하게 되고, 실험의 결과로 탄생한 자신의 피조물을 창조자인 자기 손으로 직접 처리하기 위해 뒤쫓으며 겪은 이야기를 회고하는 것이다.

[02] 즉 작품의 원제를 온전히 번역한다면 작품을 읽지 않아도 최소한 프랑켄슈타인을 괴물의 이름으로 오해하는 일은 줄어들지 않을까….

후대인들은 원작을 다방면으로 연구했다. 소설의 내용 그 자체, 소설이 창작된 배경, 작가 연구 등을 통해 낭만주의 시기였던 당시에 과학의 주요 연구 주제가 생명의 근원을 탐구하는 것이었으며, 이는 마음(mind)의 물질적 실체에 대한 탐구와도 관련이 있었다는 사실을 파악했다. 연구(자)의 사회적 책임과 윤리에 대한 문제의식을 선구적으로 제기했다는 사실 또한 빼놓을 수 없다. 지금 연구자 윤리나 사회적 책임을 언급하는 것은 오히려 너무나 당연해 경각심을 일깨우는 효과가 떨어지지만, 한창 생명에 대한 탐구가 활발히 이뤄지던 당시로는 매우 충격적인 방식의 문제제기가 아닐 수 없었다.

1920년 발표된 카렐 차페크(Karel Capek)의 희곡 『로숨의 유니버셜 로봇』(Rossum's Universal Robots, 이하 R.U.R.)[03]은 조금 더 직접적이다. 『R.U.R.』은 지금에야 별다른 정의를 필요로 하지 않고 사용하는 '로봇'이라는 단어를 처음 사용한 것으로 유명한데, 정작 작품 내용은 잘 알려져 있지 않다. 『R.U.R.』 역시 『프랑켄슈타인』처럼 당대의 사회상에 대한 고민이 역력한 작품이다. 20세기 초·중반을 배경으로 한 만큼 사회·경제적인 문제의식이 더욱 부각된다. 이 작품의 메시지는 로봇이라는 존재에 대한 기술적 상상 자체만이 아니라, 그것이 작품 안에서 경제적으로, 제도적으로 어떤 지위

[03] 카렐 차페크, 김희숙 옮김, 로봇: 로숨의 유니버설 로봇, 모비딕, 2015.

에 있는지에 주목할 때 뚜렷해진다. '인간의 욕망이 어떻게 스스로를 파멸로 이끄는지'를 보이는 서사의 전개와 함께 시대의 복잡함을 잘 보여준다. 『R.U.R.』의 로봇은 당시 노동자와 흡사한 처지에 있다. 노동을 위해 대량 생산된 로봇들이 사회 전반을 대체하고 결국 혁명에까지 이르게 된다.

한편으로 『R.U.R.』 또한 『프랑켄슈타인』처럼 고전의 피해갈 수 없는 숙명에서 벗어나지 못했다. 『프랑켄슈타인』이 읽히지 않는 채 초록 괴물과 200년째 싸우고 있다면, 『R.U.R.』은 현대인들에게 기억되기 위해 대략 100년째 노력하고 있다. 지금 우리에게 너무나 친숙한 로봇이라는 개념이 등장한 작품이라는 사실도, 이 작품이 희곡의 형태로 쓰여졌다는 사실도 아마득할 뿐이다.

『R.U.R.』은 산업혁명이 추동하는 기술적 산물의 최종 심급에서 등장할 수 있는 존재로서 로봇을 설득력 있게 묘사하고 있다. 넓은 의미에서 로봇의 물리적 특징들은 여러 작품에 차용되어 현재 우리가 아는 기술적 실체로서 현실에 존재하는 '로봇'이 되었다. 그리고 놀랍게도 차페크가 작품 안에서 보여준 사회적, 경제적, 정치적 고민들은 소위 '4차 산업혁명'이 거론되는 오늘날까지 달성된 각종 자동화 기술들의 세계에도 여전히 유효하다는 사실을 일깨운다. 마음에 대한 탐구 과정에서 일어날 수 있는 과학자의 고뇌, 극단적으로 효율을 중시하는 자동화 사회에서도 여전한 계급적 갈등은 정녕 문명의 영원한 딜레마일까?

유토피아 혹은 디스토피아

SF를 읽다보면 프랑켄슈타인과 로봇 같은 존재가 살아 움직이는 세상 그 자체에 대한 상상과 선망 혹은 예측과 두려움에 휩싸이곤 한다. 상반된 두 정서와 사고는 흔히 유토피아와 디스토피아로 구분되는 SF의 대표적인 세계관 분류법을 낳았다. 그리고 유토피아라는 개념은 어느샌가 과학적 상상력의 일부이자 SF의 한 장르로서 이해되고 있지만, 본디 유토피아는 과학기술이나 SF와는 무관하게 주조된 개념이다.

유토피아는 16세기 초, 잉글랜드 왕국의 법률가이자 정치가였던 토머스 모어(Thomas More)가 『유토피아』(1516)[04]에서 처음 사용했다. 문자 그대로 '어디에도 없는(U-) 장소(-topia)'를 의미한다. 10만 명의 주민들이 살아가는 섬의 이름이 유토피아인데, 모어는 이곳에서 어떤 이들이 어떤 제도적, 사회적, 윤리적 기준 아래 살아가는지 설명함으로써 정치적, 제도적 의미에서의 이상향을 제시하고자 했다.

유토피아는 굉장히 넓은 곳이어서 '아마우로툼'이라는 도시에 대한 설명이 주를 이룬다. 관리를 선출하는 방법, 노동은 누가 어떻게 하고 어떤 기준으로 보상받는지, 도시의 시민들은 서로 어떤 관계에 있는지, 이들이 옳다 혹은 좋다고 느끼며 추구하는 가치는 어떤 것들인지, 학문은 어떻게

[04] 토머스 모어, 주경철 옮김, 유토피아, 을유문화사, 2007.

수행되고 법은 어떻게 집행되는지, 종교는 어떻게 구축되어 있으며 경제는 어떻게 돌아가는지를 서술한다.

2부로 이뤄진 원작에서 유토피아에 대한 서술은 2부에 할애된다. 1부는 이와 대비되는 '현실'을 그린다. 현실에서 민중들은 아주 부당한 형태로 법과 제도에 노출되어 있다. 그들은 공평하지 못하며 정의롭지 못한 상황에 처해 있다. 계급 차이가 극대화되어 있어 한 쪽이 다른 쪽을 착취한다. 작품이 쓰인 배경을 고려하면, 모어가 비판한 현실은 당시 영국 사회의 혼란과 부조리에 다름 아니다. 이 현실은 유토피아와 대비되어 타파되어야 할 대상으로서 표상되었다.

16세기 후반에서 17세기 초반을 살아간 영국의 정치가이자 철학자, 프랜시스 베이컨(Francis Bacon)의 사후 출간된 저서 『새로운 아틀란티스』(1627)[05]는 유사하면서도 다른 이상향을 그렸다. 베이컨은 그의 사상이 17세기 과학혁명에 주요한 역할을 했다고 평가되는 인물이다. 『새로운 아틀란티스』는 베이컨이 생각한 이상적인 지식(귀납적 방법론과 실험주의)과 국가(지식의 생산에 적극적으로 개입하는 국가)에 대한 상상이 투영된 작품이다. 이 작품이 유토피아 문학의 대표작으로 꼽힌다는 점은 지식(훗날의 과학)과 국가의 관계에 대한 상상이 근대적 의미의 SF 정립 이전부터 이루어져 왔음을 짐작케 한다. 베이컨의 유토피아는 새로운 지식 생산이 국

[05] 프랜시스 베이컨, 김종갑 옮김, 새로운 아틀란티스, 에코리브르, 2001.

가의 전폭적 지지를 받고, 이를 중심으로 번영을 이루는 낙원 국가였다.

유토피아 문학으로서의 SF는 최근까지지도 그 흔적을 찾아볼 수 있다. 최근 공개되어 화제의 중심에 섰던 북한 SF 「억센 날개」[06] 또한 전형적인 유토피아 서사에 입각해 과학기술 주도의 이상향을 건설하는 작품이다. 소설은 전력설계 연구소 소속 연구원 지선희가 해상도시 건설을 위한 전력체계 설계 과제를 맡아 연구를 진행하는 과정에서 벌어지는 고민과 문제 해결을 그려낸다. 여기에 조력자로 등장하는 강철혁이라는 인물과 연구소장 박학민은 '올바른 과학(자)'상의 화신들이다. 과학은 조국의 발전에 복무해야 하며 과학자는 개인의 지적 영달이 아니라 "조국의 재부에 대한 진정한 애정"에 불타 "조국의 진보에 억센 날개를" 달아야 한다. 국가는 그럴 때 비로소 모두가 행복한 이상향으로 나아가게 된다

헌데 냉정히 돌아보면 이런 유토피아가 정말로 반드시 과학기술이 수반되어야만 성취할 수 있는 '멋진 신세계'인지 고개를 갸웃하게 된다. 모어가 묘사하는 유토피아는 2010년대를 살아가는 현대인의 이성과 감성으로서는 도저히 좋은 곳으로 받아들이기 힘들고, 베이컨의 벤살렘 또한 굉장히 억압적인 생활규범이 만연한 곳이다. 가부장적이고, 개인의 권리가 제한적이며, 도시민들의 이동과 생활방식도

[06] 한성호, 억센 날개, 과학잡지 에피 5호, 2018.9.

제약을 받는다. 그렇다면, 과연 이런 유토피아는 누구를 위한, 무엇을 고치기 위한 이상향일까? 그리고 이상향 건설에 복무하는 과학기술이 어떤 존재였던가? 이상향 건설에 기여했다는 사실이 과학기술의 절대적 옳음을 입증하지는 않는다. 이상향을 설계한 이들이 꿈꾸었던 가치가 반영되었을 뿐이다

유토피아의 반대어인 디스토피아 또한 곱씹어볼 필요가 있다. 흔히 디스토피아 하면, 무분별한 개발과 엄청나게 가속화한 과학기술의 발전이 맞물려 자원은 고갈되고 자연환경은 극도로 황폐해져, 이를 명분으로 전체주의적 정부에 의해 강력히 통제되는 세계를 떠올린다. SF 속 디스토피아는 이러한 억압과 갈등 상황에 아주 발전된 과학기술이 개입해 독특한 이야기들을 펼친다. 레이 브래드버리(Ray Bradbury)의 『화씨 451』[07]의 세계처럼 말이다. 사람들은 다양한 기술적 매체들을 통해 정부로부터 방송되는 영상물과 라디오에 24시간 노출되어 있다. 이런 매체들은 아주 원초적이고 폭력적이며 자극적인 콘텐츠를 송출한다. 비판적인 생각은 곧 시스템에 어긋나는 행동을 뜻하고, 아날로그 문화의 정수인 '책'은 그런 위협들을 잔뜩 저장하고 있어 발견되는 즉시 집을 통째로 불살라야 한다. 누가 봐도 디스토피아적인 이 세계는 방화수라든지, 24시간 선전 같은 아주 극단적인 설정을 제외하면, 지금 우리 사회가 겪는 문제들을

[07] 레이 브래드버리, 박상준 옮김, 화씨 451, 황금가지, 2009.

적나라하게 보여주는 것 같기도 하다. 그렇다면 모니터링 기술과 SNS는 아주 위험한 기술이며, 지금 우리가 발 딛고 살아가는 사회가 바로 디스토피아 SF란 말인가? 유토피아 속 과학기술이라고 해서 무작정 좋은 것은 아니고, 디스토피아 속 과학기술이라 해서 무작정 겁을 먹을 대상도 아니다. 어린 소녀를 매몰차게 우주선 밖으로 내보내야 했던 「차가운 방정식」[08]을 읽은 독자가 우주 항행 기술은 차갑고 나쁜 것이라고 말하기보다는, 대체 왜 비상연락선은 한 치의 오차도 없이 만들어져야만 했고, 어떤 사회적 상황이 소녀와 오빠를 그렇게 멀리, 오래 떨어뜨려 놓았는지를 묻는 것이 훨씬 자연스럽듯이 말이다.

올더스 헉슬리의 『멋진 신세계』(1932)가 80년 넘게 읽히고, 영화 〈가타카〉(GATTACA)가 1997년 개봉(한국에선 1998년)된 후로도 끊임없이 언급되는 이유는 작품 속 공학적 배경이나 기술적 산물이 소름 돋도록 근미래를 완벽하게 묘사하기 때문만은 아닐 것이다. '예측'의 정밀함이라면 오히려 최근 작품일수록 훨씬 좋은 결과를 보여준다. 〈가타카〉를 본 사람들은 유전공학적으로 완벽한(혹은 결핍된) 아이를 선택(혹은 배제)하는 것이 장려(강요)되는 사회, 그로부터 발생하는 생명윤리에 관한 경고, 그런 사회에서 장애를 안고 태

[08] 톰 고드윈·로버트 실버버그 엮음, 박병곤 옮김, 차가운 방정식, SF 명예의 전당: 전설의 밤, 오멜라스, 2010.

어난 사람의 운명 등등 가상의 사회상을 마치 실제 현실인 양 진지하게 토론하고 글을 쓰고 의견을 나누었다.

필립 K. 딕의 『안드로이드는 전기 양의 꿈을 꾸는가』(1968)를 원작으로 한 리들리 스콧 감독의 〈블레이드 러너〉(1993)가 그랬고, 스티븐 스필버그 감독의 〈AI〉(2001) 또한 그랬다. 이 작품들이 상상의 극단으로 끌고 간 과학기술은 모두 달랐지만, 우리는 그 세계에 매력을 느꼈고, 때로는 섬뜩함을 느꼈고, 그럴싸함에 설득당했다. 〈가타카〉에서 나타나는 사실상의 신분제, 〈블레이드 러너〉 속 국가가 방치한 듯 보이는 다문화적 슬럼가와 부자들의 우주 이민 사이의 격차, 〈AI〉에서 인간 대체품으로서의 로봇 개발 및 상용화 테스트 허가를 내는 제도와 법, 윤리의식 등등은 SF의 작품성을 완성하는 배경 이상의 장치가 된다.

SF는 실제로는 아직 기술이 그 정도로 구현되지 않아서, 혹은 사람들의 가치관이 그 정도로 변하지 않아서 예측하기 어려운 일들에 대해 문학적 실험이라는 이름하에 과감한 시뮬레이션을 해볼 기회를 제공한다. 때문에 그런 시도들이 거듭될수록 독자들이 많이 읽을수록, 감상과 평가를 공유할수록, 시뮬레이션은 정교해질 것이고, 사회에는 건전한 비판과 상상력이 확산해갈 것이며, 과학기술에 좋은 피드백을 돌려줄 것이다.

한국 SF의 현재[09]

2018년을 기준으로 한국에서 SF라는 장르의 성적은 좋지 않았다. 소설, 영화 등 매체를 가리지 않고 대체로 저조한 편이다. 'SF 불모지'라는 표현이 나온 것도 실제로 각종 SF 콘텐츠의 흥행 성적이 전반적으로 좋지 않다는 평가에서 기인한다. 한국의 장르 콘텐츠산업을 가장 대중적으로 펼치는 분야는 영화다. 영화진흥위원회의 공식 통계 기준 역대 박스오피스 순위를 살펴보면 1위부터 100위까지 중 SF로 꼽을 만한 것은 〈아바타〉와 〈인터스텔라〉, 그리고 조금 넓게 잡아 〈쥐라기 월드〉와 〈쥐라기 월드: 폴른 킹덤〉 정도였다.[10] 도서 또한 비슷한 사정으로, 대부분의 장르소설들이 문학 통계에 합쳐져 있어 별도의 자료를 통해 분석하기가

[09] 이 책의 초판 출간 후 한국 SF 상황은 놀랍게 변했다. 그 변화는 개인적이고, 구조적이고, 심지어 기술적이다. 젊은 작가들이 약진하고 있고, 노동·여성·기후 등 현재의 사회 주제들을 적극 반영하는 SF의 비중도 높아지고 있다. 게다가 지난 4년 사이, 웹소설 시장이 급팽창하면서 소설의 공급·소비 구조도 바뀌고 있으며, SF 또한 그 영향에서 자유롭지 못하다. 이 변화들은 전반적으로 한국 SF 시장에 활력을 불어넣은 '호재'이지만, 동시에 그렇다고 해서 한국 SF가 문학계나 한국 문화계 전반에 영향을 주는 거대한 흐름이 되었는가 묻는다면, 아직은 그 정도는 아닌 듯하다. 이 책의 개정판에 이와 같은 경과와 현황을 간추려 내용을 업데이트하는 일은 과학기술정책 연구자인 필자들의 집필 및 연구 방향을 벗어나기에 변화의 사실만을 간략히 짚어 둔다. 또한 이 섹션은 2018년을 기준으로 서술되었음을 명확히 밝혀 둔다.

불가능하다. 일부 수집된 자료에 따르면, 2000년부터 2013년까지 중 최저 17종, 최대 56종이 출판되었고, 2005년 이래로는 미약하나마 증가 추세에 있긴 하다.[11]

한국의 연간 SF 출간종수도 미미한데, '한국' SF는 더더욱 미미한 실정이다. 2017년 말 설립된 '한국과학소설작가연대'에 따르면 소속 작가수는 2018년 7월 기준 현재 43명이다. 이 단체에는 1권 이상의 SF 장편, 혹은 4편 이상의 SF 단편을 유료, 혹은 그에 준하는 지면에 발표한 작가들이 가입할 수 있다. SF 작가를 대표하는 이런 조직이 아주 최근에서야 생겨났을 만큼 '한국의 SF'는 하나의 독립 장르로서 비로소 제 자리를 만들어가는 중인 것으로 보인다.

SF의 번역어로 '공상과학소설'이라는 오역에 가까운 말이 아직도 공공연하게 쓰인다는 사실이 무척 안타깝다. 지금까지 얕게나마 살펴본 내용들만 돌이켜봐도 '공상과학'이라는 개념이, 특히 '공상'이라는 수식어가 SF와 얼마나 상

[10] 영화진흥위원회 역대 박스오피스 통계 기준이며, 장르 구분은 필자들이 임의로 설정했다.

[11] 한국 SF 출판시장, 어디까지 왔을까: 2013년 국내 출판시장 동향 분석(1), The Science Times, 2018.7.9. 이 기사는 통계조차 제대로 잡히지 않는 점을 지적했는데, 2018년에도 상황은 비슷하다. 대한출판문화협회가 공개하는 자료에 의하면 1994년의 통계 이래로 출판 통계는 '문학'이라는 범주 안에 모든 장르를 포괄적으로 취급하고 있으며, 총 56편의 SF가 출간된 2013년의 '문학' 부문 전체 출간종수는 9296종이었다.

충하는지 금세 파악할 수 있다. 이영도 작가의 「카이와 판돔의 번역에 대하여」[12]라는 단편을 보면, '번역'이라는 평범한 행위가 우주적 스케일로 확대되면서 사회적 갈등 요인을 드라마틱하게 드러낸다. 이것이 바로 우리 사회 곳곳에서 주도권과 영향력을 거머쥔 과학기술의 잘 보이지 않는 얼굴들을 효과적으로 드러내는 SF의 힘이다. 과학철학자 이상욱 교수의 말을 빌리자면, SF에서 "'공상'은 오직 과학적으로 말이 되는 허구인 한에서만 허용된다."[13]

이런 SF의 힘에도 불구하고 한국에서 SF는 굉장히 좁은 영역에서 생존해가고 있는 셈이다. 앞서 나왔던 이야기들을 바탕으로 현실적인 질문을 던져보자. 과연 SF가 던지는 질문들은 지금 한국사회에서 얼마나 잘 사유되고, 답변되고, 재생산되고 있을까? 양적으로는 어려움을 겪고 있지만, 질문의 범위는 넓어진 듯하다. 흥미롭게도 새로운 과학기술에 대한 정교하고 대단한 상상과 묘사가 없이도 다채로운 SF가 쓰여지고 있다. 연구자들의 문화와 윤리 규범에 대해, 연구의 법적 정당성과 제도적 절차에 대해, 과학기술의 사회적 기반들에 대한 고찰에 착안하여 SF를 창작할 정도로 이야깃거리가 풍성해졌다. 그리고 특히 '한국'의 이야기를 꿈틀거리게 하는 특징적인 사회상들이 생겨났다.

[12] 이영도, 카이와 판돔의 번역에 관하여 in 얼터너티브 드림, 한국 SF 대표 작가 단편 10선, 황금가지, 2007.

[13] 이상욱, 과학소설에는 '공상'이 없다, 경향신문, 2016.9.18.

《환상문학웹진 거울》에 공개된 곽재식 작가의 단편 「초공간 도약 항법의 개발」[14]은 굉장히 건조하고 직설적인 제목 그대로 새로운 우주항법의 개발 과정을 서술한다. 공개된 후 특히 현업 연구자들에게 아주 뜨거운 반응을 얻은 바 있다. 그런데 소설의 내용이 심상치 않다. 제목만 봐서는 아주 하드코어한 물리학 지식이 총동원될 것 같지만, 작품은 전혀 그렇지 않다. 과장을 1mg 정도만 보태서 말해보자면 이 소설을 이해하는 데에는 과학이 거의 필요 없다.

소설의 내용은 정말로 단순하다. 유성기술의 김 박사가 과학기술부로부터 수주했던 과제의 결과 보고서 요약본의 결론을 쓰는 이야기다. "본 연구의 초공간 도약 항법을 적용하면 이론적으로 1MWh의 동력으로 100kg의 질량을 1광월 거리 이동시키는 데 2.2초의 준비 시간이 소요되며, 실패 확률은 2천분의 1 이하로 관리 가능하다."라는 문장이 "개발 비용을 2.3배 들여 지난 겨울 우주선에 쓰이는 HLO를 연구했는데 실제 우주선을 제작해 연구한 것은 아니고 실패할 수도 있습니다."가 되는 과정과 그 여파를 감상하노라면, 연구의 고단함이라는 것이 순수하게 지적인 것만은 아니어서 제도적 차원에서 항시 발생할 수 있음을 슬프게 알려준다.[15] 같은 맥락에서 같은 작가의 「2백세 시대 대응

[14] 곽재식, 초공간 도약 항법의 개발, 환상문학웹진 거울, 2018.2.28.

[15] 앞서 소개한 북한 SF 「억센 날개」와 비교하며 읽어보면 좋다. 국가 지원을 통해 새로운 기술을 개발하는 과정에서 벌어지는 일을

을 위한 8차 산업혁명 기술 기반 컷 앤 세이브 시스템 개발 제안서」[16] 또한 단순하면서도 아찔한 충격을 선사한다.

조금 다른 변주로서 다른 작품을 하나 더 소개하고 싶다. 이 작품의 장르 분류에는 이견이 있을 것 같지만, 여기서는 과감히 SF로 소개함으로써 생각할 거리를 던지고자 한다. 2014년 3월부터 2016년 6월까지 한겨레 〈사이언스온〉에서 연재된 김창대 작가의 소설 「박사를 꿈꿔도 되나요」[17]는 전산학 박사 과정생 김정원의 학위 과정과 일상을 그렸다.(실제 당시 작가가 전산학 박사 과정에 있었다.)

"자퇴원을 다운로드 받았다. "자퇴원(1).hwp"로 저장된다." 라는 강렬한 두 문장으로 시작하는 이 연재 소설은 한국의 이공계 대학원생들이 실제로 겪을 법한 학술적, 일상적 사건들의 풍파 속에서 주인공과 그 주변인들이 어떤 방식으로 연구자가 되어가는지, 혹은 되지 못하는지를 그린다. 작가는 1화에서 등장인물들을 표를 그려서 일목요연하게 설명한다. 교수님과 11명의 학생으로 구성된 평균적 규모의 연구실 안에 여학생은 두 명뿐이다, 그 둘은 모두 석사과정이고 박사과정은 전부 남자다, 1저자급 논문 성과가 연

다룬다는 줄거리는 비슷하지만, 전달하고자 하는 내용과 서술 방식은 전혀 다르다.

[16] 곽재식, 2백세 시대 대응을 위한 8차 산업혁명 기술 기반 컷 앤 세이브 시스템 개발 제안서, 환상문학웹진 거울, 2018.8.1.

[17] 김창대, 박사를 꿈꿔도 되나요, 한겨레 사이언스온.

차와 반드시 비례하지는 않는다, 전문 연구요원으로 복무 중인 학생도 있다, 등등. 매우 세세하고 현실적인 설정들이 이후 사건들의 전개를 예고하는 듯했다.

「박사를 꿈꿔도 되나요」 또한 소설의 전개에 있어 과학기술 자체는 중요한 요소가 아니다. 주인공 김정원이 구체적으로 어떤 과학 연구를 하는지보다는 그가 과학기술인이라는 사실, 한국의 이공계 대학원생이라는 사실이 매우 중요하다. 그의 일상의 중심에는 어쨌든 연구가 있다. 청소도, 친구의 결혼식도, 지도교수의 신상 변화도 어떤 방식으로든 연구와 맞물려 돌아간다. 소설을 끝까지 읽은 뒤, 우리는 김정원의 연구가 무엇이었는지는 기억 못할지언정 그가 어떤 사람이고, 어떤 고난을 겪었으며, 어떤 연구자가 되고자 했는지는 기억할 수 있다. 이보다 충실하게 SF의 매력을 뽐내기도 달성하기도 힘들다.

이런 흥미로운 이야기들의 등장은, 정량적 지표의 세계에서 SF가 고전하고 있는 것과는 별개로 한국 사회가 과학기술을 폭넓게 생산하고, 소비하고, 공유하기 시작했음을 알리는 신호탄과도 같다. 해외의 유명한 유토피아적 혹은 디스토피아적 SF가 새로운 과학기술적 산물들과 이를 둘러싼 갈등을 통해 우리에게 커다란 생각거리를 던지는 것도 좋고, 그 갈등에 '한국'이라는 맥락이 들어가 어떻게 한국 사회의 정책과 정치가 과학기술에 개입하는지 드러내는 것도 너무나 멋진 일이다. 가령 누군가 한국 과학기술정책의 현황에 대해 물을 때 각종 통계수치와 함께 참고자료로 관련 SF를 건내는 것이 실제로 도움이 될 것이다. 『프랑켄슈타인』이 그랬던 것처럼 후대의 사람들은 「초공간 도약 항법의 개발」과 「박사를 꿈꿔도 되나요」를 읽고 우리 시대 한국 과학기술의 지적 관심사, 연구자들의 사회경제적 지위와 가치관, 과학기술과 국가의 관계를 연구하고 이해하게 될지도 모를 일이다.

SF의 역사는 유구하고 그 내용과 형식 역시 다채롭고 방대하다. 고전SF 작품들은 연구 사료가 될 수 있을 정도로 과학기술의 성취 수준뿐만 아니라 당대의 사회상을 반영하고 있다. 당시 상상하던 기술이 부분적으로는 현실화되고, 전혀 다른 형태의 과학기술이 등장한 현대에 이르러서도 SF는 계속해서 쓰이고 읽힌다. 과학기술이 어디까지 나아갈 수 있을지 가늠이 되지 않는 지금, 언제나 현실보다 앞서 걸어갔던 SF를 통해 현실에 대해 어떤 사유를 할 수 있는지 모색해보는 것은 그 어느 때보다 중요해졌다.

SF가 왜 중요한 장르인가라는 질문에 대해 우리는 창의력의 발현이나 상상의 가치를 언급하곤 한다. 좋은 이야기이지만, 지금까지 살펴본 이야기를 통해 우리는 조금 다른 방식으로 SF의 가치를 이야기해볼 수 있게 되었다. SF는 그 어떤 매체보다, 그 어떤 표현양식보다도 현실 속의 과학기술이 작동하는 기제를 사실적으로 묘사한다. 등장하는 지식과 기술은 아직 존재하지 않는—그리고 존재하게 될지 알 수 없는—것들이지만, 과학기술에 개입하는 온갖 다양한 사람들의 존재, 그들의 정체성과 생각, 이들이 얽혀 만들어내는 갈등, 이 갈등을 중재하고 해소하려는 제도와 문화의 작동 방식 등을 하나의 서사 안에 모두 녹여내는 극-사실적 장르라고 말하고 싶다. SF는 상상력을 자극하는 기폭제일 뿐만 아니라, 과학기술과 그 주변의 사회상을 가상으로 드러내는 모큐멘터리(mockumentary)[18]이기에 더욱 흥미롭고, 비판적이고, 솔직하며 때로는 잔인하다.

[18] 가상의 상황을 실제처럼 찍어내는 영상물의 장르. 영화 〈블레어 위치〉, 〈클로버 필드〉 등이 이런 장르에 속한다. 흔히 '페이크 다큐'라고도 한다. 한국에서 꽤 선전했던 SF 영화 〈디스트릭트 9〉 또한 일종의 모큐멘터리라 볼 수 있다.

10장

과학 경찰

과학에도 경찰이 필요할까?

다소 도발적인 이 질문에 대답하기 위해서는 과학지식이 어떻게 생산되는지 다시금 떠올려볼 필요가 있다. 과학자들은 연구—동료들의 논문도 읽고, 실험도 하고, 관찰도 하고—를 하고 나서야 그 내용을 논문으로 쓰고 이를 《사이언스》《네이처》《셀》[01] 같은 전문 학술지에 투고한다. 그러면 일차적으로 학술지의 편집자들이 해당 논문이 동료심사(peer review)를 거칠 만한지 아닌지를 판단하여, 해당 분야의 현업 전문가들에게 논문을 회람하게 한 후, 피드백을 받아 논문을 학술지에 출판하는 과정을 거치게 된다. 여기까지 과정에서 우리는 현대과학이 가지고 있는 몇 가지 가정을 의심해볼 수 있다.

- **동료의 논문을 읽는 행위**
  모든 연구를 '0'부터 시작하는 건 불가능하다. 연구는 필연적으로 앞선 연구자, 현업 종사자의 연구를 기반으로 하여 A, B, C가 되었으면 그다음에는 D가 가능하지 않을까 하는 물음에서 출발하기 마련이다.

[01] 과학계의 3대 메이저 학술지. 첫 글자를 따서 CNS라고 부른다. CNS는 가장 저명한 학술지의 대명사로, 연구자라면 이곳에 논문을 내는 것을 항상 꿈꾸고, 조심스럽게 시도해보긴 하나, 자주 실패한다. 대중적으로 유명하기에 예시로 사용했을 뿐, 모두가 CNS에 논문을 싣는 것은 아니다.

이때 연구자들은 기존의 연구들이 과연 맞는 것인지 검증이나 재현 실험을 하기도 하지만, 많은 경우 동료 연구자들이, 특히나 저명한 학술지에 실린 연구라면 옳다고 가정하고 연구를 시작한다.

◆ 동료 연구자의 혹독한 심사

현대과학이란 굉장히 전문화된 분과 학문이기 때문에 특정 연구를 처음부터 끝까지 온전히 이해하는 사람이 거의 없다. 즉 심사를 할 만한 동료의 수가 제한적이다. 그렇다면, 과연 이 동료 연구자들은 다른 연구자들의 연구를 아무런 사심 없이 평가할 수 있을까? 동료 연구자들은 학문의 발전이라는 측면에서 보기에는 동료가 맞지만, 다른 측면에서 보면 똑같이 명예와 돈과 지위를 얻기 위해 노력하는 경쟁자이기도 하다. 과연 해당 분야에서 똑같이 치열하게 경쟁하고 있는 현업 종사자가 공평하게 심사를 할 수 있을까?[02]

[02] 고도로 전문화되고 세분화된 현대의 연구 생태계는 어차피 좁은 분야에서 누가 무엇을 리뷰했는지 들통나게 되어 있다. 때문에 요즘 연구자들은 끼리끼리 모여서 혹은 개인의 SNS에 각종 경험 사례들—논문 리뷰 과정이 늦어지고 리뷰어가 늑장을 부리더니 연구 아이디어마저 뺏아가버린 일, 리뷰어들이 아는 사람의 논문을 리뷰하게 되면 봐준다던 굉장히 믿을 만한 소문, 논문 리뷰를 하면서 리뷰어 본인의 논문을 인용하길 요구받는 일—을 공유하면서 학회 주관자와 학술지 편집자를 비롯한 리뷰어들에 대한 불평불만을 토로하기도 한다.

위에 거론한 두 문제를 연구자들과 과학기술계가 모르는 것은 아니다. 때문에 리뷰어와 논문 투고자의 이름을 가려서 누가 누구를 평가하는지 서로 모르게 한다든가, 논문 투고자에게 본인을 악의적으로 평가할 가능성이 있는 리뷰어들의 목록을 작성할 권한을 준다든가 하는 등의 안전장치가 마련되어 있다. 그렇다고 해도 이런 장치들이 과학계의 지식 생산방식에 내재된 본질적인 문제를 풀어주지는 못한다. 현재 과학 연구가 돌아가는 시스템은 외부의 간섭 없이 과학계 내의 자율규제에 기반하고 있다. 과연 연구자들의 선의와 동료심사라는 전통과 과학적 방법론에 대한 믿음에 기반한 자정작용이 얼마나 잘 작동하고 있을까? 자율규제는 언제까지, 얼마만큼 용인되어야 할까? 현대과학이 생산하는 지식과 그 생산방식에 대해 시민들이 관심을 기울여야 하는 이유가 이 두 가지 외에도 있다면 그것은 현대과학이 연구실 바깥을 벗어나 우리가 사는 사회에 커다란 영향을 미치고 있기 때문이다. 최근 여러 나라의 정부 정책이 수립되는 데 기본 철학이 되는 근거기반(evidence-based) 정책에 과학 연구의 결과물들은 매우 중요한 참조 대상이 되고 있어 더더욱 그러하다. 그렇다면 우리는 이 사회의 시민으로서 정책 결정의 근간이 되는 과학지식이 얼마나 믿을 만한지 물을 수 있다.

동료평가를 거쳐 나온 논문들은 분명 일정 정도 이상의 신뢰성을 가지고 있다. 애초에 신뢰성이 떨어지는 논문은 동료평가를 통과하지 못할 것이다. 한데, 최근 출판되는 많은 연구 결과들의 재현 가능성이 떨어진다는 점을 지적하는 기사들이 나오는 이유는 뭘까?[03] 그렇다면 재현 가능성을 믿을 수 있는 논문들이 드물다는 전제하에 선행 연구들을 모조리 재현해보고 검증이 가능한 것만 가지고 새로운 연구를 해야 할까? 이것은 이론적인 대책일 뿐 현실적으로는 불가능한 방안이다. 이렇게 했다가는 새로운 연구는 아예 시작조차 할 수 없다. 그러므로 대개 연구자들은 선행 연구들이 이러저러하다고 검증했으니 '적당히 믿고'[04] 거기에서 시작할 수밖에 없다.

외부 사정기관, 예를 들어 국립 연구검증센터 같은 곳을 설립해 주기적으로 과학 논문을 전수 검사해서 상벌을 줘야 하는 것일까? 그리고 연구자도 사람이니만큼 본인이 의도했던 바와 다르게 실수를 저질렀고, 이 실수를 가지고 논문을 출판했을 경우, 연구자의 잘못은 얼마만큼일까? 외부 사정기관을 믿는다면 이 기관은 '감시자를 누가 감시하는가'의 문제에서 자유로울까? 국가의 공권력은 과학기

[03] 출판된 과학 연구의 재현성에 대해서는 《이코노미스트》의 〈How science goes wrong〉을, 과학자들이 목숨을 걸고 신경 쓰는 p-value(자세히 설명하자면 더 복잡하지만 과학자가 자기 연구의 근거로 제시하는 통계적 데이터로 대략 이해하자)에 대한 문제는 미국 뉴미디어 매체인 VOX 미디어의 〈What a nerdy debate about p-values shows about science—and how to fix it〉이라는 글을 참고하기 바란다.

[04] '적당히 믿고'라고 쓰긴 했으나 사실 이는 해당 논문을 쓴 과학자 개인을 믿는다기보다, 그 과학자와 그 과학자의 논문을 리뷰한 동료 연구자들 및 과학 시스템 전반이 믿을 수 있는 지식을 생산해냈다고 가정하는 것에 가깝다.

술계 내부에서 어떻게 작동하며 이를 어떻게 막을 수 있을까? 이러한 질문들은 과학을 어디까지 믿을 수 있을지 토론을 시작하면 피할 수 없다. 그렇다고 해서 이런 질문들이 현대과학 전반에 대한 불신으로 이어지는 것은 아니다. 분명 과학은 엄격한 교차 검증 방식을 고안하여 신뢰할 만한 지식을 만드는 체계로서 꽤 성공적으로 작동해왔기 때문이다.[05] 그럼에도 과학지식의 생산체계는 완전무결하지 않다. 약점도 있고 맹점도 있다. 이 장에서는 한 번쯤 뉴스로 접해보았을 사례를 통해 과학지식의 생산체계를 알아본 후 '과학 경찰'이 필요한가라는 질문으로 다시 돌아가보기로 한다.

과학적 연구 결과물의 허와 실

과학자도 사람이기 때문에 실수를 할 수 있다. 최근에는 케이프타운대학교(University of Cape Town)의 피터 던스비(Peter Dunsby)라는 천문학자가 "망원경으로 붉고 밝은 천체를 발견했는데, 그것은 최소 1등급 밝기의 새로운 천체"라는 발

[05] 상식적인 연구자들에게 전혀 인정받지 못하지만, 진화론을 반대하는 지적설계론자나 사이비역사학 추종자들도 과학적 방법론을 사용하여 연구를 하고 논문을 쓴다. 물론 이는 우리가 알고 있고 믿고 있는 과학적 방법론이나 그에 따른 신뢰성과는 하늘과 땅만큼 차이가 있다.

표를 한 적이 있다. 그런데 발표 후 불과 40분 만에 그는 이 천체가 화성임을 인지하고 공식적으로 사과했다. 던스비의 사례는 우스꽝스런 해프닝인 셈 치고 넘어갈 수 있지만, 때로는 사소한 실수가 예기치 않게 심각한 결과를 낳기도 한다. 다행히도 던스비는 본인의 잘못을 재빨리 알아챘고, 정식 논문이 아니더라도 핵심적인 연구 결과를 공유하는 아카이브(arXiv) 시스템의 활성화 덕분에 더욱 큰 사건으로 번지지 않았다. 하지만 아무리 신경을 쓰고 연구한다고 해도 사람인 이상 실수를 할 수밖에 없다는 점을 감안하면, 100개의 연구 결과가 있을 때 그중 몇 개는 필연적으로 틀릴 가능성을 안고 있다.

거짓 양성(false positive) 또는 1종 오류(type 1 error)라는 용어로 이 상황을 이해해보자. 의학적 예시를 들어 설명하면, 거짓 양성은 '어떤 질환에 대하여 양성을 보이는 검사가 그 질환에 걸리지 아니한 사람에게서도 양성을 나타내는 현상'을 말한다.[06] 이런 상황에서도 사용할 수 있다. 탐정이 무고한 사람을 지목해 '당신이 범인이다'라고 한다면 이는 '거짓 양성'이다. 반대로 진짜 범인을 향해 '당신은 범인이 아니다'라고 한다면 '거짓 음성'이 된다. 만약 한 연구자가 거짓 양성에 해당하는 특이한 케이스를 발견하고 이를 연구해 논문

[06] '양성으로 나와야 할 검사 결과가 음성으로 잘못 나오는 것'은 거짓 음성(false negative) 또는 2종 오류(type 2 error)라고 한다.

을 출판했다고 하자.[07] 다른 연구자가 이 연구를 재현하기 위해 비슷한 케이스를 찾으려고 갖은 노력을 기울이겠지만 실패할 가능성이 높다. 연구의 오류가 발견되지 않아 이 연구가 옳다는 가정하에 연구를 지속하는 사람이 있다면 이는 그것대로 문제일 것이다.

아카이브(arXiv)를 통해 정식 출판되기 전인 논문들의 연구 결과가 실시간으로 공유될뿐더러, 수십 년 전과는 달리 현재는 학술지도 많이 늘어났다. 그만큼 봐야 할 논문의 양도 증가했다. 이 논문들을 다 읽고 검증 실험까지 마치고 난 후에야 연구자가 자기 연구를 하길 바라는 건 분명 이상적이긴 하지만 굉장히 힘든 일이다. 연구자가 검증 실험을 하기로 마음을 먹었다고 하더라도 여러 가지 문제가 발생한다. 논문을 읽어보면 어떤 실험을 어떻게 했다는 것인지 개략적으로는 알 수 있지만, 실험을 똑같이 재현할 만큼 상세한 정보, 프로토콜, 팁을 제시하지 않는 경우가 종종 있다. 이는 소위 연구자의 '영업비밀'에 관한 것이 많아서, 논문이나 책으로 공유되지 않는 암묵지이거나, 특정 연구그룹만의 실험 노하우일 수 있다. 그렇기 때문에 검증 실험을 해보려고 해도 잘되지 않기 십상이다. 모든 연구자에게 그 논문을

[07] 물론 대부분의 학술지는 이런 논문에 대해, 편집진의 선에서 실험 설계가 잘못되었다든가, 추가 실험으로 이 결과를 보충해야 한다든가 하는 답변과 함께 게재 불가 처분을 할 가능성이 높다.

쓴 연구실에 가서 노하우를 배워 와서 검증 실험을 하라고 요구하지도 못한다.

더욱 현실적인 문제도 있다. 현대과학에서 큰 중요성을 차지하는 것은 실험실과 실험장비다. 얼마만 한 규모의 장비와 실험실을 구축했느냐에 따라 수행할 수 있는 실험의 종류도 달라지고, 지원금의 규모에 따라 해볼 수 있는 실험의 양 또한 달라진다. 연구원 A는 10억 원짜리 장비로 1000번의 실험을 할 때, 연구원 B는 1000만 원짜리 장비로 100번의 실험밖에 할 수 없을 수도 있다. 선진국의 연구소에 필요할 때 신청하면 쓸 수 있는 거대 연구장비가 여러 대 있다면, 아예 그런 장비를 구경조차 못해본 연구원도 많다. 그렇다면 연구원 B가 연구원 A의 연구를 인용하고 참고하기 위해서는 무조건 연구원 A가 가지고 있는 장비를 구매해서 검증 실험을 해야 하는 것일까? 이 또한 이상적이긴 하지만, 현실적으로는 불가능하다.

게다가 고도로 전문화된 현대과학은 비록 비슷한 분야여도 조금씩 서로 다르기 때문에 정말 같은 주제로 연구를 하는 팀은 거의 없다. 이 또한 검증 실험을 어렵게 만드는 요인이다. 때문에 지금까지 상술한 이유들을 종합해보면 쏟아져 나오는 상당수의 논문들이 재현 불가능한 것이 되고 만다.[08] 실제 2016년, 《네이처》가 1576명의 과학자들

[08] 그렇기에 현업 연구자들 중심으로 꾸준히 연구 재현성(reproducibility)의 문제점이 제기되어왔고, 《네이처》는

에게 '과학계의 재현성에 문제가 있는가'를 주제로 설문조사를 한 결과, 52%는 심각한 문제가 있다, 38%는 약간 문제가 있다고 답했다.[09] 똑같은 기사에서 다른 사람들의 연구가 얼마나 재현 가능한지도 묻고, 얼마만큼 같은 분야의 연구자들을 믿을 수 있는지도 물었는데 73%의 연구자가 적어도 반 이상의 논문을 믿을 수 있다고 답했다. 보통 시민들은 '어느 과학자가 이렇게 연구해서 발표했다'고 하면 일단은 믿게 되고, 언론조차 어떤 유명한 저널에 논문이 실리기만 하면 '모 교수의 연구로 언제까지 암 정복될 것으로 예상'이라고 기사를 쓰는 판에 연구자들이 동료 연구자들을 이렇게까지 못 믿는다는 것은 문제가 있는 게 아니냐고 오히려 되물을지도 모르겠다.

아예 〈재현 불가능한 연구에의 도전〉(Challenges in irreproducible research)이라는 특별 섹션(https://www.nature.com/collections/prbfkwmwvz)을 기획하여 많은 기사를 제공하고, 이해하기 쉬운 영상물(https://www.nature.com/nature/videoarchive/reproducibility/index.html)을 제작하기도 했다.

[09] Monya Baker, 1500 scientists lift the lid on reproducibility, *Nature*, 2016.5.25.

연구부정행위(Scientific Fraud)

여기까지 서술한 이야기가 사람이 사람이기 때문에 저지르는 실수에 관한 것이었다면, 마음먹고 저지른 부정 사례는 어떻게 다뤄야 할까? 국내외를 가리지 않고 연구부정과 관련해 항상 거론되는 사례가 'Hwang scandal'의 주인공 황우석 박사 이야기다. 그야말로 21세기 최고의 한국 과학 뉴스라 할 만하다. 방송과 신문이 줄기차게 비판 보도를 쏟아냈고, 모종의 음모론까지 나돌았으며, 시민들이 거리로 나와서 집회를 벌이기도 했다. 사건을 다루는 책도 출판되고 영화까지 제작되었으니 자세한 사건의 전말에 대해서는 다루지 않겠다.

문제는 과학계의 전통적인 지식 검증 시스템이 처음부터 황우석의 논문 부정을 잡아내지 못했다는 것이다. 사건 해결의 실마리는 과학계 내부가 아니라 한 방송사의 탐사보도 프로그램이 제공했다. 해당 프로그램은 황우석의 줄기세포 복제 연구의 생명윤리 문제를 제기했다. 이로부터 여러 언론이 황우석 연구의 문제점을 다뤘고, BRIC을 중심으로 여러 의혹이 제기되면서 사건이 걷잡을 수 없이 커졌던 것이다. 물론 BRIC을 중심으로 한 과학계의 자정작용이 작용하지 않았다고 지적하는 것은 아니다. 특기할 만한 사실은 과학계의 동료 검증 시스템과 자정작용은 처음부터 작동했는데도 연구부정을 걸러내지 못했다는 것이다. 처음 사람들의 반응은 "에이, 그래도 해외 유명 학술지에 게재된 논문인데, 설마 거기에서 제대로 체크를 안 했을라고."였다. 수상하다는 이야기도 나왔지만, 이는 소수의 의견일 뿐이었다. 황우석은 이후 서울대 교수직에서 파면되기는 했지만, 이 과정에서 얻은 명성과 그에 따른 각종 이익에 대해 처벌을 받거나 환수 조처를 당하지는 않았다. 연구부정의 대표적인 사례로 영원히 거론될 정도의 오점을 남겼는데도, 황우석은 파면된 후 사설 연구소를 세워 연구를 계속하고 있다.

황우석 사태와 비견될 정도로 큰 사건이 이후에도 벌어졌다. 가깝고도 먼 이웃나라 일본에서 소위 만능세포, 혹은 STAP 세포 연구로 회자되는 연구부정 사례가 있었다. '자극 야기성 다기능성 획득 세포'(Stimulus-Triggered Acquisition of Pluripotency cells)라는 긴 이름을 가진 이 세포는 유전자 조작이나 외부로부터 단백질 주입 등이 없이, 외부 자극만으로 분화 다능성(pluripotency)를 갖게 된 세포를 말한다. 이는 기존 생명과학 상식을 뒤집는 혁신적인 성과로 알려졌다.[10] 게다가 이 연구 결과는 오보카타 하루코라는 굉장히 젊은 과학자가 주도한 것이었기에 대대적인 언론 홍보 효과가 있었다. 그러나 황우석으로부터 시작된 연구부정 행위의 여파를 겪은 많은 학자가 처음부터 회의적인 반응을 보이기 시작했다. 결국 여기저기서 연구자들이 재현 실패를 발표하기 시작하자, 오보카타가 소속된 이화학연구소는 보

[10] STAP 세포와 오보카타 하루코와 관련된 상세한 연구 해설과 경과는 다음을 참고하기 바란다. 남궁석(Secret lab of mad scientist), [흑역사] STAP Cell을 만드는 상세한 프로토콜, 2014.3.10.

통의 연구팀이라면 잘 공개하지 않는 상세한 실험 프로토콜을 발표하기까지 했다. 그런데 이 상세한 프로토콜대로 실험을 했는데도 동일한 결과가 재현되지 않았다. 마침내 조사가 진행되었고, 결론은 실험 결과의 조작으로 드러났다. 《네이처》에 실렸던 논문은 철회되었고, 오보카타 하루코는 박사학위를 박탈당했다. 이화학연구소의 사사이 요시키부센터장은 목숨을 끊었다.

이들을 사법적으로 처벌할 수 있을까? 황우석과 오보카타 모두 민·형사상의 책임을 졌다고 보기는 힘들다. 물론 자신의 연구 분야에 종사하지 못하게 된 것만으로도 처벌은 충분하다고 판단할 수도 있다. 또, 오보카타의 경우에는 비교적 빨리 연구부정이 드러나 사회에 미친 영향이 그다지 크지 않았다. 그러나 황우석의 경우는 다르다. 국가의 전폭적인 지원을 등에 업고 사회의 아이콘으로까지 떠올라 큰 영향력을 발휘했다. 그 과정에서 의도적, 비의도적 피해자들이 발생했는데도 처벌다운 처벌은 없었다. 이 같은 사태를 어떻게 예방하고 해결해야 하는지에 대한 논의는 결국 과학계의 자율규제 시스템으로 돌아갈 수밖에 없다. 외부 사정기관의 힘을 빌리지 않고 마치 자경단 같은 동료평가에 기대는 시스템 말이다.

저자의 판별

동료평가와 자정작용이 잘 작동하기 힘든 이유 중 하나는 과학자들 또한 인간이라는 사실에서 기인한다. 과학자도 직업인이고, 가족이 있고, 생계를 유지하기 위해 돈을 벌어야 한다. 그리고 과학자의 보수는 그가 얼마만큼 좋은 연구를 했는가에 의해 결정된다. 현대사회에서 좋은 연구자는 좋은 학술지에 좋은 논문을 얼마나 많이 실어서, 동료 연구자들이 그 연구자를 얼마나 많이 인용하고 인정했는가로 평가된다. 논문이 사실상 절대적 평가 기준이 되는 오늘날, 과학자 사회에서 논문을 '연구 결과가 적힌 종이'만으로 바라보는 것은 적절한 이해라 할 수 없다. 'Publish or Perish'(출판하거나 사라지거나)라는 격언이 회자되듯, 과학자에게 있어 논문이란 마치 재산과도 같다.

논문이 유명한 학술지에 게재되려면 새로운 연구를 해야만 한다. 그리고 연구자로서 이름을 드높이기 위해서는 그 논문에 주도적으로 기여하여 '1저자'의 자격을 획득해야 한다.[11] 이는 해당 논문에 가장 중요한 과학적인 기여를 했다는 증거로서 과학자들에게는 명예로운 훈장 같은 것이다. 종종 과학자는 자기 이름보다는 "아, 20XX년도 ○○저널에 1저자로 내신 분"처럼 논문으로 기억되기도 한다. 이처

[11] 물론 분야에 따라 1저자, 2저자를 따로 두지 않는 경우도 있다. 어디까지나 많은 분야가 그렇다는 것이다.

럼 누가 논문의 저자인가를 결정하는 것은 연구윤리의 중요한 쟁점이다. 근래에 몇몇 한국 교수들이 자식의 이름을 논문의 공동저자 명단에 올리는 일을 저질렀을 때 연구자들이 다들 분개했던 이유가 여기에 있다. 많은 연구자가 논문의 저자 순위에서 조금이라도 높게 올라가려고 치열하게 경쟁하는데, 교수의 자식이라는 배경 덕분에 별다른 노력 없이 논문의 n번째 저자가 되는 것을 용납할 수 없었기 때문이다. 해서 대부분의 학회는 자체 연구윤리 규정에서 저자 순위를 어떻게 정해야 하는지 명문화해 두는 편이다.[12]

윤리 규정의 유무 여부와는 별개로, 현실에서 누가 얼마만큼 일을 더했는가에 대한 기준 설정과 판단은 정치경제적인 구조로부터 영향을 받는다. 대부분의 연구실은 PI인 교수가 절대적인 권력을 가지고 있게 마련이고, 이는 전혀 연구에 기여하지 않은 고등학생인 자식을 논문의 저자에 끼워 넣더라도 몇 년 동안 발각되지 않을 정도의 권력이다. 다른 한편으로는 과학계 내부의 도제적인 시스템과, 새로운 연구가 아니면 대우를 못 받기 때문에 서로 경쟁적으로 새

[12] 물론 아무리 명문화하더라도 저자 순위를 100% 기계적으로 정하는 것은 사실상 불가능하다. 어느 정도의 모호함은 각 분야의 관행 내지는 저자들 사이의 합의를 통해 메워져야 한다. 이 모호함은 밈으로 소비될 수도 있지만, 어떤 선을 넘는다면 부정행위로 인식될 수도 있다. The author list: Giving credit where credit is due, Phdcomis; 국내 생물학·의학 연구원 70% "논문 부정행위 경험", YTN Science 뉴스 보도, 2015.7.17. (https://www.youtube.com/watch?v=qya8Z3oRL0c)

로운 연구 결과를 내야만 인정받는 분위기 또한 원인이다. 과학의 발전에 기여해온 내부평가 시스템이 구조적으로 내포하고 있는 한계일 수 있는 것이다. 그리고 그 한계는 학계 밖의 사회가 과학을 평가하는 시스템의 구조에 따라 극대화될 수도, 보완될 수도 있다.

현대과학, 잔치는 끝났나

과학의 역사와 전통이 있는 선진국들은 기본적으로 연구자가 얼마만큼의 논문을, 얼마만큼 새로운 연구를, 동료 연구자들에게 얼마나 인정을 받아, 얼마만큼 인용이 되는가에 비추어 평가한다. 그리고 이 모든 평가는 과학자가 자신의 가치가 매겨진 화폐나 다름없는 논문을 학술지에 유통함으로써 가능해진다. 물론, 최근에 아카이브(arXiv)가 주요 지식 공유 플랫폼으로 떠오르기는 했지만, 그렇다고 해도 동료 연구자들의 논문을 참고하고 본인의 연구를 출판할 수 있는 통로는 몇몇 거대 학술지 출판사가 거머쥐고 있다.

과학자들이 논문을 출판하는 방법은 이 장의 서두에서도 서술했듯이 일단 출판하고자 하는 학술지에 논문을 보내는 것이다. 그러면 학술지에서는 이를 비슷한 연구를 하는 동료 연구자들에게 회람을 하고 리뷰를 거치는데, 여기서 신기한 점은 리뷰어들은 과학계의 위대한 전통인 동료심사를 하기 때문에 아무런 보수를 받지 않고 리뷰를 해야 한다는 점이다. 리뷰를 거치고 나면 과학자는 본인의 연구 결과물을 출판하기 위해 학술지 출판사에 돈을 추가로 내야 한다. 동료 연구자들이 동료 과학자들의 연구 결과물을 보고 싶다면? 돈을 내고 학술지를 구독해야 한다. 만약 구독하지 않는 연구자들도 볼 수 있도록 논문을 '오픈 액세스'(open access)로 푼다면 추가로 돈을 더 내야 한다.

현행 학술지 출판 시스템은 전 세계 많은 연구자의 원성을 사고 있다. 과학계 내부에서도 자성의 목소리가 있었고, 과학계 내부의 자정작용을 이야기하기 전에 학술지 출판 시스템 자체를 바꿔야 한다는 비판도 여기저기서 나왔다. 어떤 연구자들은 몇몇 학술지를 공식적으로 보이콧하자고 성명을 내기도 했다. 유명 학술지가 아니더라도 논문을 무료로 공개하고 연구자들끼리 서로 네트워킹할 수 있게 하는 '리서치 게이트'(Research Gate) 같은 서비스도 있었다. 아예 기존 시스템에 반하여 인터넷 해적질을 자처한 '싸이-헙'(Sci-hub) 같은 프로젝트는 많은 연구자로부터 컬트적인 인기를 얻기도 했다. 하지만 이 모든 시도들이 과연 엘스비어(Elsevier)—실리콘밸리 최고의 성공작 중 하나인 넷플릭스(Netflix)보다도 더 큰 수익을 내는 출판 공룡—를 대체할 수 있을지는 미지수다.[13] 아직까지는 기존의 학술지 출판업계를 무너뜨릴 만큼 충격을 주는 프로젝트는 없었다고 보

[13] 학술지 출판계에 엘스비어만 있는 건 아니다. 와일리(Wiley)도 있고 슈프링어(Springer)도 있고, 분야별로 큰 출판사들이 헤게모니를 쥐고 있다.

는 것이 맞다. 그러나 인터넷도, 트위터나 페이스북 같은 소셜미디어도 없던 시절에 만들어진 학술지들과 학술지 출판 시스템은 21세기에 들어서 과학계의 내재적인 여러 문제들과 함께 확실히 한계를 드러내고 있다.[14]

지금 우리에게 필요한 것은

솔직히 말하자면 정답은 없다. 어찌되었건 과학이라는 지식 체계와 그 검증 시스템은 지금까지 인류가 알아낸 가장 믿을 만한 사고방식이며 지식 생산체계임이 틀림없다. 비록 과학계의 지식 생산방식과 검증 시스템의 폐해에 대해 이 장 내내 비판을 했지만, 필자들을 포함한 많은 사람들은 아마도 단편적인 과학 정보나 기사보다는 원 논문을 찾아 읽고 그것을 더 믿을 만한 정보라고 여길 것이다. 다만 과학계 내부의 문제는 많은 사회 문제가 그렇듯, 복잡하게 얽혀 있

[14] 2018년 9월 4일, 유럽연구위원회는 'cOALition S'라는 프로젝트를 발표했다. 위원회에 속한 12개 유럽 국가의 연구비 지원기관은 2021년부터 모든 공공지원을 통해 이루어진 연구는 오픈 액세스 저널에 출판하도록 강제하겠다고 발표했다. 2022년, 26개의 협정 기관(재단, 학회, 연구기관 등)이 통칭 'Plan S'를 적용 중이다. 이 협정에는 Bill & Melinda Gates Foundation이나 Howard Hughes Medical Institute(HHMI) 같은 저명한 재단도 참여하고 있기는 하지만, 대부분 각 국가의 국내 연구 커뮤니티에 영향을 주는 선에 그치고 있다는 평가를 받고 있다.

어 단칼에 모든 걸 해결하기는 힘들어 보인다. 그렇다고 마냥 일이 잘될 것을 바라며 낙관적으로 기다리기에는 불쑥불쑥 튀어나오는 문제들이 많다.

한국 뉴미디어 스타트업 닷페이스는 "우리에게는 새로운 상식이 필요하다"고 외치며 지금까지 주류 미디어에서 쉽게 다루지 못했던 이슈들을 전통적인 미디어보다 컴퓨터와 모바일과 인터넷이 더 친숙한 세대들을 위해 사뭇 다른 접근방식으로 다루며 이름을 알렸다. 한때는 말도 안 된다고 치부되기 십상이었던 것들 또한 세상과 그 구성원들의 시각과 사정이 달라지면서 마치 언제 그랬냐는 듯 한꺼번에 바뀌기도 했다. 한국이 비로소 진정한 민주주의 국가라고 인정받게 된 시기가 한국전쟁 이후 수십 년 후이긴 했지만, 요즘 세대들에게는 오히려 한국이 민주주의 국가가 아니라고 생각하는 것이 더 낯설 것이다. 과학의 시스템도 똑같다. 학술지 출판 시스템을 기반으로 한 동료평가와, 국가 주도의 과학기술 개발, 과학계 내부의 자정작용에 모든 것을 기대는 현재의 과학 시스템이 우리가 아는 지금의 모습으로 정착한 지는 그리 오래되지 않았다. 새 술은 새 부대에 담아야 하듯, 21세기의 과학은 우리 모두 찬양해 마지않는 과학의 기본 정신을 간직하고 새로운 모습으로 재탄생할 수도 있을 것이다.[15]

[15] 닷페이스는 서비스 런칭 6년 만인 2022년 여름, 팀 해산을 공지했다. '새로운 기준'을 만든다는 것은 정말로 어려운 일이다.

과학에도 경찰이 필요한가라는 질문을 던졌으므로 이에 대한 상상력을 다 함께 펼쳐보았으면 좋겠다. 만약 과학기술계 내의 이슈를 전문적으로 수사하는 경찰이라는 존재가 있다면 그 사람의 직무 범위는 어디부터 어디까지일까? 범죄자를 잡기 위해 잠복수사도 하고, 잠입수사도 하는 경찰들처럼, 과학 경찰이 대학원생 신분으로 위장하여 문제가 있어 보이는 교수의 연구실에 잠입수사를 해야 하는 것일까? 우리에게는 사실 경찰보다는 배트맨 같은 영웅이 필요한 것은 아닐까?

극단적인 상상까지 가지 말고 현실의 사례를 통해 변화 가능성을 모색해보자. 스타트업계의 '퍽업 나이츠'(Fuckup Nights)를 적극 참고하여 행사를 주기적으로 열어볼 수도 있다. 이 행사는 스타트업계 종사자가 직접 진행해봤다가 '망한' 연구 사례들만 가지고 나와서 발표하는 행사다. 성공한 사람들의 강연을 듣는 것보다 어떻게 실패했는지에 대한 경험을 공유하고 비슷한 경험을 한 사람들끼리 서로 응원하는 자리다. 퍽업 나이츠 참석자들은 성공한 사람들의 성공 방정식을 배우는 것보다 실패한 경험을 통해 시행착오를 줄이는 데 도움을 많이 받았다고 한다. 과학자들도 연구실에서 혼자 또는 동료들끼리만 시행착오와 실패

지금 작동하고 있는 시스템은 결코 이유 없이 당연한 진리 같은 것이 아니기에 언제나 문제를 비판할 수 있지만, 동시에 수많은 이해관계 조율 끝에 탄생한 나름의 최선이었다는 점을 잊어서는 안 된다.

의 경험을 나누기보다, 비슷한 연구를 하는 여러 분야의 사람들과 만나 비슷한 경험을 폭넓게 나눠도 좋을 것이다.

학술계 내부에서도 방안을 강구해볼 수 있다. 가령 '망한 연구 저널'(Journal of failed research) 같은 것을 창간한다면 어떨까? 어떤 실험 방법론으로, 어떤 재료와 시약을 써서 누가, 언제, 어디서 했는지를 상세하게 공개하는 것이다. 이 방법은 연구자들이 직접 소모적인 검증 실험 및 연구에 뛰어드는 것을 막고 시행착오를 줄일지도 모른다. 또, 실험을 계속 실패하던 나머지 데이터를 조작해야겠다는 잘못된 마음을 먹지 않게 할 수 있다. 이번 연구는 실패했지만 실패의 데이터베이스를 모으는 데 기여했다는 뿌듯함을 가지고 새롭게 연구를 시작할 동기도 부여하지 않을까? 이런 학술지가 생긴다면, '양성 결과'만을 출판하는 학술지들의 출간 편향(publication bias)를 바로잡는 데도 도움이 될 것이다.[16] 그리고 무엇보다 이러한 활동들을 과학적 업적으로 인정해주는 평가체계 또한 필요하다.

이런 작은 아이디어들이 모든 상황을 역전시킬 9회말 2아웃 만루 홈런이 될 수는 없다. 다만 과학기술자도 사람이라는 사실을 지속적으로 떠올릴 수 있는 장치를 만들 필요가 있다. 과학 연구는 어렵다. 그렇기 때문에 대다수의 과학자들은 어쩔 수 없이 실패하는 일에 익숙해져야 하고, 그

[16] 박준석, '양성 결과' 발표에만 주목, 서랍 속에 묻히는 '음성 결과', 한겨레 사이언스온, 2016.5.4.

렇게 살아가고 있다. 그리고 성실히 노력하고도 실패한다면, 사실 어쩔 수 없긴 하지만, 그래도 주변에서 과정과 노력에 대해 인정을 해주는 것과, 인정받지 못한 채 반복적으로 실패하는 경험은 대단히 큰 차이를 남길 것이다. 개인에게, 집단에게, 더 큰 의미로는 사회에도. 현재의 과학기술계는 성공한 과학 연구, 남들이 안해본 연구를 해야만 존중받는 시스템을 구축했고, 이 시스템은 안타깝지만 단기간에 바뀔 것 같지는 않다. 인류의 발전에 더 없이 큰 기여를 하고 있는 연구자들의 거듭된 실패로 인한 정신적 육체적 건강 악화를 막고, 더욱 양질의 연구 성과가 생산되는 행복한 과학기술계를 만들기 위해 새로운 방식의 과학 연구 및 검증 시스템을 모두 함께 고민해볼 때가 되었다.

11장

과학기술정책의 전략

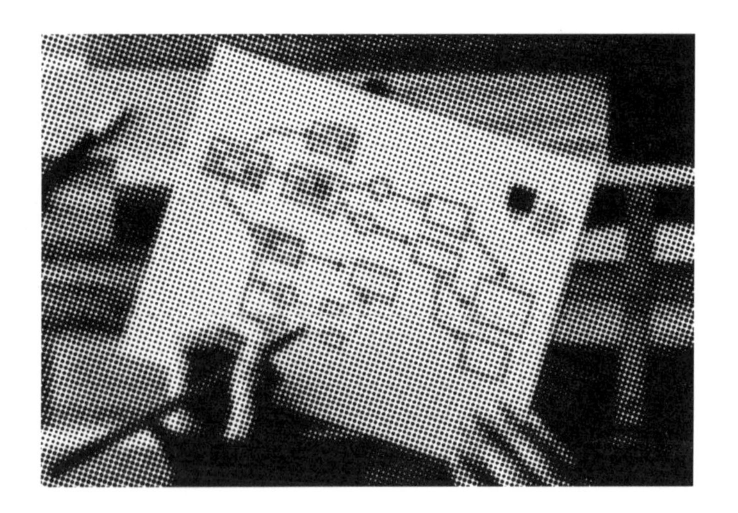

일반적으로 통용되는 전략과 전술의 개념을 그대로 차용하는 데 그다지 문제가 없다는 전제하에, 한국의 과학기술정책은 어디로 가고 있는가라는 물음에 답할 만한 큰 그림이 있는지 진단해보자.

거슬러 올라가보면 박정희 정권의 "과학입국 기술자립"이라는 유명한 캐치프레이즈가 있었다.[01] 과학기술 연구를 기반으로 한 경제개발 논리를 대표하는 전략이었다. 정치 엘리트들이 주축이 된 정부가 막강한 주도권을 쥐고 산업계와 연계된 KIST 같은 공업 및 과학기술 연구소를 설립하여 선진국의 기술을 재빨리 받아들인다. 신속한 정책적 지원하에 투자, 연구, 산업화는 용이하게 이뤄지고 이를 통해 경제가 발전하고 선진국 반열에 진입한다. 이 같은 '추격형 모델'은 한국의 과학기술정책에서 꾸준히 힘을 발휘해왔다. 한국에서 시행된 추격형 모델은 이른바 'KIST 모델'로도 불리는데, 개발도상국이 선진 공업국들을 빠르게 따라잡기 위해 어떻게 해야 하는지 보여주는 성공적인 모델로 평가받았다. 1970년대 중반부터 여러 개발도상국들은 이 정책의 입안자이자 당시 과학기술부 장관이었던 최형섭을 초

[01] 최형섭·김근배·김상현·김태호·문만용·신향숙·이주영·임재윤, 김태호 엮음, '과학대통령 박정희' 신화를 넘어-과학과 권력, 그리고 국가, 역사비평사, 2018. 과학 대통령으로 추앙받곤 하는 박정희 때의 과학기술개발 담론들과 이것이 현재까지의 한국에 미친 영향에 대해 더 알고자 한다면 2017년 『역사비평』 봄·여름·가을호에 실린 연속 기획 〈'과학대통령 박정희' 신화를 넘어〉를 참고하기 바란다.

청해 자문을 받기도 했다. 물론 외국의 원조에 힘입은 바 크지만, 한국은 단기간에 성공적으로 공업화를 달성했다. 세부적인 숫자는 차치하더라도 세계에서 열 손가락 안에 꼽힐 만큼의 예산을 정부 주도 과학기술 연구개발에 쏟아붓고 있으며, 올림픽을 비롯해 국제 규모 행사를 여러 차례 성공적으로 개최하여 명실상부한 선진국이 되었다.

이처럼 한번 설정한 큰 목표나 전략은 웬만해서는 바꾸기 힘들뿐더러, 향후 수립되는 전술적 차원의 행정 절차들과 부수적인 일들에도 영향을 미치게 마련이다. '추격형 모델'은 한국이 당시 처했던 시대배경과 환경에 맞춤한 전략이었다고 평가할 만한 측면이 있다. 그로부터 반세기가 더 지난 지금, 한국의 과학기술정책은 추격형 모델을 고수하고 있을까, 아니면 시대의 변화에 발맞추어 전략을 수정했을까? 수정했다면 어떻게 바뀌었고, 수정하지 않았다면 어떻게 바뀌어야 할까?

'전략'의 오용

김대중 정부와 노무현 정부의 정보통신기술(ICT) 정책과 이명박 정부의 녹색성장, 박근혜 정부의 창조경제, 그리고 문재인 정부의 4차 산업혁명까지, 우리는 1990년대 후반부터 정권이 바뀔 때마다 경제발전의 방향을 제시하는 정책적 키워드를 기억한다. 키워드의 변경은 정책에 영향을 준다. 헌데, 정권 교체 후 큰 방향으로서의 정책 기반은 바뀌지 않은 채 정책의 얼굴과 수사법만 바뀐 것은 아닐까? 비교적 최근 한 연구기관에서 나왔던 보고서들과 그 보고서들에 기반한 정책 사례들을 몇 가지 살펴보고 나서 이 질문에 나름의 답을 해보려고 한다.

사례 1.

한국과학기술기획평가원(KISTEP)은 다각도로 데이터를 수집·분석·연구하여 2013년도 10대 미래 유망 기술을 다음과 같이 선정했다.

최종보고서의 설명을 그대로 옮기면 "① 다음(DAUM)의 웹 검색 쿼리 데이터 분석을 통한 핵심 트렌드 선정 부문과 핵심 트렌드의 주요 이슈에 대해 예상되는 현상을 분석·제시하고 이에 대응하기 위한 ② 구체적인 과학기술적 방안(제품 및 서비스)을 미래 유망 기술의 형태로 구체화하여 제시하는 부문으로 구성"[02] 했다고 한다.

KISTEP 선정 10대 미래 유망 기술

신경줄기세포 치료 기술	나노 바이오 의료 센터
근력 보조 수트	대화형 자연어 처리 기술
생체신호 인터페이스 기술	초고속 유전체 해독 기술
무인 자율주행 자동차 기술	분자 영상 질병진단 기술
라이프케어 서비스 로봇	실감형 스마트워크 기술

전략적 차원에서 미래는 '스마트 에이징'이라는 현상이 대세일 것으로 분석하고, 이러한 미래 사회에서 위와 같은 10가지 기술이 필요할 것으로 예측했다. 스마트 에이징이 문제라고 정의하고 이를 해결하는 방법으로 노인정 개선안, 그룹 홈 확충 방안 등의 사회적인 해결 방법을 이야기하기보다는 특정 기술을 도입하면 사람들이 어떻게 잘 살 수 있는지에 대한 논의에 초점을 맞추고 있다.

사례 2.

2014년 1월, 미래창조과학부가 발표한 〈국가 중점 과학기술 전략 로드맵〉[03]을 보도록 하자. 이 로드맵은 한국의 과학기술 전략을 '경제 지속 성장 견인'과 '삶의 질 향상 기여'라는 2대 부문으로 나누고, 그 아래에 5대 분야를 세분한 다음, 국가 중점 과학기술 30가지를 열거했다. 국가 중점 과학기술이라고 되어 있는 분야들을 꼼꼼히 훑어보면 이 5대 분야가 포괄하지 않는 분야도 없고, 포괄한다고 볼 수 있는 분야도 없다. 다시 말해, 이 로드맵은 분야별로 키워드가 될 만한 것을 몽

[02] 김상일 외, 2013 KISTEP 10대 미래 유망 기술 선정에 관한 연구, 2013에서 발췌.

[03] 김도희, 미래부, 국가 중점 과학기술 전략 로드맵 추진, 중소기업뉴스, 2014.4.30에서 발췌.

전략 로드맵 수립 대상 기술

2대 부문	5대 분야	국가 중점 과학기술
경제 지속 성장 견인	ICT 융합 신산업 창출(8)	①정보 보호 기술 ②빅데이터 기술 ③실감형 콘텐츠 기술 ④방송통신 융합 플랫폼 ⑤차세대 반도체 기술 ⑥스마트 자동차 기술 ⑦생산 시스템 생산성 향상 기술 ⑧첨단 플랜트 기술
	미래 신산업 기반 확충(7)	①차세대 소재 기술 ②차세대 에너지 저장장치 기술 ③바이오 에너지 기술 ④서비스 로봇 기술 ⑤의료기기 기술 ⑥고부가가치 선박 기술 ⑦미래형 항공기 기술
삶의 질 향상 기여	깨끗하고 편리한 환경 조성(6)	①환경 통합 모니터링 및 관리 기술 ②오염물질 저감 및 관리 기술 ③유용 폐자원 재활용 기술 ④기후변화 감시·예측·적응 기술 ⑤온실가스 처리 및 저감 기술 ⑥스마트 에코빌딩 기술
	건강 장수 시대 구현(5)	①맞춤형 신약 개발 기술 ②생명 시스템 분석 기술 ③유전체 정보 이용 기술 ④줄기세포 기술 ⑤맞춤형 건강 관리 기술
	걱정 없는 안전사회 구축(4)	①식품 안전 및 가치 창출 기술 ②유용 유전자원 이용 기술 ③자연재해 모니터링·예측·대응 기술 ④사회적 복합재난 저감 기술

땅 넣어서 어느 분야의 누가 보더라도 흠잡기 힘든 백화점식 구성이다.

사례 3.

2016년 5월, 정부는 'K-ICT 중점 추진 전략'[04]을 발표했다. 매년 5월 즈음 정부는 중점 추진안[05] 혹은 혁신안 등을 내놓는데, 2015년도에는 연구개발 제도 개편안을 내놓기도 했다. 이 전략 발표에서는 "구글의 인공지능 '알파고' 등을 통해 지능 정보기술과 제4차 산업혁명의 중요성이 부각되는 등 국내외 환경 변화에 맞춰 기존의 K-ICT 전략을 재설계한 것"이라는 설명이 부연되었다.[06] 요모조모 따져볼 점들이 있겠지만, 전략안의 세부사항들을 보면 분야별 전문인력 양성 방안 같은 계획 또한 빠짐없이 들어 있음을 볼 수 있다.

사례 4.

2018년도 3월 14일에 열린 '제34회 국가 과학기술 심의회 운영위원회'에서 〈2019년도 정부 연구개발 투자

[04] 인포그래픽 출처는 정성호, ICT 생산 4년후 240조…인공지능 10대 전략산업 포함, 연합뉴스, 2016.5.13.

[05] 추진은 육성, 진흥, 선도 같은 단어로 바꿔도 무방하다.

[06] 미래창조과학부 보도자료, 대한민국 ICT, 미래 성장의 주력 인프라로 거듭난다, 2016.5.16.

K-ICT 중점추진전략

① 10대 전략사업 육성

② ICT 융합 투자 확대

- 핵심 분야별 융합 실현 - 융합 규제 개선 - 공공 수요 확대

③ ICT산업 체질 개선

- 기술혁신 가속화 - 창의인재 양성 - 창업·벤처 글로벌화

④ 글로벌 협력 강화

- 맞춤형 해외 진출 - 글로벌 리더십 강화

2019년도 정부 연구개발 투자 방향 및 기준안

목표

연구자가 혁신을 주도하고, 국민이 과학기술 성과를 체감하는

사람 중심의 국가 R&D 투자 강화

투자 영역

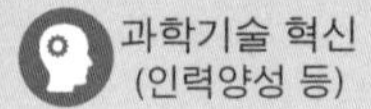
과학기술 혁신 (인력양성 등)

공공 수요

산업 선도

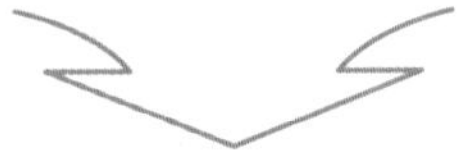

4대 분야 12대 중점 투자방향

① 창의적인 연구 환경 조성
- 연구자 주도 기초 연구
- 사람 중심 연구 생태계
- 공공 수요 및 규제 개선 연계

② 국민이 체감하는 삶의 질 향상
- 예방 중심의 재난·재해 R&D
- 국민 건강 및 생활 편익 증진
- 사회적 지속가능성 확보

③ 미래를 준비하는 혁신 성장 가속화
- 4차 산업혁명 대응 R&D
- 신시장·신산업 R&D
- 산업 경쟁력 제고 R&D

④ 과학기술 기반 고급 일자리 창출
- R&D 일자리 생태계 구축
- 신기술·신서비스 일자리 창출
- 미래 대비 창의·융합형 인재 양성

투자 시스템 혁신

대형 R&D 관리 강화, 투자 효과성 제고 등을 통해 R&D 대혁신 기반 마련

패키지형 R&D 투자플랫폼 도입
- 기술·인력·제도·정책 종합 지원
- Fast Track 사업 도입

R&D 투자 효율화
- 국정과제 연계 강화
- 일몰제도 개선
- 출연연 미션·평가 연계

R&D 지원체계 개편
- 정책·투자·평가 연계
- 대형 R&D 사업 관리 강화
- 기획평가비 지원체계 개선

방향 및 기준안〉[07]이 발표되었다. 앞으로 연구개발 과제를 집행하는 모든 부처는 다음과 같은 예산 가이드라인을 따르게 된다. (왼쪽 인포그래픽을 볼 것)

검색 포털에 들어가서 '○○ 과학기술 분야 전략 로드맵', '○○ 과학기술 분야 비전 20○○', '○○분야 중점 추진/육성/진흥 전략' 같은 키워드를 입력해보면 분야·연도·부처별로 비슷한 내용의 문서를 수도 없이 생산했음을 알 수 있다. 이런 문서들이 실제로 실행되었는가, 장기적인 계획 없이 몇 년 단위로 정책이 바뀌어서 되겠느냐는 당연한 물음은 둘째로 치더라도 '전략'이라는 개념이 상당히 한정적으로 사용되고 있음을 확인할 수 있다. 요컨대, 지금 무작위로 소개한 4가지 사례의 보고서와 보도자료를 보면 소위 과학기술 분야의 '전략'이라던가 '로드맵'은 분야별 육성 방안에 집중하고 있으며, 이는 꽤 오랫동안 정부에서 '올해부터 한국은' 혹은 '이제부터 한국은' 달라질 것이라며 주장하던 '탈추격 선도형 모델'의 국가 전략에 부합하지 않는 것처럼 보인다.

특정 분야를 유망 분야로 지정하고 이를 지원하고 육성하는 방식은 더 이상 탈추격 선도형 모델에서 유효하지 않다는 사실을 많은 보고서가 지적해왔다. 그런데도 실제

[07] 국가과학기술심의회 홈페이지; 최소망, 4조 인력양성 R&D… 고용창출 효과 없으면 지원 줄인다, 뉴스1, 2018.3.14 참조.

정책안은 기대만큼 달라지지 않은 듯하다. 어떤 분야를 선도하고 의제를 만들어 가겠다는 선언은 아무나 할 수 있다. 하지만 이를 실제로 수행하려면, 선진국에서 '핫'하기 때문에 도입하여 한국화할 것이 아니라 우리만의 의제를, 우리식대로 발굴하여 정의하고 문제를 푸는 방식까지 우리식대로 확정해야 한다. 물론 만약 실패했을 경우에는 왜 실패했는지에 대한 책임까지 지는 것을 뜻하며, 전 세계가 어떤 키워드—예를 들어 인공지능—에 매몰되었을 때 "우리도 진지하게 논의해봤는데 저렇게까지 신경 쓸 주제는 아닌 것 같아!"라고 한걸음 물러나겠다는 결정도 필요하다면 할 각오가 있어야 한다.

인공지능, 가상현실(VR), 증강현실(AR) 등이 중요하지 않다는 말이 아니다. 앞에서 소개한 사례에 나오는 어떤 로드맵이나 전략도 중요하지 않은 주제를 다루고 있지는 않다. 이를 중요한 주제로 인식하고 국가에서 지원하는 것은 분명 올바른 선택이나, 선후관계를 뒤집지 말아야 한다는 것이다. 연구 초창기의 '인공지능'이 우리가 현재 알고 있는 '알파고' 같은 인공지능을 가리키지 않았다는 점을 진지하게 돌아봐야 한다. 컴퓨터, 인지과학, 뇌과학, 심지어 철학을 포함한 인문사회과학의 다양한 분과 학문들의 논의의 합이 현재의 인공지능 및 그를 둘러싼 담론 지형을 만들어왔다. 그렇다면 한국이 과학기술의 전략적 측면에서 인공지능의 부흥을 꿈꾼다면, 학제간 융합을 가능케 하는 사회경제적 분위기와 협업 장려 문화 진작을 전략의 측면으로 삼을 수 있다. 물론 이 또한 정부 주도형 융합 과제와 문화 융성 프로그램의 역사를 고려하면, 정부의 역할은 공정한 심판처럼 적절한 가이드라인을 주고 민간 연구 영역에 그 일을 맡기는 편이 훨씬 효율적일 것이다. 그러할진대, 인공지능을 중점 육성하겠다는 목표를 세우고 이를 위해 n명의 인공지능 전문가를 양성하겠다는 선언을 '전략'이라 부를 수는 없다.

'탈추격 선도형 국가'를 만들기 위해 정부가 해야 하는 일이 "인공지능 연구개발 특공대 1만 명 양산"이고, 이를 위해 정부에서 "인공지능 연구인력 중점 육성 연구기관을 10개 건설"하여 "2025년까지 글로벌 선도 인공지능 원천기술 100개 확보"인 것이라면, 오히려 지금까지 왜 선도형 국가가 되지 못했는지를 물어야 한다. 연구개발 전략들이 비슷한 형태를 취해 왔고, 나름대로—특히 정량적으로—목표한 바를 달성했을 것이기 때문이다. 정부의 역할이 어디까지인지에 논의의 여지는 있겠으나, 애석하게도 세상은 마치 뉴턴의 운동 방정식처럼 n명의 인력을 육성하여, A 분야에 투입하면, B년 내로 세계 TOP 3에 오를 수 있다는 법칙을 따르지 않는다. 환경은 달라졌는데 하는 일, 하지 않는 일, 그리고 투자 방식이 같다면 '전략'이라는 이름은 더 이상 어울리지 않는다.

규제와 혁신의 동상이몽

전략의 부재 혹은 오용이 현실에서 더 큰 문제로 불거지는 곳은 기존의 규제 시스템과 새로이 나타나는 혁신기술이 마주치는 지점이다. 한국적 맥락에서 과학기술 전략이 의미하는 바는 산업 육성 및 경제 성장 정책의 일환에 가깝다. 이런 특징은 아이러니하게도 그렇게 원하는 혁신기술이 등장했을 때 더욱 극명하게 드러난다. 혁신기술은 대개 기성의 산업 및 경제정책이 작동하고 있는 시장의 질서를 해치기 때문이다. 전략 없이 마주한 혁신은 오히려 대책 없이 시스템을 교란할 수도 있다.

박근혜 전 대통령은 2016년 2월 무역투자진흥회의를 주재하면서 규제 철폐에 대해 "새로운 개념의 제품은 일단 시장에 출시하도록 하고, 일정 기간 시장에서의 상황을 지켜본 후 사후에 인증 규격을 만드는 방식으로 나아가야 할 것입니다."라는 발언을 했다.[08] 배경에는 당시 정부의 '창조경제' 기조가 있었다. 이를 물질화하기 위해서는 스타트업을 육성하고 창조적 파괴, 파괴적 혁신이 일어나는 사회를 만들어야 하며, 이를 위해서는 규제 혁신이 일어나야 한다는 것이 정부의 모토였다. 이 발언의 취지가 무엇이었는지는 잠시 미루어놓고 발언 자체만 놓고 보면 (놀랍게도) 어느 정도 생각할 거리들이 있다.

제도적으로 무언가를 규제한다는 것에는 두 가지 방향이 있다. 하나는 할 수 있는 것을 정하고 그것에 어긋나면 처벌하는 것이고, 다른 하나는 하지 말아야 할 것을 정하고

[08] 융합 신제품의 시장 진입 빨라진다, 산업통상자원부 보도자료, 2016.3.25.

이 금기를 잘 지키는지 감시하는 것이다. 한국에서 말하는 규제란 전자에 더 가깝다. '할 수 있는 것들'이 정해져 있고 그 테두리를 벗어나는 경우는 모두 불법이 되는데, 그렇기 때문에 규정집도 아주 길다. 무엇을 해야 하는지, 어떤 조건에서 할 수 있는지가 빽빽이 적혀 있다. 긴 규정집이란, 조금 다르게 말하면, 빠르게 신고(?)를 당할 수 있고 빠르게 불법으로 규정당할 가능성이 크다는 뜻이다.

최근 몇 년 사이, 기존 시장에서 적극적으로 활용되지 않던 기술들을 활용해 기성 시장체계를 뒤흔들 (가능성이 있는) 서비스와 제품 들이 출시되었다. 이것들은 주로 4차 산업혁명, 실리콘밸리의 혁신 사례 등으로 포장되어 한국에 소개되었고 공유경제, O2O 등 신문 지면을 폭격한 키워드들로 버무려져 있었다. 뻔한 사례이지만 우버나 에어비앤비를 먼저 생각할 수 있다. 공유경제라는 애매한 이름으로 묶여 있지만, 이런 신개념은 잠시 제쳐두고 실제로 기존의 서비스와 어떻게 다른지 살펴보는 것이 좋다.

우버는 "대다수의 사람들이 네트워크망에 편하게 항상 접속할 수 있다"는 모토를 실현하는 운송 서비스로 시작되었다. '왜 택시는 내가 기다릴 때만 안 잡힐까?' '왜 내가 택시를 기다려야 하지? 택시가 그냥 오면 안 될까?' 우버는 평소 택시를 이용하면서 겪었던 이런 불편함들을 해소할 수 없을까 하는 의문에서 출발했다. 사실 한국은 이미 콜택시라는 서비스를 잘 운영하고 있었다. 콜비를 따로 받기도 하고, 바쁜 시간대에는 잡을 수 없고, 다소 요금이 비싸기도 하지만 말이다. 한편으로는 한국 택시 서비스의 고질적인 문제점들도 있다. 택시와 승객이 사전에 어디서 타서 어디로 가는지를 합의하지 않는다는 점, 요금이 제도적으로 정해져 있다는 점(이는 택시가 대중교통이라는 주장에 힘을 실는 근거다), 결제 수단에 대한 사전 합의가 없다는 점 등이 대표적이다. 이것을 '택시의 고유한 특성'이라고 주장할 수도 있겠지만, 누군가는 '그런 것을 원래 하고 싶었는데 지금까지 여러 가지 한계로 인해 구축하지 못한 서비스'라고 주장한다. '그때는 맞지만 지금은 틀린 서비스'라고 주장할 수도 있다. 우버는 현재의 시스템에 문제의식을 가지고 있었고, 동원 가능해진 사회적 인프라를 이용해 기존 택시의 문제점들을 해결한 서비스로서 출범했던 것이다.

우버가 한국에 들어오면서 맞닥뜨린 문제는 기술적인 것이 아니라 제도적이고 사회적인 것이었다. '우버가 무엇인지'를 정의할 수 없었다! 한국에서 운송사업을 하려면 기존의 시스템에 등록을 해야 한다. 그런데 우버는 이 과정을 거치지 않는 것이 강점인 서비스다. 즉 개개인이 운송사업에 뛰어들기 쉬워졌다. 한국에서 택시기사 집단의 사회경제적 상황을 고려해보면 결코 반길 수 없는 상황이었을 것이다. 기존 택시 사업자들은 우버가 불법으로 유사 택시 영업을 한다고 주장했다. 우버를 택시의 일종으로 (임의로) 정의하고, 우버 운전자들이 택시 등록을 하지 않았으니 불법 영업이라는 주장이었다. 결과적으로는 이 주장이 받아들여져 우버는 공식적으로 한국에서 퇴출되었다. 실제로 우버 서비스에 등록하고 영업하려던 운전자들이 관련 법규 위반으로 경찰에 입건되기도 했다.

에어비앤비는 어떤가? 아직 한국에서 퇴출되지는 않았지만 전 세계적으로 논란이 많은 서비스이다.[09] 논란의 핵심은 우버와 비슷하게 '에어비앤비가 숙박업이냐 아니냐'는 것이다. 한국뿐 아니라 그 어디에서건 숙박업을 하려면 관공서에 숙박업소로 등록해야 한다. 헌데, '에어비앤비가 숙박업 서비스인가?'라고 물어보면 답변이 애매해질 수밖에 없다. 장기 임대도 아니고, 단기간 들르는 사람들에게 집의 일부를 대여해주는데, 여기서 입장이 충돌한다. 전통적인 숙박업을 영위하는 사업자들은 당연히 '지나가는 사람이 잘 곳이 필요해서 돈을 내고 공간을 빌리는 행위'는 숙박업으로 정의해야 한다고 주장하는 반면, 에어비앤비 호스트들은 '내 집 공간의 일부를 내가 마음대로 쓰겠다는데, 즉 내 재산을 활용해서 내가 경제활동을 하는데 왜 호텔에서 난리냐, 억울하면 너희 서비스를 개선하라'는 입장이다. 그러는 와중에 에어비앤비는 서로 필요가 있는 시장의 행위자들을 연결하는 플랫폼 서비스로서 자리매김하고 있다. 실제로 많은 에어비앤비 호스트들은 싼 가격을 무기로 내세워 기존의 호텔 수요를 상당 부분 대체하고 있다.

우버는 택시인가 아닌가? 에어비앤비는 숙박업인가 아닌가? 맞다 아니다를 놓고 왈가왈부 다퉈볼 수도 있지만, 사실 '모두 아니다'가 답이 될 수 있다. '지점 ㄱ에서 다른 지점 ㄴ까지 자동차를 이용해서 이동하는 서비스'가 택시만

[09] 그럼에도 불구하고 에어비앤비의 성장세는 놀랍기만 하다.

있으라는 법은 없다. 인프라가 갖춰지고, 수요가 있고, 이 기회를 노리는 창업자가 있다면 새로운 서비스는 어떻게든 나오기 마련이다.[10] 보통 이런 상황에서 기술의 활용은 큰 역할을 하기 마련이고, 그 기술이 사회에 전반적으로 널리 퍼져 있을수록 그 여파 또한 강력하다. 우버의 서비스나 비즈니스 모델은 네트워크 인프라와 스마트폰이 없는 세상에서는 애초에 시작도 불가능한 모델이다. 만약 20년 전쯤 이런 서비스가 나왔다면 기존의 택시 시장이 이 정도로 민감하게 반응하지 않았을지도 모른다.

이처럼 사회가 어떤 기술에 영향을 받고 있을수록 새로운 제품이나 서비스의 파급 효과가 크다고 할 수 있다. 하지만 거꾸로 해석하면 이런 여파를 감지한 연후에 해당 기술이나 인프라가 우리 사회에 얼마나 광범위하게 퍼져 있는지를 측정하는 지표로 삼을 수도 있다. 그리고 이 지표는 정부나 기존 시장이 향후 움직이는 방향에 큰 이정표가 되기도 한다. 박근혜 전 대통령의 발언 역시 이런 맥락에서 재검토한다면, 이제는 세상에 나오는 새로운 비즈니스와 서비스를 기존 규제의 틀을 유지하는 선에서 개정안을 덧붙이는 방향으로는 한계가 있음을 지적한 것이라고 해석할 수 있다. 물론 발언이 어떻게 해석되어 실무에 구체화되었는지,

[10] 현재 누리고 있는 많은 제도와 서비스가 1000년씩 2000년씩 되었다고 생각하지 않으면 많은 것들이 이해될 것이다. 우리가 현재 알고 있는 의미의 택시란 몇 년이나 되었을까? 너무 오랜 시간이 흘러 우리가 택시를 대체 불가능한 것이라고 여길 만큼 오래되었을까?

해당 발언에 어디까지 정치적 의미를 부여할 수 있는지는 미지수이지만, 아무튼 당시 정부는 어떻게든 창조경제를 현실에 구현하고 싶어 했다는 점과 이 문제가 박근혜 정부만의 숙제는 아니라는 점이다. 어떤 방식으로든지 지금 이 지표를 정부가 제대로 잡아내고 측정할 수 있게끔 규제의 방향을 수정할 것은 확실해 보인다.[11]

'파괴적 혁신'은 그림의 떡?

학계나 언론에서는 이런 형태의 변화 양상, 그러니까 시장의 확장이나 축소가 아니라 개념적인 규모의 시장 변동이 생기는 현상을 두고 'disruptive innovation', 즉 파괴적 혁신이라는 표현을 쓴다. 말 그대로 변화가 일어나는 양태가 기존의 시스템을 부수면서 동시에 새로운 시장을 형성하는 모양새이기 때문이다. 그 '지표'가 더욱 적나라하게 표출될수록 더욱 다양한 주체들—시장뿐만 아니라 정부, 개인 소비자—이 이 변화에 달려들어 목소리를 내게 되고 대부분의 경우 변화는 거스를 수 없는 흐름을 형성한다.

[11] 박근혜 정부뿐 아니라 한국에 존재했던 어떤 정부에도 이와 비슷한 이야기를 할 수 있다. 한국은 적어도 정치체제는 바뀌었을지라도 시장을 규제하는 패러다임–할 수 있는 것을 정해놓고 규격 외의 것을 못하게 규제하는–은 바뀐 적이 없다.

이런 맥락에서 보면, 변화의 방향에 큰 영향을 주는 것이 규제가 되는 셈이다. 한국의 규제 시스템에 맞지 않아 퇴출된 우버를 곱씹을 수밖에 없는 이유다. 그렇다면, 현재 한국과 같은 방식의 규제체계에서는 혁신이라 부를 만한 변화가 봉쇄되느냐 하면 그렇지는 않다. 제도적 틀 안에서도 어떻게든 변화를 꾀하는 세력은 있기 마련이기에 변화는 일어나지만, 변화의 양태는 분명 다르다. 우버의 퇴출 이후, 한국에서는 유사 서비스인 카카오택시가 생겨났다. 잘 생각해보면, 카카오택시는 기존의 택시 시스템과 우버 사이 어딘가에 존재하는 서비스이다. 기존의 택시 서비스에 비해서는 소비자와 공급자 간의 정보 불균형이 조금은 해소된 서비스라고 할 수 있다. 승차지와 목적지를 탑승 전에 합의하고, 승차거부 같은 문제도 원칙적으로는 사라지며, 승객의 안전 문제 또한 어느 정도는 해결이 되는 셈이니 말이다.

여전히 갈등은 존재한다. 기존의 콜택시 서비스와는 다시 대립하지만, 갈등 양상이 좀 다르다. 콜택시 업계는 카카오택시를 '시장 질서 교란, 불법' 같은 이유로 고발하지는 못한다. '골목상권을 침해하는 플랫폼 대기업의 횡포' 같은 이야기를 할 수는 있겠지만 어찌됐건 카카오택시는 기존 시스템을 부정하지 않기 때문이다.

이쯤 되면 여러 언론이 구사하는 기술과 사회에 관련된 수사법에 의문을 품을 수밖에 없다. '신기술이 들어오면 우리 삶은 바뀐다' 같은 문구들은, 문구 자체가 틀렸다고 말하기 어렵지만,[12] 굉장히 단정적인 동시에 결정론적이다. 지금까지 언급된 사례들만 봐도 알 수 있듯이 세상의 변화는 그렇게 일방향으로, 파괴적으로 진행되지 않는다. 유사한 기술적 특성이 너무나 다양한 변주를 만들어내고, 그 과정에서 기존의 체제와 대립하기도 하지만 때로는 손을 잡기도 한다. 이 변주들은 기술과 사회의 관계를 1:1 함수로부터 벗어나게 하고, 심지어 반대 방향의 영향 또한 존재함을 입증하기도 한다. 카카오택시가 왜 지금 같은 형태로 디자인되었을지 생각해보면, 카카오택시는 원래 한국에 존재하던 콜택시의 업그레이드 버전에 가깝다는 사실을 깨닫는다. 조금 더 소비자 입장에서 편한 서비스가 될 수도 있었을 것이고 혹은 기존 택시 서비스를 다른 방향으로 뒤흔드는 형태로 디자인될 수도 있었겠지만, 한국이라는 나라에서 그러지 못했던 이유는 기술력이 부족하기 때문이 아니다. 기존의 제도적 장치와 규제와 법의 영향을 받았기 때문이다.

바로 이런 이유들 때문에 과학기술과 규제의 관계를 이해하는 것이 중요하다. 우리 사회는 이 둘이 만나는 과정에서 영향을 받는 것이지, 각각으로부터 받는 영향이 1+1=2의 산술적 합으로 다가오는 것이 아니기 때문이다. 또한 그렇기 때문에 새로운 기술의 등장과 그 도입에 대해 생각할 때는 제도적 장치, 특히 규제의 특성과 그 방향에 대해 이해하는 것이 정말 중요하다. 이러한 맥락에서, 앞서 소개한 박근혜 전 대통령의 발언은 기억해둘 만하다. 물론 실

[12] 우리 삶이 바뀌지 않는다는 말이 아니다. 허나 저 문구에서 보듯 마치 되돌릴 수 없을 것처럼 바뀌리라고는 상상하기 힘들다.

제로 대통령의 발언이 어떻게 작용할지는 정책 입안자들과 관료사회의 해석 방향에 달려 있다. 다만 해당 발언의 중요성은 발화자의 문제로 인해 가려진 측면이 있다. 규제의 개념이 바뀌면 우리 사회에서 원하고, 통용되고, 수용할 수 있는 기술의 성격도 변화한다.

정부의 입장에서 따지게 되는 것이 너무나 많겠지만 결과적으로 가장 중요하게 따져야 하는 것은 바로 '공공성', '공적 가치'다. 그리고 여기서 또 다른 층위의 문제가 연쇄적으로 발생한다. '무엇이 공적 가치이며 이것은 누구를 위한 결정인가?' 택시 집단이 우버를 몰아내고자 했던 것은 공적이지 못한 행동이며 이를 지원한 제도적 장치들은 기성 택시업계의 반발에 굴복한 것일까? 기존 시장을 완전히 망가뜨려 단기적으로 해당 직종에 종사하는 많은 이들이 고통받을 가능성이 있는 기술이라도 혁신기술이라면 일단 받아들여야 하는 것일까? 그러면 기존 시스템에서 일하고 있던 사람들의 생계는 누가 책임지며, 진입장벽은 이들을 어디까지 보호해야 할까? 이들 또한 시민인데, 그들의 삶을 어느 정도는 책임지는 것이 공공 영역의 역할 아닐까? 정부는 이러한 질문들과 갈등들 사이에서 고민을 하게 되고,[13] 어떤 가치를 얼마만큼의 중요도로 설정할지는 그 정부의, 그 사회

[13] 물론 이때도 정부의 각 부처와 직급과 개인적 사정에 따라 이해관계는 엇갈릴 것이다. 정치인이라면 아무래도 표를 신경 쓰겠지만, 다른 직위의 다른 행위자들은 자신의 조직이나 개인이 이끌어나가고 싶은 방향이 있을 것이다.

의 철학과 정서·역사·문화·정치적 맥락 등등과 법체계가 결정하게 된다.

제도적 장치는 단순히 세금을 걷는다, 사기를 막는다는 것 이상으로 무엇이 우리 사회에서 어떤 의미에서 중요한지, 사회의 지표로서 어떤 신호를 우리에게 주는지, 그래서 우리가 이해해야 하는 것이 무엇인지 등에 대해 두루 생각할 거리를 던진다. 말 그대로 국가마다 'A는 되지만, B는 안 돼'라는 것이 있다면 '왜 한국은 B가 안 되지? 미국은 되는데?'라고 할 것이 아니라, 어떤 맥락에서 한국은 B가 허용되지 않고 미국은 허용되는지 따져보아야 한다. 어떤 기술 양식이 우리 사회에 얼마나 넓고 깊게 침투해 있는지, 기술적 본성이 특정한 사회 변화 양상과 1대 1로 정확하게 매치되는 것은 아니라든지 등등을 머릿속에 담아 두고 있으면 정책적 결단을 내릴 때나 제도적 장치를 설계하고 이용함에 있어 도움이 된다. 그러나 한편으로는 여전히 개념적인 수준의 이야기인지라 별 소용이 없게 들리기도 한다. 소위 파괴적인 혁신으로 이야기되는 스타트업 서비스와 한국식 규제의 충돌은 '헤이딜러' 사태에서도 극명하게 드러났다.

헤이딜러 서비스의 개념 자체는 간단하다. 실제로 중고차를 매매해본 경험이 없더라도 대부분의 사람들이 중고차 시장의 특성 중 하나로 생각하는 것은 잘 모르는 사람이 가면 바가지 쓰기 십상이라는 점이다. 매차자가 아무리 차를 잘 관리해왔다고 주장해도 중고차 딜러들은 온갖 이유를 대고 트집을 잡아서 매입가를 최대한 낮추려 할 거라는 생각을 버릴 수 없다. 반면, 헤이딜러는 전통적인 중고차 매매 방식이 아니라, '역경매' 방식을 취하고 있다. 소비자가 차량 정보를 올리면, 헤이딜러 서비스에서 인증한 딜러들이 각각의 기준으로 가격을 매겨 소비자의 차량에 입찰한다.

헤이딜러 서비스에 대한 대표적인 설명은 "기존의 중고차 경매 시스템에서 문제로 지적되어 왔던 '불투명한 유통 경로'의 투명성을 높이는 데에 기여"하며 "실제로 소비자들이 이에 반응하고 있다"는 것이다. 일단 이 설명이 사실과 크게 어긋나는 부분은 없다. 역경매 방식 거래는 당연하게도 중고차의 가격 선정 기준과 시세 등에 있어, 초거대 규모의 단체 담합이 아닌 이상, 기존 유통 구조에 비해 조금 더 정확한 정보가 돌고 가격 간 편차가 줄어드는 효과를 낸다. 이 구조에서는 서로가 서로를 감시하게 되는 셈이니, 딜러들이 마음껏 폭리를 취할 수도 없다. 설립 후 1년 만에 누적 거래액이 300억을 돌파했다고 하니, 분명 잘 성장해 가던 스타트업이었다.

문제는 2015년 12월 28일 국회에서 '자동차관리법 개정안'이 통과되면서 발생했다. 새누리당(현 국민의힘) 김성태 의원이 2015년 11월 9일 대표 발의[14]한 개정안에 따르면 자동차 경매업으로 수익을 창출하는 모든 업체는 일정 규모 이상의—3300제곱미터 이상의 주차장과 200제곱미터 이상의 경매실—물리적 시설을 확보해야 한다. 이를 확보하지

[14] 대표 발의한 김성태 의원 외 아홉 의원은 정성호, 이노근, 김태원, 강석호, 함진규, 박성호, 유승우, 주영순, 최홍봉.

않고 영업할 경우, 온라인이든 오프라인이든 불법업체로 규정되어 처벌 대상이 된다. 개정안이 현실화된다면 헤이딜러의 사업 모델 자체는 완벽히 부정당한다. '물리적 시설의 최소화'와 '정보 유통 구조 개선'이라는 모델의 한 축이 불법으로 규정되면서 영업 자체가 불가능해지는 것이었다. 이 개정안이 발의된 공식적인 내용와 배경은 다음과 같다.

자동차관리법 일부 개정 법률안(김성태 의원 대표 발의)

의안번호: 17660 / 발의 연월일: 2015. 11. 9.

신설된 규제

제79조(벌칙) 다음 각 호의 어느 하나에 해당하는 자는 3년 이하의 징역 또는 1천만 원 이하의 처벌에 처한다.

〈신설〉 5의2.

제35조를 반하여 기존 전자장치(최고속도 제한장치에 한한다)를 무단으로 해체한 자

〈신설〉 15의2.

제60조에 따른 경매장을 개설하지 아니하고 자동차 경매를 한 자

제안 이유 주요 내용

현행 '자동차관리법'에서는 자동차 경매장을 개설/운영하려는 자는 일정한 시설 및 인력 기준을 갖추어 시/도지사의 승인을 받도록 규정하고 있으나, 자동차 경매장을 개설하지 않고 인터넷으로 자동차를

> 경매하는 사례가 있어 기존 경매장 개설자와 형평에 맞지 않고 소비자에게 피해가 발생한 경우 권리 구제에 어려움이 있으므로 인터넷 경매를 고려하여 자동차 경매를 명확히 정의하고 자동차 경매장을 개설하지 않고 자동차 경매를 한 자에 대한 벌칙을 신설하려는 것임. 또한, 자동차 관리 사업의 결격사유 중 파산 등 행위능력 결격 사유에 해당되어 (하략)

흥미로운 지점은 중간에 등장하는 "기존 경매장 개설자와 형평에 맞지 않고 소비자에게 피해가 발생한 경우 권리 구제에 어려움이 있으므로 인터넷 경매를 고려하여 자동차 경매를 명확히 정의하고 자동차 경매장을 개설하지 않고 자동차 경매를 한 자에 대한 벌칙을 신설하려는 것임"이라는 대목이다. 이 규제안은 1)기존 사업자와의 형평성 2)소비자 권리 보호를 들고 있다. 정부 입장에서는 기존의 시장이 변화하는 것은 자연스럽지만, 기존 시스템이 갑작스럽게 붕괴할 정도의 변화에는 부담을 느낄 수 있다. 기존 시스템에 종사하는 사람들도 세금을 내는 시민이고, 다른 다양한 사업 영역에도 변수로 작용할 수 있기 때문이다. 이런 명목으로 1)을 이유 삼아 시장에 어느 정도 개입하여 변화 속도나 방향에 영향력을 행사하려 들 여지가 분명 존재한다. 실제로 김성태 의원이 이 법안을 발의하게 된 배경에는 기존 중고차 사업장의 민원, 정치적 압력 등이 존재했으리라는 의견이 지배적이었다.

그렇다면 이것이 민주사회에서 규탄받을 행동이냐 하면, 그렇다고 보기도 힘들다. 분명 절차적으로는 철저하게 대의 민주주의 시스템 안에서 움직였다고 볼 수 있다. 기존 시스템을 지키고자 하는 사람들이 현실 정치와 법체계 안에서 자신들이 할 수 있는 일을 모색했고, 그 결과 국회의원에게 가서 사정을 설명하고 행동할 것을 요청했으며, 국회의원은 자신이 이들을 대변할 필요가 있다고 판단하여 국회의원 본연의 일인 입법 활동을 했을 뿐이다.

2)의 이유도 어느 정도는 타당하다. 실제로 이는 헤이딜러만의 문제는 아니다. 많은 온라인 거래 플랫폼, 오픈마켓 등에서 사기가 끊이지 않았다.[15] 주로 피해를 입은 개인들이 고소에 나서서 판매자를 처벌해 왔지만 잘 근절되지 않았다. 헤이딜러가 다루는 품목은 자동차다. 가격이 상당하고, 불만이 잦은 거래품목이기에 정부는 '최대한 보수적인' 결단을 내려 문젯거리를 원천봉쇄했다고 할 수 있겠다.

그러나 사실은 양쪽 모두에 문제점이 존재한다. 먼저 1)의 경우, 그 형평성이라는 것이 어떤 기준의 누구에게 있어 형평을 맞추는 것인지에 대해서는 이견의 여지가 크다. 이는 누가 약자고 누가 강자인지를 정의하는 다툼으로 환원되는데, 상황에 따라 입장이 뒤집힐 수 있다. 가령 사업 네트워크 면에서는 당연히 기존 사업자들이 강자의 지위에 있

[15] 중고나라에서 무언가를 샀는데 물건이 오지 않고 벽돌이 담겨 왔다는 도시 전설 같은 것 말이다.

다. 하지만 새로운 기술을 활용하여 마케팅을 수행하고, 신기술을 받아들이고 사용하는 데 적극적이며 경제력도 높은 고객층을 끌어들이는 데에는 헤이딜러 같은 서비스가 우위를 점한다. 이 부분에서 개정안이 질타를 받을 지점이 포착되는데, 그 수단으로 부동산을 택했다는 사실이다. 일정 규모 이상의 부동산을 소유해야만 영업을 할 수 있는 규제안이 나왔는데, 과연 그 형평성은 부동산을 통해서만 맞출 수 있었는지 의문이 남는다.

이에 대해서는 2)의 이유를 들며 소비자의 권익 보호를 위한 결정이었다고 항변할 수 있지만, 사실 계속해서 같은 논점을 견지하는것이 가능하다. 권익 보호를 위한 최선/최후/유일 수단이 부동산 확보인가라는 점이다. 그렇지 않은 사례가 상당하기에 그 논리가 부실한 것이 사실이다. 수많은 소규모 온라인 쇼핑몰들이 나서서 왜 우리는 규제하지 않느냐고 따진다면 대응할 논리가 없다. 이런 연유로 "규제 수단으로 부동산을 내걸었다는 지점에서 이미 이 규제는 헤이딜러를 죽이기 위한 저격법이다."라는 지적이 나왔었고, 초기 단계에 비용을 최소화하는 것이 무엇보다 중요한 스타트업에게 부동산 구매·임대를 강제하는 것은 '저격법'이라는 의심을 피해 가기 힘들다.

그렇다면 헤이딜러의 영업을 사실상 종결시킨 해당 법안은 '나쁜 법안'인지 생각해보자. 기존 중고차업계 사람들이 양심이 없는 것인가, 아니면 헤이딜러가 시장 질서를 교란시키고 소비자들을 사기에 방치하는 위험한 서비스였던 것일까? 이 싸움은 처음부터 정답이 없는 싸움일 수밖에 없다. 중고차업계와 헤이딜러, 양측 모두 자신들이 할 수 있는 일을 하고 있었을 뿐, 선악의 대립 구도는 존재하지 않는다. 이 대립 구도의 이상미묘한 논리를 이해하기 위해서는 공공성이라는 가치를 다시 소환해야 한다. 그러나 공공성마저도 '귀에 걸면 귀고리, 코에 걸면 코걸이' 같은 식으로 어떤 입장이건 정당화시켜줄 가능성이 있다. 특히, 헤이딜러의 사례처럼 새로운 기술과 기성의 질서가 충돌하는 상황에서는 더더욱 그렇다. 헤이딜러 사례가 너무 특수하다고 생각한다면 조금 더 보편적이고 논점이 명확한 이슈를 가지고 보자. 물론 이도 따지고 들자면 만만한 이야기가 아니다.

- **CCTV**
  한국에서 CCTV의 설치를 개인정보 유출이나 신상정보 유출 등으로 민감하게 받아들이지 않는 데 비해, 해외에서는 CCTV의 설치로 인한 프라이버시 문제가 여러 층위에서 논의되었다.

- **공공 생체정보 데이터베이스**
  공항에서 아무렇지 않게 지문 수집을 하기 시작했는데, 이는 괜찮은 것일까? 범죄율의 저하와 공공성의 가치를 수호하기 위해 정부에게 언제든지 개개인을 식별할 수 있는 생체정보를 제공하는 것이 합당한 일일까?

대학 입시 논술 혹은 그 이상으로 중요한 시험에도 등장할 법한 주제다. 학술적으로도 수많은 논문이 쏟아져 나왔고,

지금도 당연하게 쏟아져 나오고 있다. 딱 부러지는 정답이 없다는 뜻이다. 당대의 사회적 가치체계에 기반한 합의가 존재할 따름이고, 이는 그 사회의 역사적, 문화적, 정치적 배경에 따라 크게 좌우된다. 그리고 이 합의의 양상을 통해 우리는 우리 사회가 기술을 어떻게 이해하고 있는지 관찰할 수 있고, 우리 사회가 공공성을 어떻게 정의하고 있는지 이해할 수 있게 된다. 가령 현재 여론의 분위기를 기준으로 보자면, 헤이딜러 사태에 대해서 사람들은 해당 규제를 '나쁜 규제'로 인식하고, 헤이딜러 같은 서비스와 그 기반이 되는 기술 도입을 사회의 공적 가치 증진에 필요하다고 생각하는 것으로 보인다.[16]

한국의 과학기술은 어디로 가고 있는가?

한국의 과학기술정책 혹은 과학기술정책과 항상 같이 논의되곤 하는 ICT, 스타트업, 혁신정책 등등은 어디로 가고 있는가? 스마트 에이징을 향해, 일자리 창출을 향해, 공유경제를 향해 가고 있는 것일까? 아니면 삶의 질과 공공성을 향해? 이도저도 아니면 정부 주도 연구개발에 발맞추어 정량

[16] 헤이딜러는 해당 규제 파문 이후 50여 일간 서비스를 종료했다가 다시 재개해 현재까지 영업을 계속하고 있다.

적인 성과(논문 수, 4대 보험 가입자 수, 특허 수 등)를 목표로 하는, 집단의 목적에 부합하는 방향으로 가고 있는 것일까?

아쉽게도 정부에서 큰 그림이라고 내놓는 전략이나 로드맵 등은 언뜻 보기에는 멋있으나 막상 써먹으려고 하면 정확히 무엇을 해야 할지 모르겠는 단어들로 가득 차 있다. 공유경제, 파괴적 혁신, O2O, 4차 산업혁명 등 모두 취지는 좋지만, 그것들을 통해 무엇을, 어떻게, 왜, 언제, 누가 해야 되는지에 대해서는 설득력이 부족하다. 그렇기 때문에 우버는 안 되지만, 에어비앤비는 되고, 헤이딜러는 안 될 수도 있다가 되는 쪽으로 바뀌었지만, 카카오택시는 처음부터 되었다.

최근 과학기술정책의 방향은 무엇인가, 한국의 과학기술은 어디로 가는 것인가라고 묻는다면 어떤 분야를 선택하고 집중하고 있는지에 대해서 정도는 이야기할 수 있다. 바야흐로 블록체인과 인공지능의 시대 아닌가. 뭐가 됐건 일단 블록체인과 인공지능(혹은 딥러닝)을 기반으로 현실의 문제를 풀겠다고 하면 박수갈채를 받는 분위기이다. 거듭 말하지만 블록체인이 유망하므로 이 기술의 활용 사례를 모니터링하는 것은 필요한 일이나, 이를 국가 과학기술정책의 전략적 목표로 삼는 것은 본말의 전도가 아닌지 진지하게 논의해야 하지 않을까?

지금 한국에는 '탈추격 선도형 모델'로 국가의 체질을 전환해야 한다는 구호 외에는 특별한 전략이 없다. 말 그대로 큰 방향 없이 닥치는 이슈들에 떠밀려 마련된 세부 전술에 맞춰 수립되는 정책들만을 보고 있다. 필자들에게 '과학기술정책의 전략이 무엇이 되어야 하는가?'라고 묻는다면 정답을 제시할 수도 없을뿐더러 제시해도 안 된다고 생각한다. 그렇지만 가능성으로서 제안하고 싶은 것은 있다.

한국은 아직 여타 선진국들처럼 지식의 최전선에 서서 인류 인식의 지평을 넓히는 국가가 되지 못한 게 현실이다. 인공지능 같은 선제적이고 융합적인 분야를 이끌어 나갈 수 없다면('무엇'을 할 것이냐의 문제), 연구자 지원정책[17] 기본적인 인권 문제[18], 21세기에 새로이 나타난 기술과 산업에 적합하지 못한 규제[19], 여러모로 낙후되어 오직 국내에서만 쓰이는 표준[20] 등등의 문제('어떻게' 할 것이냐의 문제)를 우선적으로 논의해보는 것은 어떠하겠는가? 유럽연합의 연구지원정책의 목표 중 하나가 유럽연합 소속 국가 구성원들의 교류 증진이었던 것처럼, 한국 과학기술정책의 목표와 전략이 '전문가들뿐 아닌 시민들에게도 열려 있는 오픈 사

[17] 테크니션, staff scientist, 연구 현장에 필요한 행정인력 등.

[18] 도제식 교육 시스템과 필연적으로 닫힌 사회가 될 수밖에 없는 연구실의 기본적인 인권 문제 등.

[19] 공장을 소유한 제조업에 필요한 규제가 SW산업에 똑같이 적용된다든가, 재택근무나 탄력근무제를 수용하고 있는 기업들에도 일괄적으로 적용되는 시간당·일당 급여 제도 등.

[20] Active X, 공공 i-pin, 공인인증서, 실제로 쓸 것으로 공표되어 많은 이들을 패닉을 빠뜨렸고 혈세도 많이 쏟아부었던 샵메일 등등. 한국은 종종 일본의 IT 환경에 대해 갈라파고스라고 칭하기도 하나 한국의 IT 환경 자체도 그리 국제적 표준을 준수하고 있지는 않다.

이언스(open science) 달성', '과학 연구의 기본인 논리적 사고 방식 증진', '인권이 보장되어 연구에만 몰두할 수 있는 연구 환경 조성' 같은 것이 되지 말란 법도 없다. 너무 소박하고 주변부적인 인식이라는 지적이 들리는 듯하다. 인공지능과 4차 산업혁명이라는 해일이 몰려오는데 조개나 줍고 있는 것 아니냐는 말도 들려오는 것 같다. 허나, 혁명은 주변부에서 온다고 이야기했던 유명한 철학자의 말처럼, 연구개발과는 직접 관련이 없어 보이는 이슈들을 신경 쓰는 것에서부터 한국 과학기술정책의 전략을 바로잡는 일은 시작될지도 모른다.

12장

과학기술과 감염병

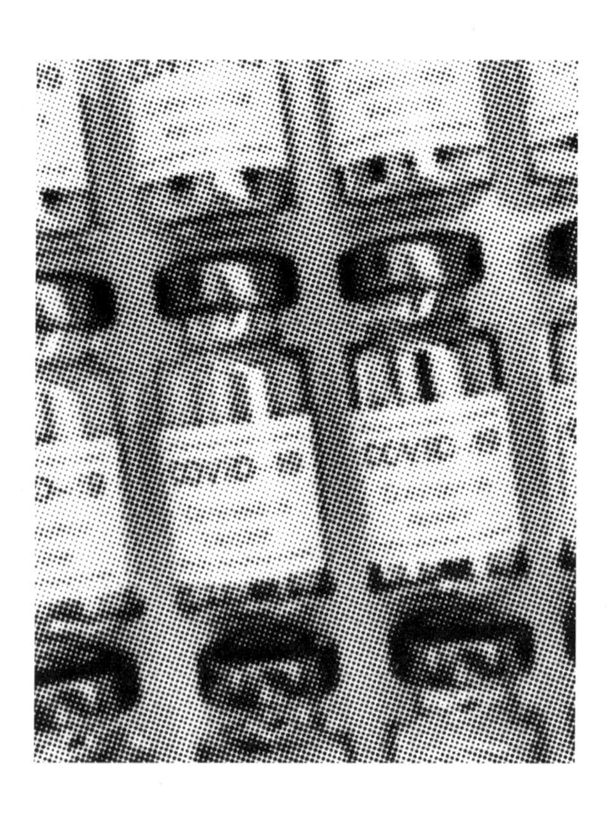

2022년: 상상과 현실

2022년은 흥미로운 해다. 명작 애니메이션 〈신세기 GPX 사이버 포뮬러〉(이하 사이버 포뮬러) 시리즈 중 마지막 작품의 배경이 된 해가 바로 2022년이다. 작품 속 2022년에서는 초고성능 포뮬러 머신을 탄 드라이버가 머신을 통제하는 인공지능과 실시간으로 대화하고 협업하며 인간-기계의 한계를 시험하는 포뮬러 대회가 열린다. 이 세계관에서는 그런 포뮬러 대회가 2006년부터 열리고 있었다. 마지막 시리즈에 와서는 그 안에서도 발전에 발전을 거듭해 머신과 드라이버 모두가 기존의 위치를 뛰어넘는 기술적이고 감각적인 영역으로 진일보하는 모습이 그려진다.

〈사이버 포뮬러〉의 세계가 그려낸 모습들 중 일부분은 현실이 되었다. 아스라다와 야마토의 멋진 포뮬러 머신 컨트롤, 농담 따먹기, 그리고 감동적인 우정을 지금 당장 재현할 수는 없지만 상용 인공지능 서비스는 제한적으로나마 대화 형식의 상호작용을 제공하고 있다. 흔히 '챗봇'이라는 이름으로 불리는 서비스들은 간단한 자동응답서비스를 대체하거나, 각종 오픈마켓의 일대일 문의, 혹은 각종 메신저 서비스에서 자주 묻는 질문에 대답하는 역할을 하고는 한다. 명확한 목적성이 있다는 전제하에서는 챗봇이 사람과 대화 형식으로 문장을 몇 차례 정도는 주고받는 데에 큰 문제가 없다는 정도가 우리가 지금 경험하고 있는 현실이다.[01]

인공지능 아스라다는 아직 없지만, 아스라다의 몸이라 부를 수 있는 포뮬러 머신은 어떨까. 〈사이버 포뮬러 SIN〉

에 등장하는 기체(機體) '뉴 아스라다'는 약 2300마력 4.5리터급 V12 수소엔진을 사용한다고 설정되어 있다. 설정상 작품 속 수소엔진은 지금 실제로 존재하는 수소차와는 굉장히 다른 구조를 가질 테지만 스펙을 묘사하는 방식은 전통적인 내연기관(internal combustion engine)의 기본을 따르고 있다. 최고 700km/h 이상까지 낼 수 있다고 하니, 현실에 있다고 생각하면 얼마나 어마무시한 에너지를 감당하고 있을지 상상하기 쉽지 않다. 이 정도 스펙의 머신이 실제로 나올 수 있을지는 모르겠지만, 동시에 작품 속 머신이 여전히 '엔진'을 사용한다는 점도 흥미롭다.

지금 이 글을 읽는 분들 중 누군가에게는 〈사이버 포뮬러〉가 너무 오래된 작품일지도 모르겠다. 2000년대 초엽에 창작된 서브컬처 작품에서도 2022년은 여전히 먼 미래였다. 2022년은 〈소드 아트 온라인〉(이하 소아온) 시리즈의 시작점이 되는 해이기도 하다. 〈소아온〉의 세계에서 2022

[01] 목적성 없는 대화의 반복과 그 누적 학습을 통한 사용자 개개인과 인공지능 사이의 고유한 관계 형성은 기술적으로나 사회적으로 매우 도전적인 과제다. 한국에서는 스타트업 스캐터랩(SCATTER LAB)이 페이스북 메신저를 매개로 '이루다'라는 인공지능 기반 챗봇 서비스를 발표했었다. 이루다는 여대생의 정체성을 통해 사용자와 대화하며 관계를 형성하고자 했다. 2020년 12월 22일 오픈했으나 서비스 20여 일 만에 성희롱, 혐오발언, 개인정보 침해 등의 문제가 제기되어 서비스가 중지되었다. 현재는 2.0이 서비스 중이다. 이상의 이야기는 별개의 챕터를 할애해야 할 만큼 큰 주제이기에 더 언급하지는 않으려 한다. 언젠가 이 주제에 대해 이야기할 기회가 있기를 기대한다.

년에는 '너브 기어'라고 불리는, 헬멧 형태의 차세대 VR 기기가 출시된다. 바이크 헬멧 형태의 이 기기를 머리에 착용하고 침대에 누워 뇌를 컴퓨터에 연결시킴으로써 가상세계로 온전히 접속한다는 설정이다. 〈소아온〉에서는 주인공을 포함한 1만 명의 사용자가 너브 기어를 쓴 채 게임 '소드 아트 온라인'의 배경인 '아인크라드'라는 이름의 미궁에 갇힌다. 이들이 현실세계로 로그아웃을 못하게 되고, 게임 내에서 죽으면 현실에서도 사망한다는 상황을 전달받으면서 이야기가 시작된다.

〈사이버 포뮬러〉와 마찬가지로, 〈소아온〉이 그려낸 세계의 일부분은 현실에 가까워졌다. 가상세계의 인물들이 현실의 사회경제적 상황이나 능력과는 별개로 새로운 사회관계를 맺고 그 세계에서 아주 유용한 고유의 능력을 십분 발휘하는 현상은 이미 우리네 현실에도 존재한다. VR 세계에서 자신들의 캐릭터를 구축한 사람들은 현실의 본인과는 별개로 VR 커뮤니티 안에서 사회활동을 하고, 더 나아가면 이른바 '버추얼 유튜버' 활동을 하기도 한다. 게임 스트리머 겸 유튜버 우왁굳은 VR 플랫폼 VR Chat을 기반으로 공개 오디션을 통해 아이돌 멤버를 선발해, '이세계 아이돌'(이세돌) 이라는 버추얼 아이돌 그룹을 기획해 성공을 거두기도 했다. '이세돌'의 팬들은 현실의 아이돌을 덕질하듯이 각 멤버들의 팬임을 자처하지만, 동시에 멤버들이 현실에서 누구인지는 알지 못한다.[02]

두 작품에서 주요 소재로 사용되는 기술들은 그 구현 수준은 다를지언정 놀랍게도 현실의 2020년대와 조응하는 면이 있다. 2022년의 현실에 인공지능 아스라다는 없지만 '대화'를 통한 인간-기계 상호작용을 구현하려는 연구개발은 지속적으로 이루어지고 있고, 공도에 돌아다니는 수소자동차는 이미 존재한다. 또한, 2022년의 현실에 너브 기어는 없지만 VR기기는 꽤나 준수한 수준의 상용화가 실현되었다. 무게가 상당하고 선을 주렁주렁 달아야 했던 초창기 VR기기와는 달리 최근의 VR기기는 비교적 가볍고, 컴퓨터와의 유선 연결 없는 자체 구동으로도 어느 정도의 성능을 보장하며, 심지어 가격은 계속해서 떨어지고 있다.

애니메이션으로 엿본 2022년은 무언가 있을 법한 가까운 미래 같으면서도 낭만적이기도 하다. 사이버 포뮬러 대회를 통해 인간-기계 간 물리적 연결의 극한을 시험하는 시기이기도 하고, 너브 기어를 통해 비물질적인 방식으로 인간-기계 연결의 또 다른 가능성을 그려내고 있는 시기이기도 한 것이다. 게다가 기술이 추구하는 방향성은 실제 현실의 모습과 상당히 닮아 있기도 하다. 이런 미래가 그저 한없이 밝기만 한 유토피아라고 말할 수는 없겠지만 적당히 현실적인 범주 안에서 가능성을 탐구하는 모습이다. 2022년이 아닐 뿐이지 어쩌면 언젠가 비슷한 기술이 나오고 유

[02] 이세계 아이돌의 데뷔곡 〈리와인드〉(RE:WIND)는 2021년 12월 22일 뮤직비디오를 공개했고, 2022년 9월 부로 조회수 1천만 회를 돌파했다.

사한 사회 모습이 펼쳐질 수 있지 않을까 하는 상상을 스치듯 해보기에는 충분하다.

그런데 실제로 마주한 2022년은 무언가 다르다. 애니메이션이 상상했던 수준의 기술 개발이 아직 멀었다는 문제가 아니라, 우리가 지난 몇 년간 겪은 현실이 한 발짝만 뒤에서 바라보면 너무나 초현실적이라는 뜻이다. 사이버 포뮬러와 너브 기어가 실존하는 미래와, 전지구적 감염병 발발로 2년여 간 전 세계 인구 중 6억 명이 감염되고 650만여 명이 사망하는 근미래 중 어느 쪽이 더 뜬금없고, 기이하며, 비현실적인가? 그렇다. 현실의 2022년은 애니메이션의 2022년과는 다른 의미로, 더욱 강렬하게 낯설고 이상하다. 이 챕터에서는 지난 2년여간 원치 않게 적응해버린 코로나 시대의 보통으로부터 조금 떨어져서 우리가 겪은 변화의 일부분을 톺아보려고 한다. 원래 알고 있었지만 코로나 이후 조금 다르게 인식하게 된 과학기술—백신과 마스크—을 살펴보고, 이를 바탕으로 방역에 대한 이해를 비판적으로 서술해본다.

백신(들)과 마스크(들)

낯선 세상은 2019년 말 갑자기 시작되었다. 전 세계는 코로나바이러스감염증 (COVID-19)의 존재를 알게 되었고, 2020년에 이르러서는 전 세계가 바이러스에 노출되었다. 이후 약 2년여에 걸쳐 온갖 사회갈등과 문제를 견뎌내며 우리는 조금씩이나마 다시 일상을 논하는 단계로 진입했다. 일상이라는 것은 잃어버리기 전에는 확실히 정의할 수 없었던 당연한 일과 관계 들이었다. 일상에서 학생들은 학교에 가서 선생님과 마주 보고 수업을 들었고, 직장인들은 회사에 가서 일을 했고, 특별한 행사를 치르면 다 함께 식사를 하고는 했다. 처음 만나는 사람과는 가볍게 악수를 나눌 수도 있었고, 때로는 좁은 공간에서 왁자지껄하게 떠들고 거칠게 부대끼는 일도 있었다. 상황에 따라 불쾌할 수는 있을지언정 절대로 해서는 안 되는 일은 아니었다.

일상의 연장선에서 기대한 2022년이 아스라다와 너브 기어의 시대는 아니었을지라도 (반도체 공급 부족 현상은 똑같이 발생했을지도 모르겠다. 어쩌면 기계를 예약 후 1년 넘게 기다렸어야 했을지도 모른다!) 전 세계적 감염병이 도래할 것이라 상상했던 사람은 없을 것이다. 온 지구를 뒤덮는 수준의 감염병은 근대 문명이 지구에서 사실상 몰아낸 재난이었다고 생각해 온 사람이 대부분일 것이다. 그러나 결과적으로 우리는 감염병을 단순히 맞이한 것이 아니라 그 삶의 방식과 관계의 변화에 익숙해지기까지 했다. 이 글에서 코로나바이러스감염증 유행 이후 발생했던 주요 사건이나 정부 시책 변화를 하나하나 리뷰하지는 않을 것이다. 관련해서는 잘 정리된 자료들을 쉽게 찾아볼 수 있다. 그보다는 좀 더 손에 잡히는 명확한 사물에 대한 이야기를 해보려고 한다. 바로, 백신과 마스크다.

백신과 마스크는 평범한 일상의 영역에 속하는 기술이었다. 둘 모두 코로나 이전에는 듣도 보도 못했던 새로운 기술 같은 것이 아니다. 시민들이 당연하다는 듯이 매일매일 사용했다고까지는 못하겠지만 대략 어떤 기술이고, 어떻게 생겼고, 어디서 구할 수 있으며, 왜 사용하는지 정도는 알고 있던 물건이다. 감기에 걸려 기침이 나오거나 특정 시기에 비염 증상이 심해지면 마스크 사용을 권유받고는 했다. 혹은 겨울에 찬 바람이 너무 심해 얼굴이 아릴 때 마스크를 쓰는 사람들도 있었다. 백신은 일 년에 한 번씩은 찾게 되는 기술이었다. 주로 겨울에 들어갈 무렵, 그 해에 유행할 것으로 예상되는 독감을 예방하기 위해 백신을 맞는 것은 매년 찾아오는 연례행사였다. 학교에서는 학생들이 대략 가을학기 중간고사 즈음해서 백신을 맞고 하루나 이틀정도 가벼운 열감기를 앓고는 했다.

코로나 시국에 시민들은 백신에 대해 이렇게까지 해야 하나 싶은 수준의 이해를 추구하게 되었다. 여기서 말하는 '이해'란 매우 복합적인 행위이자 노력이다. 백신의 과학적 원리에서 시작해 제약회사별로 다른 접근 방식과 각 백신의 장단점을 파악하고자 하는 사람들이 많아졌다. 이 정도의 대규모 감염병이 아니었다면 과연 생명공학자도 아닌 시민의 입장에서 바이러스 유래 항원 단백질을 이용하는 백신과 mRNA 백신을 구분해서 이해하려고 시도라도 했을까? 일어나지 않은 일을 가정하는 것을 조심해야 하지만, 아마도 그냥 '최근 백신은 새로운 방식으로 만든다더라' 정도에서 끝났을 가능성이 높다. 게다가 이와 관련해 어떤 회사의 백신은 안정성이 좋다든지 어떤 회사의 백신은 유독 젊은 연령층에서 부작용 보고 사례가 많다든지 하는 정보들이 공유되었다. 지금 와서는 다수의 시민들이 아스트라제네카, 화이자, 모더나, 얀센 등 글로벌 거대 제약사 (통칭 big pharma, 빅파마) 이름을 알고 있지만, 코로나 이전까지만 해도 백신은 그저 백신이었을 뿐이다.

우리는 모두 지금까지 살면서 여러 종류의 백신을 맞았을 테고, 성인이 된 이후 매년 독감 백신도 맞아 왔지만 내가 맞는 것이 대체 어느 제조사의 백신이며 어떤 방식으로 개발된 것인지, 그리고 주요 부작용이 무엇이며 주로 어떤 나이대, 인종, 성별에서 부작용 사례가 나타나는지를 줄줄이 외웠던 적은 없다. 그러나 이제 백신은 제품별 특색이 있는 기술이 되었다. 이러한 이해는 코로나 백신에만 적용되는 특이 사례로 남을 것 같지 않다. 코로나 이후, 독감 백신을 맞을 때 어떤 회사의 백신인지에 대한 안내를 명확하게 받았다는 경험담이 여기저기서 들려온다.[03] 본래 모든 백신을 접종할 때 기본적으로 정보를 제공해줬던 것일까, 혹은 코로나를 거치며 시민들이 백신에 대해 궁금한 점이 많아지자 알려주게 된 것일까? 어느 쪽이든 간에 독감 백신 제조사를 안내받았다는 사실을 유의미하게 기억하게 된 순간부터 우리는 백신을 더 이상 단일한 기술로 바라보지 못하게 되었다.

[03] 필자도 2021년 겨울 독감 백신을 접종받을 때 어떤 회사의 백신인지에 대해 고지를 받았다.

마스크는 비슷하면서도 다른 과정을 겪었다. 코로나 이전, 마스크란 '코와 입을 덮는 면적의 천 양쪽으로 귀에 걸 수 있는 끈이 달린 물건' 정도로 인식되는 기술이었다. 과학기술을 판단 기준으로 놓고 본다면 백신과 마스크가 가진 사회적 이미지는 하늘과 땅 수준의 차이가 있다. 백신은 첨단 과학지식과 막대한 자본 투자가 필요한 현대 과학기술의 산물이라는 이미지가 있는 반면, 마스크는 굳이 과학기술이라는 이름을 붙이기에는 애매한 느낌의 대중적인 공산품이기 때문이다. 백신은 너무나 전문적인 기술이었기에 질문되지 않았다면, 마스크는 너무나 만만해 보였기에 질문되지 않았다. 이런 맥락에서 생각해보면, 백신에 대한 '이해'가 깊어지는 것은 일견 이해할 수 있는 현상이다. 매우 전문적이고 복잡한 기술이기에 할 수 있는 한 자세히 알아보겠다는 노력의 대상이 될 수 있다. 그러나 마스크에 대한 질문은 그 효과에 대한 의심에서 시작했다.

2022년 시점에서 마스크의 코로나 감염 예방 효능에 대해 질문하는 사람은 거의 없다. 그간 지속적으로 연구되고, 발표되고, 검증되고, 공유된 과학지식은 마스크 착용의 효능을 사회에 설득하는 데에 기여했다. 물론 마스크를 쓰고 있다고 해서 절대로 코로나에 감염되지 않는 것은 아니지만, 적어도 그 불편을 감수할 정도의 예방 효과를 거둘 수 있다는 설득을 해낼 수는 있었다. 마스크의 코로나 예방 효과에 대한 구체적 설득 논리와 증거가 부족했던 2020년 초에는 전 세계적인 혼선이 있었다. 가령 세계보건기구(World Health Organization, WHO)는 2020년 1월 29일 발표한 자료에서 “의료용 마스크(medical mask)가 감염병 확산을 억제하는 수단 중 하나”이지만 “마스크만으로는 부족”하며, “필요치 않은 상황에서 마스크를 쓰는 것은 다른 위생 실천을 무시하는 잘못된 인식으로 이어질 수 있다”고 서술했었다. 이에 따라 “증상이 없는 개인에게 마스크가 어떤 효능을 주는지에 대한 증거가 없기에 무증상자는 의료용 마스크를 쓰지 않아도 된다”고 권고했었다.[04]

마스크를 쓰는 것이 기본 원칙이 된 이후에는 ‘어떤 마스크를 쓰는가’가 이슈가 되었다. 마스크는 그저 마스크가 아니었던 것이다. 정부는 최소한도 이상의 효과를 볼 수 있는 마스크로 보건용 마스크, 수술용 마스크, 그리고 비말차단용 마스크를 언급했다.[05] 결과적으로 한국에서 코로나 시대 마스크의 표준으로 자리잡은 것은 보건용 마스크다. 시민들은 다시 그 안에서도 보건용 마스크의 기준에 대해서 알게 되었다. 한국의 경우, KF(Korea Filter)라는 규격을 사용한다. 이는 의약외품인 ‘보건용 마스크’의 성능을 표기하는 규격으로 “입자 차단 성능이 있어서 입자성 유해물질이나 감염원으로부터 호흡기를 보호할 목적으로 일상생활에서 필요한 경우에 사용하는 마스크”를 뜻한다. 식품의약품안

[04] World Health Organization, 29. Jan. 2020, Advice on the use of masks in the community, during home care and in health care setting in the context of the novel coronavirus (2019-nCoV) outbreak.

[05] 6월부터 ‘공적 마스크 구매 5부제’ 폐지, 식품의약품안전처 보도자료, 2020.5.29.

전처의 안내에 따르면 보건용 마스크는 관리 기준에 따라서는 세 가지, 제품 유형에 따라서는 네 가지로 구분할 수 있다. 후자는 주로 디자인에 대한 구분이고 전자는 성능과 직접 연관된 분류다. 관리 기준에 따르면 1) 마스크가 미세 입자를 얼마나 걸러주는지, 2) 착용 시 얼굴과 마스크의 틈으로 공기가 얼마나 새는지, 3) 숨을 들이마쉴 때 어느 정도의 저항 압력이 걸리는지를 측정해 마스크 등급을 구분한다. KF80, KF94, KF99로 나눌 수 있고, 숫자가 커질수록 1) 더 미세한 입자를 더 잘 걸러내고, 2) 틈새로 공기가 새는 비율이 작으며, 3) 흡기 저항 압력은 커진다. 시민들은 각 기준의 정확한 수치 차이를 외우는 것은 아니지만 적어도 숫자가 커질수록 안전해지는 대신 불편해진다는 사실을 상식처럼 알게 되었다. 보통은 KF94를 생활 방역 마스크의 표준으로 취급하고 있고, 매우 습하고 마스크를 쓰기 어려운 환경 혹은 육체노동을 많이 하는 환경에서는 KF80을 쓰고는 한다.

한편으로, 우리는 마스크의 성능과 디자인에 대해 자세히 알게 된 데에 비해 마스크를 '제대로' 쓰는 방법에 대해서는 그다지 민감하게 반응하지 않는다. 물론 누가 봐도 잘못된 착용은 알아볼 수 있지만, 얼추 마스크를 얼굴에 걸치고 있다면 어쨌든 '마스크를 쓰고 있다'고 인지하고 넘어가고는 한다. 엄밀히 따져보면 마스크는 제대로 된 사용법을 지켜야만 효과를 볼 수 있는 섬세한 기술이다. 다시 말해, 우리는 마스크를 쓰고 있지만 마스크의 효과를 100% 제대로 끌어내고 있는지 확실치 않다는 것이다. 식품의약품안전처는 마스크의 성능뿐만 아니라 "올바른 사용법"을 함께 안내한다. 크게 나누어 접이형과 컵형 제품의 착용법이 조금 다른데, 공통적으로 주의할 점은 코에 있는 코편(고정심이 들어 있는 부분)을 잘 눌러 코와 마스크를 최대한 밀착시키는 것이다. 그런 뒤에 양 옆을 체크하며 마스크를 최대한 안면에 밀착시키는 것이 올바른 착용법이다. 마스크의 효능이란 원칙적으로는 모두가 이 착용법을 잘 지켰다는 전제하에서 산출되는 기댓값이다. 물론 소위 코스크 혹은 턱스크라 불리는, 누가 봐도 잘못된 착용에 비할 바는 아니겠지만 평균적인 마스크 착용 방식은 여전히 80점 언저리 정도에 머물러 있는 듯하다.

시민들의 특정 과학기술 영역에 대한 이해의 수준이 높아진다는 것은 이전까지 질문되지 않았던 다양한 요소들에 구체적인 설명 수요가 생긴다는 뜻이기도 하다. 질문이 없었다는 사실은 정말로 질문이 필요 없었다는 의미가 아니라, 굳이 구체적으로 물어봐야 할 정도의 상황이 아니었다는 방증일 뿐이다. 시민들에게 백신은 백신'들'이 되었고, 마스크도 마스크'들'이 되었기 때문에 온갖 종류의 의문과 질문이 생겨나는 것은 당연하다. 이는 개인적인 의문임과 동시에 사회가 요구하는 검증이다. 시민들은 각 백신의 장단점과 차이점을 과학적으로, 그리고 경제적으로 설명받기를 원한다. 매대에 걸려 있는 온갖 마스크들 사이에서 가격이 차이 나는 이유를 알고 싶고 어떤 마스크를 사야 최소한의 성능을 보장받는지, 내 얼굴형에 잘 맞게 밀착되는지, 귀와 코는 불편하지 않은지, 피부에는 어떤 영향이 있는지를 확인받고 싶다.

이와 같은 인식의 변화는 조금 더 복잡한 변화의 바람을 예고한다. 특히, 백신에 대한 인식 변화는 앞으로의 방역에 있어 의료계와 국가 정책이 시민과 어떤 방식으로 소통하고 정책을 설계해야 하는지에 있어 큰 변수가 될 것이다. 백신을 백신들로 인식하기 전까지, 우리는 무엇을 궁금해해야 하는지를 몰랐다. 그러나 이제는 궁금한 것이 많다. 개체 차이가 존재하는 상품 사이에서 현명한 구매를 해내는 것은 현대 사회에서 소비자의 덕목으로 여겨지는 일이다. 예를 들어, 왜 백신 A는 한 번만 맞으라면서 백신 B는 두 번에 나누어 맞아야 할까, 라는 의문은 본래라면 의사의 판단에 전적으로 맡기고 덮어 둘 일이었겠지만, 시민들에게 각 백신에 대한 정보가 제공되고 접종 선택권이 생긴 시점에서 더 이상 그럴 수만은 없게 되었다.

백신이 백신들이 되었다는 사실은 어쩌면 코로나가 현대 사회에 가져온 가장 중요한 변화일지도 모른다. 마스크는 본래도 그 사회경제적 정체성이 대중적 공산품에 있었기에 마스크들이 되었을 때 겪는 변화의 여파는 상대적으로 작다고 할 수 있다. 하지만 백신은 백신들이 됨으로써 이전보다 훨씬 더 상품이라는 정체성이 강해졌다. 마치 여러 마스크들 사이에서 특정 브랜드를 고르듯이, 여러 스마트폰 모델 중에서 내가 선호하는 브랜드, 필요한 기능, 지불할 수 있는 재화를 고려하여 한 가지를 고르듯이 이제 시민들은 백신을 '구매'할 때 선호하는 제품을 선택하는 방식으로 사고 회로를 돌리게 되었다. 과연 이 변화는 백신의 목적을 달성하는 과정에서 어떤 영향을 줄까. 아마도 방역정책과 맞물리는 방식에 따라 그 결과는 다를 것이다.

방역의 두 문화

방역정책은 사회 전반의 행동 규칙과 관계의 변화를 요구하는 작업이다. 나와 너만 실천한다거나, 내가 거주하는 건물이나 일하는 직장 정도에서만 실천한다고 해서 효과를 볼 수 있는 정책이 아니다. 시민들의 일상 전반에서 지속적이고 광범위한 실천이 이루어져야만 효과를 볼 수 있는 강력한 통제책이다. 대표적인 코로나 방역정책으로는 사회적 거리두기(social distancing)와 자가격리(self-quarantine)가 있다. 자가격리는 그 대상, 기간, 범주와 행동 양식을 명확히 특정하는 정책이다. 정해진 규칙이 명확하기에 요구사항을 지켰는지 위반했는지를 검사하는 것 또한 상대적으로 수월하다. 그러나 사회적 거리두기 정책은 누구에게 어느 정도로 적용할 것인지에 대한 의견이 분분했다. 시책이 바뀔 때마다 새로운 목소리가 등장하고는 했고, 그에 따라 코로나 시국을 상징하는 사회갈등이 되었다. 방역정책은 "보건 목표와 경제 목표 사이 상충관계를 완화하는 상생적 경로"[06]를 따르

[06] 김정, 2021, 코로나19 방역 정책의 성공 조건: 한국 사례의 비교연구, 한국과 국제정치 37(1): 191~221.

는 것이 이상적이기에 한국 정부는 아주 강력한 봉쇄책만 쓰지도 않았고, 거리두기를 느슨하게 설정한 채 두고 보지만도 않았다.

사회적 거리두기를 기술적으로 표현하자면 공간의 시간당 인구 밀도를 조절하는 작업이라고 말할 수 있다. 특히 그중에서도 환기가 잘 되지 않는 닫혀 있는 작은 공간은 주요한 관리 대상이다. 그렇기에 이 조건을 만족하는 대부분의 자영업은 거리두기 정책의 통제 대상이었다. 코로나19 확산 예방을 위한 집합 금지 및 제한 조치 하에서 식당, 카페, 각종 실내 체육시설(헬스장, 수영장 등)은 영업 시간과 총 실내 인원 수에 제한을 받았다. 영화관, 노래방과 학원도 집합 금지 조치의 대상이 되었고, 스포츠 경기, 콘서트, 오페라와 연극처럼 대규모의 인원을 모아 여러 시간 앉혀 두는 행사는 아예 열리지 못하거나, 관객들을 드문드문 띄워 앉히거나, 아예 무관중 행사를 진행해야 했다. 감염 추이가 심각한 시기에 한해서는 매장 내 영업을 아예 금지하는 수준의 강력한 통제책까지도 적용됐다.

여러 사회갈등에도 불구하고 한국의 방역정책에 대해서는 전반적으로 호의적인 평가가 주를 이루었다. 국내에서는 주어진 조건에서 최선이었다든지, 이 정도면 초기 피해가 정말 심각했던 다른 국가들에 비해서는 잘 넘어갔다는 평가가 주를 이루었다. 해외, 특히 서구권에서는 한국을 코로나 방역 성공 사례로 언급하며 주요 성공 요인으로 빠르고 선제적인 진단 인프라, 적극적인 밀접 접촉자 추적 및 관리 시스템을 언급하고는 했다. 한국 언론도 이를 'K-방역'

이라 부르며 한국의 방역이 세계를 선도한다고 보도했다. 2020년 3월에는 차에서 내리지 않고 코로나 진단 검사를 실시하는 이른바 '드라이브 스루'형 검사 체제가 유의미한 효과를 거두어 "미국 CDC에서 한국의 코로나19 대응 벤치마킹을 위해 질병관리본부에 파견"을 나왔다는 언론 보도가 나오기도 했다.[07] 한국이 매우 빠른 속도로 국가 단위의 코로나 검사 인프라를 조직해내고, 이를 바탕으로 봉쇄 없이 생업을 유지하도록 한다는 사실은 국가의 우수성을 세계적으로 알리는 자랑거리가 되었다.

물론 좋은 평가만 있지는 않았다. 많은 시민들은 각자의 삶에서 일상의 일부분을 강제로 바꾸어야 했거나 아예 박탈당했다. 게다가 누군가에게는 그 박탈당한 일상이 생계와 직접적으로 연결된 부분이기도 했다. 특히 사회적 거리두기 정책은 소규모 자영업자들에게 직접적인 생계의 위협이 되는 민감한 문제였다. 그에 따라 형평성 논란이 불거졌다. 2020년 겨울에는 카페 업주들의 불만이 폭발했다. 같은 거리두기 지침임에도 카페는 안 되고 일반음식점은 영업이 가능했다. PC방과 스터디카페 또한 오후 9시까지 영업이 가능했다. 카페 업주들은 "똑같이 사람들이 모여서 마스크 벗고 얘기"하는데 무엇이 다르냐고 물었다.[08] 2021년 1월에는 실내 체육시설 업주들이 정부 지침을 더 이상 따를

[07] 코로나19 '드라이브 스루'에 대한 외신 반응, 대구 MBC 뉴스, 2020.3.16.

수 없다고 나섰다. 9인 이하 학원과 교습소가 허용되고, 태권도장은 돌봄 공백을 우려해 허용되었지만 헬스장은 계속해서 금지되었기 때문이다. 한 헬스장 운영자는 신문 인터뷰에서 "납득할 수 있는 기준 안에서 생존권을 보장"해 달라는 취지라고 밝혔다.[09]

방역정책의 일관성 부재에 대한 사회적 불만은 대통령 선거에도 영향을 주었다. 2022년 한국의 제20대 대통령 선거에서 윤석열 당시 대선 후보는 기존 정부의 방역정책을 "정치방역"으로 규정하며 국가 방역정책을 "과학방역"으로 전환할 것을 약속했다. 윤석열 대통령이 취임한 후에도 이 진단은 유지되었다.[10] 다만 "과학방역"이 구체적으로 무엇이고 기존과 어떻게 다른지에 대해서는 공식적인 정의가 제시되지 않았다. 이후 2022년 7월 26일 안철수 의원실이 주관한 토론회에서 안철수 국회의원은 "한마디로 말하자면 방역정책 결정권을 관료나 정치인이 정무적인 판단에 의해 결정하는 것이 아니라, 전문가가 과학적 근거를 가지고 결

[08] 카페는 안 되고 일반음식점은 된다. 거리두기 차등 규제 왜?, 머니투데이, 2020.11.24.

[09] "왜 헬스장만 한 달 넘게 금지하나" 영업 강행하는 업주들, 한국경제, 2021.1.4.

[10] 의협 간 윤석열 문 정부에 "정치 말고 과학방역으로 전환해야", 서울경제, 2021.12.16.

정하는 것"이라고 주장했다.[11] 새 정부가 임명한 백경란 질병관리청장은 취임 후 첫 언론 인터뷰에서 기존과 달리 "축적된 데이터를 바탕으로 과학적 코로나 위기관리 의사결정을 위한 결과를 도출"할 것이라고 말했다.[12]

방역정책의 기조를 바꾸겠다는 선언에는 문제가 없다. 감염병이란 시간이 흐르며 양상이 바뀌기 마련이고, 그에 맞추어 국가의 방역정책이 바뀌는 것은 지극히 자연스럽고 합리적인 일이다. 게다가 대통령 선거라는 거대한 전환의 시기는 정치적이고 정책적인 변화를 추구할 수 있는 기회이기도 하다. 방역이라는 줄다리기에 하나의 정답은 없기에 새 정부가 출범하면서 새로운 방역정책 기조를 세우겠다는 주장은 누구나 납득할 만한 선언이었다. 하지만 이전의 방역을 '틀린'것으로 규정하고자 한다면, 정확히 무엇이 틀렸다고 말하는지에 대해서는 비판적인 시선을 견지할 필요가 있다. 새 정부는 기존 방역이 '정치' 방역이고 이를 개선해서 새롭게 수행할 방역이 '과학' 방역이라 주장했는데, 방역에 성질을 부여해 구분점을 둠으로써 이전 정부와 차별화를 시도하는 것은 그 선언 자체가 지극히 정치적이기도 하다.

[11] 안철수 "과학방역 성공하려면 전문가에 정책 결정권 줘야", 의학신문, 2022.7.26.

[12] 백경란 질병관리청장 취임 후 첫 인터뷰, MBC 뉴스데스크, 2022.7.13.

정치방역과 과학방역이라는 구분과 둘 사이의 전환이라는 서사는 방역정책에 대해 상당히 흥미로운 인식틀을 드러낸다. 방역이라는 공통분모를 잠시 제외하고 읽으면 '정치'에서 '과학'으로 전환하겠다는 선언이 된다. 여기에서는 두 가지 전제를 읽어낼 수 있는데 하나는 정치와 과학이 전환을 필요로 할 정도로 상호간에 명백히 구분되는 영역이라는 점이고, 다른 하나는 방역이라는 실천이 정치보다는 과학에 복무하는 시스템이어야 한다는 생각이다. 두 메시지는 전자가 성립해야만 후자를 논의해 볼 수 있는 위계적 구조로 구성되어 있다. 그렇다면 질문은 단순해진다: 현실에서 정치와 과학은 온전히 구분될 수 있는 걸까? 영국의 과학자이자 소설가인 찰스 퍼시 스노우(C. P. Snow)의 유명한 강좌 제목인 "두 문화"가 떠오르는 도전적인 질문이다.[13] 코로나가 우리 사회에 정말 큰 영향을 미쳤듯이 방역정책도 아주 중요한 질문을 끌어올렸다.

단적으로 말해서 둘 사이의 구분은 전환을 언급할 만큼 명확하지 않다. 어쩌면 과거 14세기 무렵 유럽에서 흑사병이 대유행했던 시기에는 다른 대답을 할 수 있었을지도 모르겠다. 하지만 21세기의 전 지구적 감염병 상황에서 정치와 과학이 서로를 참조하지 않고 혼자서만 등장하기는 쉽지 않다. 특히 정보의 생산과 공유가 매우 빠르고 자유로운

[13] C.P. Snow. 1959. *The Two Cultures and the Scientific Revolution*. The Cambridge University Perss.

시대라는 점이 둘 사이의 상호 참조를 더욱 적극적이게 만든다. 인류 역사에서 팬데믹은 처음이 아니지만 전지구를 아우르는 촘촘한 물질적-비물질적 네트워크망이 존재하는 상황에서 발생한 팬데믹은 인류가 처음 경험해보는 사건이라는 사실을 인식해야 한다.

백신과 마스크를 다시 한 번 소환해보자. 백신과 마스크를 방역정책의 맥락 안에서 논의할 때 가장 중요한 문제는 이들을 어떻게 분배할 것인가로 귀결된다. 제한된 자원의 효과적이고 효율적인 분배와 이용은 모델링과 시뮬레이션을 통해 답을 얻어낼 수 있는 문제로 번역될 수 있다. 또한 주어진 자료를 통해 향후의 방역 지표들의 변동 추이를 계산해낼 수도 있을 것이다. 예를 들어, 어떤 지역에서 백신 접종률을 순차적으로 몇 퍼센트까지 끌어올리면 감염자 수 추이를 어느 정도로 억제할 수 있다든지, 마스크 판매량 추이를 통해 시민들이 얼마나 생활 방역정책에 스스로 참여하고 있는지 측정해볼 수도 있을 것이다. 또한, 어느 지역의 어떤 사람들에게 백신 접종과 마스크 수급이 필요한지를 알아내 공급 계획을 세우는 데에 참고할 수도 있다.

하지만 동시에, 자원 분배의 문제는 아주 전통적인 정치의 질문임을 잊지 말아야 한다. 가령, 백신을 얼마나 확보할 수 있고, 확보한 물량을 어떤 사람들에게 얼마나 배포할지 결정하는 일은 지극히 정치적이다. 사망 위험이 높은 노년층에게 먼저 집중적으로 백신을 분배할 것인가, 혹은 감염 위험이 높은 인구 밀집지역의 젊은 사무직 회사원들에게 먼저 접종을 시킬 것인가. 이에 더해 접종을 받고 싶지만 우선순위에서 밀리는 사람들과 접종을 미루고 싶지만 지속적으로 접종 요구를 받는 사람들을 어떻게 설득해서 방역정책을 계획에 맞추어 실천해 나갈 것인가. 과학은 이 정치의 과정에 중요한 권위와 근거를 제공할 것이다. 또한 반대로, 적절한 정치적 결정은 방역을 위한 과학지식을 생산하기 위해 필수적인 자원을 조달해줄 것이다.

현실에서는 첨단 기술을 동원해 만든 백신과 마스크를 최선의 시뮬레이션을 통해 배포 계획을 세우고 네트워크 인프라를 동원해 실천에 옮긴다 해도 그 방역 계획이 매끈하고 균질하게 현실에 적용되지 못하는 경우가 대부분이다. 노년층의 극단적으로 낮은 정보 접근성은 이들의 방역정책 접근을 대면 접촉 방식으로—높은 감염 위험에 노출되는 방식으로—내몬다.[14] 충청북도 도내 65세 이상 노인 239명을 대상으로 한 설문에서 공적 마스크를 구입한 적이 없는 이유에 대해 '판매처 모름'에 응답한 비중이 30.9%에 달한다. 노년층의 디지털 소외가 생명에 직접적인 영향을 미치게 된 것이다.[15] 카카오와 네이버의 지도 서비스에 백신 재고 알림 및 예약 서비스가 생겼을 때, 혹은 스마트폰 앱으로 주변 약국의 마스크 재고를 확인할 수 있게 되었을 때 누군가

[14] 황남희, 김혜수, 김경래, 주보혜, 홍석호, 김주현, 2020, 노년기 정보 활용 현황 및 디지털 소외 해소 방안 모색, 한국보건사회연구원.

[15] 충청북도종합사회복지센터, 2020, 충북 시군 노인의 마스크 정보격차 비교.

는 이를 통해 시간과 노력을 아꼈지만, 누군가는 오히려 이전보다 상황이 악화되기도 했다. 이런 현상들은 정치방역의 문제였고 과학방역으로의 전환을 통해 해결될 수 있었던 문제였을까. 아마도 필요했던 것은 '둘 모두' 였을 것이다.

과학도, 정치도 사람이 하는 일이라는 점을 기억한다면 굳이 두 문화 방식의 이해를 고집할 필요는 없다. 이미 다수의 시민들은 방역요원들에 대해 거부감이나 두려움을 느끼지 않는다. 이들이 본래 누구인지, 방역복과 마스크로 둘러싸인 좁은 공간 안에 있는 사람 개개인이 대체 원래 누구인지를 여러 경로를 통해 알게 되었기 때문이다. 이들은 본래 병원에서 근무하던 의사와 간호사이고, 누군가의 가족이고, 이따금 동네에서 산책하다 보던 이웃이고, 내 친구이기도 하고 친구의 지인이기도 하다. 이에 더해 이들이 그 누구보다도 강도 높은 노동을 수행하고 개인 삶을 희생하고 있으며, 심지어 바이러스 노출 위험에 시달린다는 사실 또한 다양한 방식으로 알려졌다. 방역 요원들은 사회적으로 응원받고 심지어 존경받아야 하는 주체가 되었다. '덕분에 챌린지'는 코로나 급확산 초창기인 2020년 중반 무렵부터 SNS 등에서 크게 확산되었고, 정부도 이를 적극적으로 지원하고 홍보했다.

또 하나 경계해야 하는 것은, 우리가 생활에서 실천하고 있는 몇 가지 방역 지침이 개인의 성격이나 문화라는 이름하에 있을 법한 일로 치부되는 것이다. 서구권에서 마스크 착용을 강제하는 방안이 항상 큰 사회적 저항에 부딪혀 온 데에 비해, 한국의 시민들은 별다른 사회적 마찰 없이 단체로 마스크를 쓴 채 생활하는 방안에 암묵적으로 동의했다. 이에 대해 어떤 이들은 이것이 한국사회 고유의 문화적 특질이라 주장하기도 했다. 이런 해석은 자세한 분석의 대상이 되어야 할 관계와 행동을 '문화' 내지는 '사회적 요인'이라는 말로 적당히 퉁치고 넘어가는 원인이 된다. 그저 한국인들이 남들 눈치를 많이 보고 동방예의지국이라 타인에게 피해를 주기 싫어해서 마스크를 쓰는 것이 아니다. 한국사회는 코로나 이전에 이미 단체 마스크 착용의 예행 연습이라고 할 수 있는 황사 사태를 겪었고, 그 경험은 코로나 상황에서 빠르고 효율적인 단체 마스크 착용을 가능하게 한 물질적 토대가 되었다.[16] 즉 코로나 시국에서 한국 사회의 빠른 마스크 적응은 과거의 경험에 기반한 인프라가 유의미한 역할을 했기에 나타난 현상으로 해석할 수 있다.

백신과 마스크는 훌륭한 과학기술의 산물이다. 과학적 효과는 충분히 검증되었다. 하지만 동시에 백신과 마스크가 있다는 사실 그 자체가 방역의 완결을 말하는 것은 아니다. 백신도, 마스크도 적절한 위치에서 적절한 사람, 다른 사물들과 잘 연결이 되어야 비로소 우리가 기대하는 역할을 수행할 수 있다. 앞서 과학기술과 재난을 살펴보며 말했듯이 과학기술은 혼자서 재난을 막아내는 비브라늄 방패 같은 것

[16] Heewon Kim and Hyungsub Choi. 2022. From Hwangsa to COVID-19: The Rise of Mass Masking in South Korea. *East Asian Science, Technology and Society: An International Journal* 16(1): 97-107.

이 아니다. 적절한 과학지식, 기술적 결과물과 함께 동시에 필요한 것은 그 과학기술을 적재적소에, 필요한 방법으로, 사회의 부담을 최대한 경감할 수 있는 방향으로 활용할 수 있는 시스템이다. 우리는 그것을 모두 합쳐 방역이라고 부른다.

우리를 상상하는 과학기술

2021년 1월, 미국 과학기술정책실(OSTP)의 신임 과학정책실장(Deputy science policy chief)으로 임명된 과학기술사회론(STS) 연구자 알론드라 넬슨(Alondra Nelson) 박사는 취임사에서 '우리'를 강조했다. 넬슨 박사는 과학기술과 불평등의 관계를 탐구해온 학자로 과학지식의 생산과 유통이 어떻게 인간 개인의 몸과 삶에 영향을 주며 그 과정에서 만들어지는 관계는 어떤 것인지를 규명해왔다. 넬슨 박사는 취임사 막바지에서 이렇게 말했다.

> *"흑인 여성 연구원으로서, 저는 그곳에서 실종된 사람들을 아주 잘 알고 있습니다. 과학과 기술이 우리(us)를, 우리라고 할 때 우리들(all of us), 그리고 진정한 우리 모두를 함께(who we truly are together) 반영할 수 있도록 해야 하는 책임이 우리(we)에게 있다고 저는 믿습니다. 이것도 돌파구입니다. 이것 역시 우리 삶을 진전시키는 혁신입니다."*

그녀는 짧은 취임사 안에서 상당한 공을 들여 '우리'라는 표현을 다양하게, 서로 다른 위치에서 압축적으로 사용했다. 이 취임사에 등장한 다양한 우리는 과학기술과 관련된 의사결정 과정에서 배제되었던 수많은 개인들을 가리킨다.

이 취임사가 보여주듯이 과학기술은 개인에게 영향을 주는 것에서 멈추지 않고 더 큰 사회감각을 불러일으키는 촉매가 될 수 있다. 사람과 사람이 만나기 어려운 팬데믹 상황에서 이것은 매우 중요한 감각이다. 인터넷을 통해 멀리 있는 사람과 스크린으로 마주보며 대화를 나누는 것과는 조금 다른 종류의 소속감이자, 유대감이자, 동시에 책임감이기도 하다.

마스크와 백신은 그런 과학기술이 될 수 있을 것이다. 이 둘은 감염병으로부터 개개인 신체의 안과 밖을 무장하는 훌륭한 갑옷임과 동시에, 혼자만 입어서는 그 효과를 온전히 끌어낼 수 없는 기술이기도 하다. 또한, 이 기술을 매개로 삼아 타인의 생각과 입장을 이해하고, 동시에 다수의 타인들이 나의 입장을 이해하리라 기대할 수 있다. 정부의 방역정책에 따라 시민들이 각자의 상황에 맞추어 백신을 예약하고 접종받으면서, 그리고 매일 아침 하루종일 사용할 마스크를 뜯어 얼굴에 쓸 때마다 시민들은 '우리'를 떠올려야만 한다. 어쩌면 방역의 비밀은 여기에 있을지도 모른다. 나는 백신을 맞았는데, 저 사람은 맞았을까? 나는 며칠 아팠는데, 저 사람은 큰 부작용 없이 괜찮았을까? 나는 마스크를 제대로 썼는데 저 사람은 똑바로 쓰고 있을까? 이렇게 우리 모두가 불편한데, 언제고 코로나에 끝이 올까? 타인과의 직접 만남은 줄었을지언정, 시민 개개인이 타인과 우리 사회에 대해 생각하는 시간은 그 어느 때보다도 늘어난 듯하다.

백신은 개인의 몸에 작용하는 기술이지만 동시에 그렇게 백신에 결합한 몸들이 사회에서 절대다수를 차지해야만 그 효과를 볼 수 있는 지극히 사회적인 기술이기도 하다. 마스크도 마찬가지다. 내가 열심히 마스크를 쓴다고 한들, 내 앞과 옆의 다른 시민들이 함께 마스크를 잘 착용하지 않으면 그 효과는 기대에 못 미치게 된다. 그렇기에 시민들은 백신을 매개로, 마스크를 매개로 '우리'를 상상한다. 백신을 맞고 마스크를 쓰는 나는 내 몸에 대한 선택권을 가진 개인임과 동시에, 다른 개인들의 선택에 의해 영향을 받는 개인이기도 하고, 그 선택들이 모여 만들어지는 방역이라는 사회적 결과물을 구성하는 시민이다.

나가며

고유하지만 특별하지는 않다

과학기술을 둘러싼 열두 가지 소주제에 대해 대단히 전문적이지도, 그렇다고 아주 친절하지도 않은 글을 애써 쓰려 한 데에는 나름의 이유가 있다. 솔직히 말해서 지금까지 필자들이 주절거린 이야기들을 알게 되었다고 해서, 그리고 혹시나 생각이 진전되어 몇몇 이슈들에 대해 어떤 입장을 가지게 되었다고 해도, (만약 그렇다면 정말로 감사드린다), 우리 자신들의 삶과 사회를 이해하는 데 도움이 되는 엄청난 통찰을 지니게 되는 것은 아니다. 이른바 '먹고사니즘'에 직접 도움이 되는 것도 아니고 말이다.

애초에 이름부터 좀 애매하다. 지금까지 잔뜩 이야기를 해놓고 무슨 '자기부정'인가 싶지만 과학기술정책이라는 영역은 사실 굉장히 제멋대로인 녀석이다. 찬찬히 생각해보면 분류도 좀 이상한 것 같다. 우리가 뉴스를 통해 일상적으로 접하거나, 때로는 밥 먹고 커피 마시며 친구·선배·후배·직장동료 들과도 부담 없이 이야기하는 정책이라고 하면 대개 복지정책이라든가 노동정책, 교육정책처럼 사회제도 전반을 관통하는 영역을 관장하고 있다. 그런데 '과학기술정책'은 대체 어떤 정책을 말하는 것인지 단어는 구체적이지만 개념은 잘 잡히지 않는다. 이를테면 이런 식이다. 노동정책과 과학기술정책을 나란히 놓고 생각해보자. 둘 사이의 관계는, 노동정책이 과학기술정책을 전부 포괄하지도 않고 그 반대도 당연히 아니다. 아예 서로의 영역을 침범하지 않는가 하면 그렇지도 않다. 분명 과학기술정책의 범주 안에는 과학자, 공학자, 이에 더해 보이지 않는 기술자들까지 다양한 층위의 연구 종사자들을 포괄하는 고용 및 노동정책이 포함된다. 아하, 그렇다면 교집합이 적당히 있는 관계로구나. 그럼, 교집합을 제외한 나머지 영역은 완전히 제각각 독립적이어서 별개로 움직이냐면 그렇지도 않다.

이처럼 정책이라는 틀 안에서 과학기술만의 독자적인 영역을 구축하려는 시도는 오히려 그 영역이 매우 확고한 다른 정책들로 인해 설 자리를 잃어버리는 상황을 초래할 수 있다. 그보다는 다양한 공공정책의 영역들에서 과학기술계와 관련 있는 사항들을 모아 특화시킨 새로운 분류체계라고 해석해야 현실에 가까워진다.

정책의 종류와 그 범주에 신경 쓰는 것도 좋지만 잊지 말아야 할 사실이 있다. 정책의 영향을 받는 것은 결국 사람, 즉 국가의 시민들이라는 점이다. 정책은 시민들이 한국이라는 사회구조 안에서 살아가는 데 필요한 원칙, 지원책, 규칙, 규제 등을 어떤 방식으로 현장에서 적용할 것인지에 대해 수립한 지침이다. 그것은 정부 문서에 존재하고, 누군가는 그 문서에 쓰인 내용을 현실로 만들기 위해 일한다. 그 과정에서 우리가 내는 세금이 바뀌고, 기업의 채용 과정도 바뀌고, 대학 입시 전형도 바뀌고, 각종 지원금도 바뀐다.

과학기술정책 또한 마찬가지다. 과학기술정책을 이해하는 것은 국가라는 가상의 인격체가 해야 하는 일이다. 시민이, 더욱이 과학기술과 직접 관련도 없는 개개인이 굳이 그럴 이유는 없다. 다만 과학기술계 종사자들이 받는 직업적, 일상적 영향에 대해서는 한 번쯤 생각해볼 수 있다. 과학자나 공학자는 왠지 우리와 거리가 멀어 보이는 전문가이기 이전에 우리 모두와 같은 시민이고, 직장에 다니며 월급 받는 회사원이고, 필시 누군가의 가족이며, 내 친구의 친구의 친구일 수도 있다. 과학자나 공학자도 국가 정책의 영향을 받는 시민이라는 맥락에서 과학기술정책을 받아들인다면 누구나 접근할 권리가 있고, 자신의 의견을 가질 수 있다. 과학기술정책이라는 이름을 달고 일견 굉장히 특수해 보이는 일을 하는 것처럼 보이는 영역도 결국은 국가의 정책이라는 테두리 안에 있고, 다른 정책들과 비슷비슷한 문제에 부딪히고 있다.

분야를 막론하고 정책이 만들어지는 과정에는 현상과 문제가 한 가마솥 안에서 부글부글 끓는 모양새가 연출된다. 가마솥을 둘러싼 모두가 머릿속으로는 이해한다. 저 안에서 푹 끓여내서 현상은 현상대로, 문제는 문제대로 구분하고, 어떤 현상과 문제가 이어져 있는지 알아내고, 이 문제가 정말로 문제인지를 판별하고, 그러고 나서야 비로소 개선책을 논의할 수 있다고 말이다.

허나 현실의 정책은 예산과 시간에 쫓긴다. 그러면 재미있는 일이 벌어진다. 수단과 목적의 구분이 희미해지고 때론 전도되기도 하고, 그저 무언가를 만들어내는 것이 중요해진다. 우리가 국가로부터 정책적 개입을 바라는 이유는 현실에서 겪는 구조적 문제를 개선해주기를 바라기 때문이다. 그러자면 가장 먼저 해야 하는 일은 현실에 대한 적절한 기록이다. 이 미션은 시작부터 매우 모순적인 상황에 처하는데, 국가의 정책 개입을 요구하는 문제일수록 현실을 적절하게 기록하기 어려운 구조적 결함을 포함하는 경우가 많기 때문이다.

과학기술정책에서는 대학원생 이슈가 대표적이다. 대학원생들은 항상 이중 정체성으로 인해 야기되는 다양한 문제들에 노출되어 있다. 때로는 학생, 때로는 노동자의 일상을 살아가는 이들을 둘 중 하나로 딱 잘라 정의하는 것은 사실상 불가능하다. 결국 때로는 노동자 취급을 받고 때로는 학생 취급을 받는데, 어떤 취급을 받을지 스스로 결정할 수 없기에 보수를 지급받을 때는 학생, 일을 할 때는 노동자 취급을 받는다.

원리원칙대로 따져본다면 현실에 대한 '적절한 기록'이란 바로 이런 애매함을 있는 그대로 기록하는 것일 터이다. 허나 상황이 급해지면 결국 주어진 모델에 맞추어 현장을 기록하게 된다. 놀랍게도 우리가 개선해 달라고 요구한 바로 그 '모델'을 통해 현실이 기록되어 올라가고, 개선책 연구의 1차 자료로 사용되는 것이다. 그 결과는 당연히 기존 모델을 강화하는 방향으로 나타난다. 다시 대학원생의 사례로 설명하면, A·B·C의 경우에서 학생이며 D·E·F의 경우 노동자이고, 각각은 몇 명이라는 방식이 된다. 현실에서는 A·B·C와 D·E·F의 경계가 희미하기에 현재의 제도적 구분이 문제가 있다고 이야기하지만, 이를 해결하고자 만들어진 기록 때문에 그 경계는 사라지지 않고, 역설적이게도 명확해진다.

이런 기록을 통해서는 무엇도 바뀌지 않는다. 그저 A·B·C·D·E·F가 ㄱ·ㄴ·ㄷ·ㄹ·ㅁ·ㅂ이 되고 인원이나 기준 조정이 조금 일어날 뿐, 학생이자 노동자라는 새로운 모델이 탄생할 일은 없는 것이다. 당연하다. 그런 판단을 내릴 만한 기록이 생산된 적이 없으니 현실을 반영한 모델은 탄생하지 않고, 기존 모델의 '옆-그레이드'만이 매년 반복적으로 재생산되는 것을 목도하게 된다.

과학기술정책이 대단히 특수하고 독특해서 그런 것이 아니다. 한국사회의 많은 제도적 접근이 비슷한 벽에 부딪혀왔다. 과학기술계에서는 대학원생 이슈가 최근 들어 유독 부각되었을 뿐이다. 최근 한국이 정책을 통한 접근으로 해결해보고자 무던히 노력하고 있는 저출생(저출산)과 경력단절 이슈를 떠올려보자. 저출생(저출산)은 다양한 문제들이 복잡하게 중첩되어 결과적으로 드러나는 현상이지만, 상당수의 정부 시책들은 그 복잡성에 주목하기보다는 저출생

(저출산) 그 자체만을 단순하게 보려고 했다. 그런 결과, 앞서 살펴보았듯이 가임기 여성수를 지도로 제작해 발표하는 희비극(?)이 탄생했다.

경력단절 이슈 또한 유사한 맥락으로 해석해볼 수 있다. 경력단절이 일어나는 현실에 대한 비판 담론이 고개를 들자 정부에서 내세운 정책의 방향성은 주로 육아휴직을 확대 시행하고 다양한 방식으로 보조금—혹은 그에 준하는 무엇—을 지원하는 것이었다. 이 또한 경력이 단절된다는 현상을 '맥락'에서 도려내 환부만을 시급히 치료하려 한 오판과 조급증을 보여줬을 뿐이다. 하루하루를 살아가는 입장에서는 우리(정부)가 제도적으로 이렇게까지 노력하고 있으니 너희(시민)의 현실을 제도에 어떻게든 끼워 맞추라는 말로 들리기도 한다. 아직 결과를 속단할 수는 없지만, 때로는 오히려 이런 정책이 시민들에게 전달하는 메시지는 180도 반대 방향을 향할 수 있음을 경계해야 한다.

흔히 '경력단절 문제', '저출산 문제'라는 말을 사용하는데, 이것들은 정말로 '문제'일까? 경력단절, 저출산을 문제보다는 현상으로 해석한다면, 진짜 해결해야 할 문제는 오히려 이 현상을 기록하고 해석하고, 그에 개입하는 제도에 존재한다. 제도가 현실의 부모들에게—과거 그리고 현재 대다수의 경우 여성들에게—직장인과 부모 사이에서 양자택일을 강요하고 있기에 둘 중 부모를 택한 이들에게 경력단절이라는 현실(현상)이 닥친 것이다. 현실에서는 어느 누구도 단 하나의 정체성만으로 살아갈 수 없는데도 제도는 극단적인 두 축을 설정하고 선택을 강요해 왔다. 만약 문제가 현재의 양자택일식 제도적 구분이라는 데에 동의한다면, 해결책은 전혀 다른 방향을 향해 나아갈 수 있다. 부모이면서 동시에 직장인일 수 있는 시민을 돕는 제도적 장치를 고민하는 것이다. 부모에서 직장인으로, 직장인에서 부모로의 변신을 돕는 변신 지팡이를 만드는 것보다는, 부모이며 동시에 직장인일 수 있는 시민을 돕는 것이 정부 입장에서도 훨씬 현실적이다. 현실을 살아가는 시민들은 '마블' 세계관 속의 슈퍼히어로가 아니고, 그렇게 될 필요도 없다.

그렇다면 끓는 가마솥을 보며 고민할 사람이 누구인가 하는 문제가 남았다. 분야별 가마솥은 각각의 전문가들이 보면 된다(는 것이 통념이었다). 비전문가가 굳이 가마솥 안을 보려고 나서면 오히려 방해만 될 것 같다. 물론 시민으로서 '과학기술'정책이 아니라 과학기술'정책'을 바라보며 가져야 하는 의문은 각 정책이 담고 있는 세밀한 지표들의 엄밀함이나 사실 여부는 아니다. 이런 일을 하는 사람은 따로 있다. 현장 과학자와 공학자도 촉각을 세우고 있지만 이들 또한 현장에서 연구를 하는 것이 본업이지 정책의 콘텐츠를 감시하는 것이 본업은 아니다. 대신, 우리는 그런 일을 하라고 국회의원도 뽑았고, 국회에서는 소위원회를 조직해 전문가들의 의견을 청취하고 심사에 반영하고 있으며, 정부부처의 담당 공무원들 또한 우리를 대신해 이런 일들을 빈틈없이 처리하는 책임을 진 사람들이다.[01]

정부 정책의 일부라는 관점에서 시민들이 과학기술정책을 보며 할 일은 그 정책의 유효함에 대해 평가하는 것에서 그치지 않는다. 그보다는 저 정책이 대체 누구를 대상으로 하는지, 그래서 무엇이 문제라고 주장하는지를 구분해내는 것이 더욱 중요하다. 과학기술정책은 특정 분야를 앞으로 내세우며 발표되는 경우가 많기에—A분야에 ○○를 투자해 핵심 인력 12345명을 배출하기로 결정했습니다—실제로 정책의 영향을 받는 대상이 누구인지, 그리고 대체 어디에 개입하고 싶은지를 한눈에 잡아내기 어려울 때가 많다. 이 책이 지금까지 제공한 과학기술 12장면의 이야기는 바로 그 순간에 여러분의 판단을 도울 법한 기록과 주장, 관점 들을 담고 있다.

정책의 대상과 문제 설정을 읽어낼 수 있다면 과학기술계 종사자가 아니더라도 아주 유효한 비판을 제시할 수 있다. 어찌 보면 내부인이 아닌 외부인의 시선에서 일반론에 기반한—하지만 현실과 동떨어지지 않은—비판을 해줄 수 있는 시민의 존재는 과학기술계의 장기적 발전에 있어 필수적이다. 동질적인 집단이 너무나 오랜 기간 당연한 듯이 해왔던 크고 작은 일들(aka 관행)은 이런 낯선 시선을 통해서 제대로 비판받을 수 있다. 그래야만 현실의 정책에도 변화가 찾아온다. 이는 특정한 과학기술적 지식의 생산에 대한 기여는 아니지만, 과학기술계에 대한 큰 기여이며 시민들이 과학자와 공학자를 돕는 가장 현실적인 방법이다.

[01] 그렇기에 이들이 일을 잘하고 있는지 감시하고 견제하는 역할을 하는 것은 굉장히 중요하다.

과학기술계만의 특별한 이야기가 아니다. 광고업계 종사자 김씨가 “어라, 우리 업계에서도 작업을 돕는 사람들 사이에서 비슷한 일이 있는데.”라고 느꼈다면 정답이다. 미술계 종사자 박씨가 “기초과학, 과학기술이라고 하는 개념이 무언가 문화예술이라는 개념과 미묘하게 닮은 구석이 있어.”라고 느꼈다면 이 또한 정답이다. 모든 정책이 그러하듯이, 과학기술정책 또한 나름의 사정이 있고, 그렇기에 고유하다. 하지만 혼자 특별한 것은 아니다.

고유한 영역이기에 과학자와 공학자는, 그리고 해당 이슈를 다루는 정책 결정자는 각 사안에 대해 전문가로서 존중받아야 한다. 동시에 특별하지는 않기에 오롯이 이들만이 모든 일에 대해 판단 권한을 가졌다고는 할 수 없다. 결정 권한에 대한 위임과 사후 보고를 위한 시스템을 구성할 수 있겠지만, 여기에는 사회적 합의와 더불어 이를 수긍할 역사적 맥락이 전제되어야 한다.[02] 전문가 대 대중이라는 낡은 대립구도를 세우려는 것이 아니다. 전문가와 대중의 경계선을 새로 긋고자 하는 것도 아니다. 현실적으로 전문가

[02] 영국의 경우, 논란이 되는 이슈에 대한 조사 및 연구를 위한 위원회를 구성하고 전문가를 위원장으로 임명한 뒤 그에게 큰 권한을 위임한다. 그는 차후에 자세한 보고를 할 의무가 있는데, 결과물은 연구자의 이름(예를 들어 홍길동이라면)을 그대로 따서 〈홍길동 보고서〉라는 이름으로 출판된다. 이는 제도적 위임의 결과물만은 아니다. 연구 책임자는 기사 작위 소유자(Sir)이며, 그만 한 권위와 책임을 갖는다는 역사적 맥락을 함께 짊어진다.

와 대중은 어떻게든 구분된다(혹은 당한다). 하지만 그들 사이의 경계는 사안에 따라 유동적으로 움직이며, 동시에 전문가의 특별함은 절대적 우월함을 뜻하지 않는다. 순진하게 말하자면 대학교 과제 조모임의 역할분담 같은 것이다. 각자 뚜렷한 역할을 맡(아야 하)고, 저마다 역할에 대해서는 맡은 사람이 가장 잘 알게 된다. 잘되면 아주 멋진 그림이 나오지만, 꼬이면 어느 한 명이 한없이 힘들어지거나 다 같이 망할 수도 있다.

특정 이슈에 대해 아주 잘 아는 구성원이 있다면 모두로부터 존중받아야 한다. 그렇다고 해서 그 사람이 모든 결정권을 자동으로 가지게 되는 것은 아니다. 의견 취합과 설득의 과정이 생략된다면, 결과물이 좋은지 나쁜지 확인도 하기 전에 과제를 완성할 수조차 없는 상황이 될 수 있다. 한편, 구성원의 전문성을 존중하지 않는다면 조별 과제는 영 좋지 않은 결과를 낼 가능성이 높아지고 그 부담은 모두에게 돌아온다. 지금 우리는 과연 어떤 상황인지 돌아볼 때가 되었다. 구성원 중 누군가에게 과도한 부담을 떠넘기고 있지는 않은가? 혹은 역할 분담이라는 체계를 제대로 활용하지 못하고 있는 것은 아닌가? 그도 아니라면 과제 자체를 다들 다르게 이해하고 있는 것은 아닌가?

정책의 정치 — 무엇을 배제할 것인가

과학기술은 다른 분야에 비해 특별하다는 인식이 있다. 이런 인식이 과학기술정책의 영역에까지 스며들어 발생한 가장 커다란 문제는 과학기술정책이 '비정치적'이라는, 심지어 '비정치적'이어야 한다는 당위적 인식이 만연하게 되었다는 점이다. 정치에 대한 한국인의 인식이 좋지 않기 때문에 비정치적이란 수사를 이상적으로 생각하는 경향이 있지만, 안타깝게도 현실은 그렇지 않다. 과학도 공학도 사람이 하는 일이고, 돈도 필요하고, 다양한 자원을 사용해야 하고, 국가의 이해관계와 앞뒤를 따져야 하는 상황이 되기도 한다. 기초과학이라는 개념이 힘을 얻게 된 과정도, 테크니션들의 사회경제적 지위의 뿌리도, 과학기술계의 젠더 문제도, 학연생들에 대한 책임이 떠도는 것도 모두 지극히 정치적 문제였으며, 그렇기 때문에 정부의 정책적 개입을 필요로 한다.

정책은 정치에 정치를 거듭한 끝에 탄생한다. 정책은 사실의 나열이 아니다. 하나의 이상향을 향해 나아가는 진보도 아니다. 정책에 왕도가 있어서 객관식처럼 정답을 딱 찍을 수 있다면 지금 세계 모든 나라들이 이 고생을 하고 있지는 않을 터이다. 정책에 왕도가 있다면 국가별로 정책이 상이할 리도 없을 것이며, 연구자들이 고생하며 이론을 세우고 실증 연구를 할 필요도 없을 것이다. 상황마다 완벽한 하나의 정답이 있다면, 굳이 각자의 목소리를 드높이며 싸울 이유가 없다. 정책은 합의의 과정이고, 같은 상황에서도 맥락에 따라 다른 결과가 나올 수 있다.

정책이 실행 지침에 가까운 성격을 갖다 보니 어떻게 그 결론에 도달했는지를 보통은 서술하지 않는다. 최종적 결론만을 읽는 입장에서는 중간 과정이 잘 보이지 않으니 정책과 정치를 분리해서 생각하게 된다. 마치 연구자가 아닌 대다수의 사람들이 과학지식의 최종 형태만을 보고 과학자들끼리는 그다지 의견 대립이 없는 것으로 잘못 아는 것처럼 말이다. 때로는 이 분리가 어느 정도는 의도적으로 일어나기도 한다. 주체는 다양하다. 이해관계 집단일 수도 있고, 미디어일 수도 있고, 정부일 수도 있다. 시민들이 경계해야 하는 것이 바로 이 부분이다. 잘 보이지 않는 것과 없는 것은 다르다.

정치는 보통 이해관계가 대립할 때 겉으로 드러난다. 대립은 주로 제한된 자원의 분배라는 어쩔 수 없는 상황에서 기인한다. 누군가는 다른 이를 설득해야 하며, 누군가는 다양한 선택지 중 하나를 결정해야 한다. 다시 말하면 선택의 과정과 맥락을 추적하면 정책 뒤에 항시 있기 마련인 정치의 존재를 간파할 수 있다. 헌데 묘하게도 이 선택이 일어나는 방식이 꽤나 다양하고, 심지어 눈앞에서 봐도 고뇌에 찬 선택이 아니라 누구나 고를 법한 절대적 정답을 고르는 것처럼 보이기도 한다.

학창시절 시험 볼 때를 떠올려보자. 시험에서 답을 잘 모를 때는 답이 확실히 아닌 것부터 제거하는 방법이 유효하다. 무언가를 선택한다는 것은 또 다른 무언가를 선택하지 않는다는 선택이기도 하다. 마찬가지로 과학기술정책에서도 누구를 지원하자, 무엇을 하자는 결정과 더불어, 어떤 의제가 어떻게 선택받지 못하고 사라지는지 또한 선택의 일부이고, 사실 정말로 중요한 정치는 바로 '선택하지 않음'을 선택하는 과정에서 일어나기도 한다.

질문은 이어진다. 왜 선택하지 않았을까? 왜 선택되지 못했을까? 이 책에서는 지금까지 줄곧 잘 알려져 있지 않았던 것, 시민들이 스스로는 접하기 힘들었을 모습들을 선별하여 이것들이 과학기술의 구성요소이며, 과학기술정책이 개입된 장면임을 주장하는 데 집중했다. 그런즉 마지막에 이르러 한 번쯤은 돌아봐야 할 것 같다. 왜 필자들이 중요하다고 생각한 이슈들에 대해 조금 더 나은 지원책, 해결책은 (만약 있었다면) 선택되지 못했을까? 크게 고민 않고 즉각 할 수 있는 대답은 '몰랐다'일 것으로 짐작한다. 아마도 부분적으로는 진실일 것이다. 당시에는 적절한 지식이 부족했을 것이고, 연구가 축적될수록 나아진다고 위로할 수 있다. 맞는 말이다. 분명 우리는 나아지고 있다. 그렇다면 질문을 바꿔보자. 우리는 왜 몰랐을까? 정말로 어떤 선택지에서도 '모른다'는 상태는 필연적이었을까? 무지(ignorance)라는 조건이 끼어드는 맥락에 대해 의문을 가져보자는 뜻이다. 과학기술정책에 이르는 정치의 과정에서 등장하는 무지는 모두 같은 무지가 아니다. 정말로 조금씩이나마 나아지기 위해 시민들이 할 수 있는 일은 무지가 어떤 맥락에서 등장하는지 따져보는 것이다.

무지가 개입되는 '환경'은 때로는 굉장히 단순하게, 그리고 당당하게 스스로를 드러내기도 한다. 대표적인 것이 각종 정책 관련 자료에서 자주 보이는 설문조사다. 최근 설문조사들은 아주 멋진 인포그래픽으로 디자인되어 알기 쉽게 정보를 전달하지만, 무엇을 포함하지 않았는지는 적시하지 않는 경우가 많다. 과학기술계 종사자들을 대상으로 정부의 과학기술 분야 정책에 대한 설문조사를 진행할 때 응답자의 나이 배분에서 20대가 3%, 30대가 20%, 40대가 31%, 50대가 32%, 60대가 11%, 70대 이상이 3%라는 자료가 우리에게 말하는 바는 무엇일까?[03] 전체 모집단의 인구 구성 비율을 알지 못한 채, 매우 불균형한 상태인 응답자 비율을 기계적으로 공지하고 이를 인용해 과학기술계의 의견이라는 대표성을 부여한다면 정책은 이 자료를 통해 무엇을 알게 될까?

조금 더 나아가면 아예 자료에 포함되지 못하는 개인들을 만날 수 있다. 과학기술계의 노동 통계가 정규직과 비정규직 구도를 설정하고 현황을 파악할 때, '이런 저런 어른의 사정'으로 비정규직 범주에도 들어가지 못한 학생연구원은 사라져버린다. 정책 수행 주체가 파악하지 않은, 하지만 분명히 존재하는 '무지'의 영역에 대해서는 대체 누가 어떤

[03] 한국과학기술단체총연합회(과총), 2017 대한민국 과학기술인 연차대회 백서. 과총의 2017년 대한민국 과학기술 연차대회ㄴ의 특별세션 신 정부 정책 토론 발표 중 공지된 설문조사 응답자 비율이다.

책임을 지는지 우리는 모른다. 당연한 이야기지만 숫자에 포함되지 못한 사람들에게는 너무나 비합리적인 결정이 내려질 가능성이 높다.

여기서도 마찬가지로 몰랐다는 상태에 대해 누군가에게 책임을 묻는다고 해서 문제가 해결되지는 않는다. 지적당한 바로 그 이슈는 조금 나아질 수 있겠지만, 조금 시간이 지난 뒤 다른 곳에서 비슷한 문제가 반복될 것이다. 20대와 30대가 설문조사 응답에 관심이 없고 소극적이라는 해석, 혹은 학생연구원들이 목소리를 내지 않았기 때문이라는 해석은 그저 개인에게 책임을 떠넘길 뿐이다. 적절한 기록을 만들어내는 것은 기록하는 사람들의 의무이지 기록당하는 사람의 의무가 아니다. 그보다는 '이런 저런 어른의 사정'에 대해, 무지를 개입시킨 환경에 대해 우리 모두가 조금씩 관심을 가진다면 이런 무지들이 발생하는 사이클이 언젠가는 멈출 것이다.

이른바 '어른의 사정'이라는 것은 그저 귀찮다는 습성의 차원이 아니다. 대부분의 경우 의사결정 구조와 관련이 있고, 해서 정치경제적 문제다. 그렇기 때문에 더욱 무엇이 선택되었는지보다는 무엇이 선택되지 않은 이유가 무엇인지 궁금해해야 한다. 제한된 자원으로 어떤 지식을 우선적으로 생산하고 어떤 지식은 생산하지 않은 채 둘 것인가라는 결정을 대체 누가, 어떤 과정으로, 어떤 가치판단하에 내리고 있는지 대다수의 우리는 잘 모른다. 누구라고 특정할 수 없는 문제일 수도 있다. 그렇다면 이 집합적 결정에서 가장 결정적인 상수와 변수가 무엇이었는지 찾아보는 것이 그 다음 순서다.

몰랐다는 것의 무게를 무시할 수 없지만, 모를 수도 있다는 점은 인정하되 그것으로 끝나서는 안 된다. 무지가 온당했는지, 그 무지를 만들어낸 정치적, 경제적, 사회적 조건은 어떠했는지를 따져본 뒤에야 우리는 그 무지에 대해 합당한 책임을 물을 수 있다. 더불어 지금의 우리가 혹시 여전히 비슷한 구조적 문제의 쳇바퀴를 돌리고 있는 것은 아닌지를 돌아보는 것 또한 가능해진다. 우리가 지금 무엇을 알고 있는지보다는 무엇을 모르는지, 그리고 대체 왜 그것을 모르게 되었는지를 추적해야 한다.

무언가를 안다는 것은 비용이 드는 일이다. 시간과 돈, 인력, 노력 등의 사회경제적 자본은 무한하지 않기 때문에 어느 순간 멈추고 알기를 포기할 수도 있다. 그렇다면 과연 그 시점을 언제, 어디로 잡을지에 대한 기준이 필요하다. 다시 한 번 말하지만 지금 여기서 무지가 나쁘다든지 결국 다 서로 잘 모르니까 일어나는 일이라는 이야기를 하려는 것이 아니다. 무언가를 몰라서 일어난 문제가 그것을 알면 해결된다는 논리를 증명하기 위해서는 원인과 결과로 판단된 것들이 정말로 인과관계인지, 다른 모든 요소로부터 독립적인지를 증명하는 장벽을 넘어야 한다.[04]

[04] 상관관계(correlation, 관련이 있다)와 인과관계(causation, 때문이다)는 엄밀히 구분되어야 한다.

모든 사안마다 인과관계를 증명하는 일을 할 만한 자원은 없다. 그렇기에 우리는 과거의 사례들을 통해 경험적으로 배우고는 하는데, 많은 경우 정치적 문제는 무작정 서로에게 지식을 주입하여 계속 알게 한다고 해서 해결되지 않는다. 대표적으로 영국에서 시작되었던 과학대중화 모델은 대중들이 과학지식을 많이 알게 되면 결과적으로 과학을 지지하게 될 것이라는 인과적 가정하에 추진되었지만, 지금은 이 전제에 문제가 있었다는 인식을 공유하고 있다. 어딘가에서는 무지의 영역이 생겨나지만 그 영역을 누가-언제-어떻게-어떤 맥락으로 결정하고 있는지, 우리는 바로 이 영역에 대해 잘 모른다. 우리가 마주한 문제는 무지 자체가 아니라 그 경계를 짓는 현장에서 발생하고 있다.

이는 결국 의사 결정에의 참여와 배제에 대한 문제로 이어진다. 경계 짓기의 기준과 메커니즘은 학술적으로도 오랜 기간 이어져온 중요한 연구 주제다. 과학사회학자 해리 콜린스(Harry Collins)와 로버트 에반스(Robert Evans)는 이를 과학과 민주주의가 맺는 관계를 설명하기 위한 중요한 요소로 보고 연구에 천착해왔다. 두 학자가 공통적으로 고민한 부분은 전문성의 문제였다. 이들은 최근에 발표한 저작에서 공적 영역의 의사 결정을 수행할 때, 기술적 전문가들이 지식만으로 정당성을 가질 수 있다는 주장은 이미 다양한 사례와 연구를 통해 유의미하게 반박되었으나, 다른 한편, 더 넓은 민주적 참여를 유도하는 과정을 어디까지 확장할 것인지에 대해서는 구체적 논의가 부족하다고 주장했다.[05] 이들의 주장을 구체적으로 검토하려는 의도로 언급한 것이 아니다. 보다시피 우리가 사회를 구성해 살고 있는 한 모든 행위는 정치적일 수밖에 없다. 과학기술인에게도 보통의 시민에게도 순수한 과학기술은 없다. 지금까지 했던 모든 이야기가 과학기술과 민주주의가 만나는 경계에서 발생하는 참여와 배제의 양상들이라고 해도 과언이 아니다.

현대의 과학기술은 국가와 계약관계에 있다. 무언가를 연구하고 무언가는 하지 않겠다는 것을 오롯이 연구자 혼자 결정하지 못한다는 뜻이다. 정부나 각종 단체로부터 자금을 지원받기도 하고, 특정 국가의 인프라를 사용하는 만큼 그 국가의 가치체계(법적·윤리적·종교적)에도 영향을 받는다. 여기까지는 알고 여기까지는 모른 채로 넘어가보자는 결정은 이상적으로는 세금이라는 물질 자원과 시민 대다수의 공유된 가치관(문화, 제도, 윤리)이라는 비물질적 자원이 합쳐져 내려지는 결정이어야 한다. 잘못된 결정이 내려졌다면 고칠 수도 있어야 한다.

[05] Collins and Evans, 2017. 이 책을 소개하는 것은 주장을 분석하고자 함이 아니라 관련 논의가 학술적으로 오랜 기간 지속되어 온 중요한 주제라는 사실을 강조하기 위함이다. 그렇기에 이들이 전문성과 민주주의에 대해 가진 입장을 본격적으로 서술하지는 않는다. 여전히 현재 진행 중인 논쟁이며, 해당 저술 또한 출판 후 다양한 비판을 받았다. 일례로, 한국어판(고현석 옮김, 과학이 만드는 민주주의: 선택적 모더니즘과 메타 과학, 이음, 2018)의 감수와 해설을 맡은 과학기술학자 김기흥은 이들이 주장하는 '선택적 모더니즘'이라는 기제가 아이디어에 불과하다고 비판한다.

기록에 포함되는 것과 해당 집단의 정치경제적 지위, 그 지위에 따른 전문지식에의 접근성, 사회적으로 인정받는 전문지식 습득 정도에 따른 기록 생산에의 접근 권한은 모두 서로 얽혀 있다. 얽힌 변수들이 무지의 영역을 정의하는 과정에서 집단 간 교류를 끊고 계층화를 유발하는 방향으로 나아가는 것도 경계해야 한다. 이 과정은 내부에서 지식 생산에 직접 기여하는 이들만의 힘으로 해결하기 힘들 수도 있다. 양극화에 대한 우려는 늘 어느 정도 현실이 되고는 했으니 바깥에서 지켜보는 입장에서도 힘을 보탤 수 있다. 시민들이 이런 사정을 알고 한마디씩 보태주는 것은 연구자들에게도 큰 도움이 된다.

그때와 지금

과학기술 연구와 과학기술정책이 정치로부터 자유로워야 한다는 주장은 과학기술은 아무튼 좋은 것으로 간주하는 인식과 일맥상통한다. 여기저기서 꽤나 자주 듣는 말이다. 국가 차원에서뿐만 아니라 실생활 수준에서도 우리 모두를 풍족하게 해준다고 어린 시절부터 주변 어른들, 미디어, 심지어 학교에서도 그렇게 가르쳤다. 지금 당장 거리에 나가서 아무나 붙잡고 과학기술에 대해 어떻게 생각하는지 물어보면 아마도 '유익한 것', '필요한 것', '중요한 것' 정도의 대답을 얻을 것이다.

틀렸다는 것이 아니다. 분명 과학기술은 필요하고 중요하다. 그런데 어떤 과정을 거쳐 그렇게 되었는지는 얘기되지 않는다. 간혹 질문한다 해도 진지한 답변이 돌아오지 않는다. 분명 학교 역사 시간에 한국의 근대 이전 사회는 사농공상(士農工商)에 기반한다고 배웠는데, 대체 어쩌다가 갑자기 그렇게 과학기술을 중시하게 된 것인지, 한참 건너뛴 기분이 든다. 우리는, 한국은 지금까지 과학, 과학자, 공학, 공학자, 기술, 과학기술을 어떻게 이해했길래 이런 급격한 태세 전환을 하게 된 것인가?

일단 생각나는 건 경제발전이다. 한국은 일제강점기와 전쟁을 겪은 후 먹고살기가 굉장히 어려워졌다. 국제적 원조가 들어왔고, 정치적 결단들에 따라 몇몇 산업들과 이 산업을 위한 과학기술 개발에 집중 투자했고 덕분에 지금 이렇게 선진국을 현실적인 목표에 두는 수준에 이를 수 있었다는 것이다. 이른바 한강의 기적이라고 일컫는 이 장대한 스토리는 일종의 영웅 서사다. 말도 안 되는 어려움을 딛고 끝끝내 성공한, 그야말로 기적인 것이다.

무려 헌법에도 이런 관점이 반영되어 있다. 흔히 '87년 헌법'이라 불리는 현행 제9차 개정헌법에서 과학기술을 직접적으로 언급하는 127조의 1항은 다음과 같이 과학기술과 국가의 관계를 서술한다. "국가는 과학기술의 혁신과 정보 및 인력의 개발을 통하여 국민경제의 발전에 노력하여야 한다." 굉장히 도구적인 서술임과 동시에, 과학기술이 한국이라는 국가의 경제발전에 있어 중임을 맡고 있음을 천명하고 있다. 좋다. 대략 경제발전기의 스토리는 그랬다고 하자. 실제로 맞는 이야기이기도 하다. 그런데 이것이 전부일 수는 없다. 한강의 기적 이후에 나올 이야기는 달라져야 하지 않을까? 정말 힘겹게 밑바닥에서부터 발전해 올라왔다는 국가 발전 서사와 과학기술의 관계는 아주 설득력이 있지만, 우리가 여전히 그 이야기의 연장선에 서 있다고 하는 건 제대로 된 현실인식, 적절한 시대감각일까?

장차 한국사회가 과학기술에 관한 한 어떤 서사를 남기게 될지 현재의 시점에서 섣불리 예단하지 않아도 된다. 시대가 변하면 가치도 변하기 마련이고, 과거에는 그 무엇보다 중요했던 것이 이후에는 부정당할 수도 있다. 이로 인해 다양한 사회적 갈등, 특히나 세대 간 갈등이 표출될 수도 있겠지만, 갈등 자체를 피하기 위해 가치 변화의 가능성을 차단하는 것은 위험한 판단이다.

'그때'와 '지금'을 구분하지 못하는 상황이야말로 과학기술정책이 그려낼 수 있는 최악의 디스토피아다. 그렇게 되면 남는 것은 질문이 허용되지 않는 도덕적 판단뿐이다. 과학기술은 하는 것이 옳은 것이고, 왜인지 잘 모르겠지만 일단 좋은 것이고, 그렇기에 개개인의 특색이나 다양한 시도들을 희생해서라도 일단 해야 하는 무언가가 된다. 어쩌면 지원은 지금보다 훨씬 '빵빵'해질지도 모른다. 하지만 연구자들이, 시민들이 행복해질는지는 미지수다.

여러 과학기술 지식들이 사회교양으로 받아들여지는 것은 좋은 일이다. 모든 시민들이 상대성원리에 대해 이해하고 GPS가 어떻게 작동하는지 설명할 수 있게 된다면, 교양서적을 통해 공학적 지식을 알게 되어 저 높은 빌딩이 어째서 저렇게 서 있을 수 있는지 설명하게 된다면 참으로 멋질 것이다. 그럼에도, 대체 어떤 맥락에서 그런 과학지식이 교양으로서 필요해지고 있는지를 따져본다면 마냥 긍정적일 수가 없다. 한강의 기적이 실시간으로 펼쳐지던 시기에도 과학기술은 교양이면서 생활양식으로서 매우 중요했다. 아니, 지금보다 더했다. 70년대에는 무려 '전 국민의 과학화' 운동이라는 것도 있었다.[06]

과학기술에 대해 '안다'는 것은 결과물인 지식을 습득한다는 것보다는 조금 더 폭넓은 개념이어야 한다. 일단 알아야 할 사실은 과학기술이 '욕 나오게' 어렵다는 점이다. 얼마나 어려우면 밥 먹고 이것만 하라고 과학자와 공학자라는 직업이 있다. 어차피 모든 시민이 이들의 지식을 있는 그대로 흡수할 수는 없고, 특정 사안에서 인용되는 지식의 정합성을 따져 시시비비를 가려낼 수도 없다. 게다가 최신 지식일수록 만들어지는 과정에 있기 때문에 전문가들 사이에서도 경합이 일어나고, 옆에서 보는 입장에서는 오히려 헷갈릴 뿐이다.

우리가 신경 쓸 것은 그 지식과 각종 산물들이 누구에 의해, 어떤 과정을 거쳐, 어떤 명분으로 만들어졌는지를 아우르는 커다란 이해의 틀이다. '한국적', '한국형', 혹은 'K'라

[06] 여기서 자세히 다루지는 않겠지만, 인터넷 검색을 해보면 다양한 기록들을 접할 수 있다. 아주 거칠게 설명하면 '과학판' 새마을운동 같은 것이었다.

는 어두가 붙어야 하는 곳은 특정 과학지식이나 특정 연구기관, 혹은 특정한 외모나 유전자 같은 것이 아니라 바로 이 맥락 전체다. 매년 나오는 각종 연구개발 혁신안이나 ○○개년 계획 등에 대해 시민들은 별로 관심이 없고, 현장의 연구자들은 냉소를 보내는 현실을 냉정히 돌아보자. 너무나 손쉽게 붙는 '한국형'이라는 수식어를 보는 우리의 반응은 대동소이하다. "대체 한국형이 뭔데? 한국적인 게 뭔데?"

이 책의 빈틈 가득한 내용이나 구성과 비교하기 죄송하지만, 감히 윤태호 작가의 『미생』을 예시로 빌려오고 싶다. 회사 생활에 어떤 애환이 있는지, 회사를 다니며 어떤 일들이 벌어지는지, 더 나아가서 회사란 무엇이고 회사원이란 어떤 존재인지에 대해 보여주는 화자이자 관찰 대상인 장그래는 (비교적) 평범한 회사원이다. 그는 바둑계를 평정하고 인공지능 기사까지 물리친 뒤 "이제는 무역업을 접수하겠다!"고 외치며 회사에 입사한 현대적 판타지물의 '먼치킨' 캐릭터가 아니다. 만화의 내용에는 실제 해당 업종에서 적용되는 다양한 지식들이 등장하지만 이는 몰입도를 높이기 위한 장치이며, 작품의 메시지는 서사와 감정선에 의존한다. 덕분에 많은 독자들은 본인들이 무역업 종사자가 아니어도, 바둑을 전혀 몰라도, 조금 더 일반적인 시점에서—직장을 다니는 노동자—무언가를 느끼고, 생각해보고, 공감할 수 있었던 것이 아닐까.

마찬가지 맥락이다. 필자를 포함한 시민들은 과학기술을 마주함에 있어 어쩔 수 없이 관찰자일 수밖에 없다. 우리가 과학자와 공학자의 삶이 궁금하다고 해서 노벨상 수상자를 모셔다 앉혀놓고 과학자의 일상적 삶이 어떤지 물어보는 것은 어딘지 이상하다. 지금 한국의 과학기술에 필요한 것은, 과학기술이 넘쳐나는 사회에 사는 시민들에게 필요한 것은 "어떻게 하면 노벨상을 탈 것인가"가 아니라 "지금 우리에게 필요한 과학기술이란 어떤 것인가"라는 질문이다. 이 책이 질문에 대한 답을 내리지는 못한다. 일차적으로는 필자들의 능력이 부족하기 때문이지만, 혹여나 합당한 능력의 전문가가 팔을 걷고 나선다고 해도 온전한 답을 낼 수는 없다. 여러 후보들 중 가장 멋진 답을 하나 고르는 것이 아니라 수많은 답들을 모아 집합적으로 만들어야 하는, 가상의 답을 요구하는 질문이기 때문이다. 이 책의 내용은 시민 개개인이 나름대로 답을 내릴 때 약간의 도움을 줄 수 있는 이야기들을 담고 있다.

한국사회에서 과학기술이란 무엇인가? 이 질문은 우리 모두의 것이다. 어떤 기록을 남기고, 어떤 연구를 하고, 어떤 이야기를 통해 과학기술에 정체성을 부여할 것인지는 과학기술자들과 더불어 시민들이 얼마나 과학기술에 대해 생각해보았는지에 달려 있다. 최신 과학기술 지식을 얼마나 알고 있는가는 관련이 있겠지만 전부는 아니다.

2016년 수행된 〈한국 과학기술 50년 기획조사 연구〉[07]에서 연구진은 2008년 저술된 과학기술 40년사 이후 50년

[07] 홍성주 외, 한국 과학기술 50년 기획조사 연구: 과학기술 50주년 성과 분석 및 확산에 관한 연구, 조사연구, 2016.

사를 어떻게 작성해야 하는지에 대한 고민을 이야기한다. 연구진에 따르면, 명칭·시기·관점·접근·용도에 관한 논쟁거리가 있는데 한국의 과학기술에 대해 "일반적 과학기술사가 아닌 한국사의 일부임을 명기할 필요"를 언급한다거나 과학기술 행정사, 혹은 과학기술 정책사라는 이름을 고려하고 있다는 점도 주목할 만하다.

한강의 기적은 엄청난 노력의 산물이었고 후대가 기억해야 하는 이야기지만, 지금의 우리는 기적 이후를 살아가고 있다. 기적의 시대에 이러저러 해서 되었던 일은, 애석하게도 지금은 되지 않을 가능성이 높다. 그때나 지금이나 사과는 여전히 아래로 떨어지지만 시장에서 사과의 평균적인 크기·당도·가격·주 소비층과 소비자들의 입맛은 변했다.

이 문장까지 읽어온 당신이라면 어떤 대답을 할지 궁금하다. 생각해보고, 옆 사람에게 말해보고, 더욱 여러 사람에게 말해보고, 기회가 되면 어딘가에 부담 없이 일기 쓰듯이 글로 써보면 좋겠다. 그 어떤 대답도 잘못되지 않았다. 우리는 모두 '과학기술이 무엇인가'라는 질문을 할 수 있고, 우리가 원하는 과학기술의 모습을 묘사할 수 있다. 그 생각들, 소망들, 이미지들이 모여 담론이 되고, 가치가 되고, 의사 결정에 반영되고, 정책이 되어 연구자들을 돕고 결국 우리 모두에게 돌아올 것이다.

과학기술의 일상사
맹신과 무관심 사이, 과학기술의 사회생활에 관한 기록

지은이 — 과학기술정책 읽어주는 남자들(박대인, 정한별)

2018년 10월 18일 초판 1쇄 펴냄
2023년 1월 9일 개정판 1쇄 펴냄

펴낸이 — 최지영
펴낸곳 — 에디토리얼
등록 — 제2020-000298호(2018년 2월 7일)
주소 — 서울시 마포구 신촌로2길 19, 306호
전화 — 02-996-9430　팩스 — 0303-3447-9430
홈페이지 — www.editorialbooks.com
투고·문의 — editorial@editorialbooks.com
인스타그램 — @editorial.books　페이스북 — @editorialbooks
디자인 — 조현익(스튜디오 하프-보틀)　제작 — 세걸음

ISBN 979-11-90254-23-6 04400
ISBN 979-11-90254-12-0(세트)

잘못된 책은 구입처에서 교환해드립니다.
책값은 뒤표지에 적혀 있습니다.

과학기술의 일상사

맹신과 무관심 사이, 과학기술의 사회생활에 관한 기록

박대인·정한별 지음

★ APCTP(아시아태평양이론물리센터) 2019 올해의과학도서

★ 한국출판문화산업진흥원 출판콘텐츠창작자금지원사업 선정작

21세기 필수교양으로 언급되는 과학이 진정으로 시민의 소양이 되려면 무엇을 이야기하고 공유해야 할지 고민하며 쓴 결과물이다. 정책의 눈으로 보면 시민이 현실에서 체감하는 과학기술의 면면을 잘 드러낼 수 있다. 한국 사회의 오래된 화두인 기초과학 육성 담론, 이로부터 자연스레 따라나오는 정책적 쟁점들뿐만 아니라, 과학기술의 사회·정치·문화적 측면을 함축한 다양한 사례와 현안을 다룬다.

계산하는 기계는 생각하는 기계가 될 수 있을까?

인공지능을 만든 생각들의 역사와 철학

잭 코플랜드 지음
박영대 옮김, 김재인 감수

"실현 가능한 인공지능에 대한 최고의 철학적 안내서." —저스틴 리버(휴스턴 대학교 철학 및 인지과학)
"많은 연구자들의 희망과 주장을 매우 균형 있게 다룬 저작." —휴버트 드레이퍼스(캘리포니아대학교 인공지능 연구 및 기술비평)

앨런 튜링 연구의 권위자, 인공지능과 컴퓨팅의 원리와 역사에 정통한 세계적 학자의 저작. 인공지능에 대해 낙관적인 전망이 주를 이뤘던 1950~60년대에도, 두 차례의 '인공지능 겨울'에도, 그리고 어느 때보다 그 중요성이 급부상한 지금까지도 제대로 답해지지 않았기에 여전히 유효한 물음들을 다룬다. 코플랜드 교수는 인공지능에 정통한 철학자답게 인공지능이란 화두에 내포된 사회적이고도 철학적인 쟁점을 토론에 부쳐 언어를 공유하는 공동체가 현실에 임박한 기계지성체의 존재를 어떻게 이해하고 대해야 하는지 기준점을 제시한다.

세포

생명의 마이크로 코스모스 탐사기

남궁석 지음

★ 2020우수출판콘텐츠 제작지원사업 선정작

'매싸'(MadScientist) 남궁석 박사의 세포, 생물, 생명의 과학 이야기. 생명의 신비와 생물의 다양성은 생명의 기본 단위인 세포에서 구현되고 있다. 세포 내 생리 작용의 본체인 단백질의 다양성은 상상을 초월한다. 생물학계의 최신 연구 사조는 단백질 '디자인'을 통해 인공세포, 합성생물을 만드는 데 도전하고 있다. 현대 생물학의 최전선에서 생명의 원리를 통합적으로 이해하도록 이끄는 책.

겸손한 목격자들

철새·경락·자폐증·성형의 현장에 연루되다

김연화·성한아·임소연·장하원 지음

과학학의 한 갈래인 과학기술학은 복잡하고 전문화된 현대과학 이해에 매우 유용한 관점을 제시한다. 국내 첫 과학기술학 여성 연구자 4인이 오랜 시간 머물며 연구한 '현장'으로 들어가 살아 있는 과학을 만난다. 민족지를 연구하는 인류학자처럼 저자들은 과학지식이 실천·생산·유통되는 현장을 몸소 겪으며 관찰하고 기록한다. 철새 도래지, 한의학물리실험실, 자폐스펙트럼장애를 가진 자녀를 돌보는 어머니 커뮤니티, 미인과학의 산실인 성형외과라는 각기 다른 장소에 연루된 저자들의 목격담은 블랙박스에 비유되는 과학의 문을 연다.